企業成功的
60種
商業模式導航

是什麼？如何用？誰在用？價值何在？何時革新轉型？

BUSINESS MODEL
NAVIGATOR, 2nd Edition

The strategies behind the most successful companies

奧利佛‧葛思曼 Prof. Dr. Oliver Gassmann
凱洛琳‧弗朗根柏格 Dr. Karolin Frankenberger
蜜可萊‧喬杜里 Dr. Michaela Choudury———著
劉凡恩———譯

企業成功的 60 種商業模式導航：是什麼？如何用？誰在用？價值何在？何時革新轉型？

Business Model Navigator, 2nd Edition: The strategies behind the most successful companies

作　　　者　奧利佛‧葛思曼（Prof. Dr. Oliver Gassmann）、凱洛琳‧弗朗根柏格（Dr. Karolin Frankenberger）、蜜可萊‧喬杜里（Dr. Michaela Choudury）
譯　　　者　劉凡恩
責任編輯　夏于翔
特約編輯　周書宇
內頁構成　周書宇
封面美術　萬勝安

發 行 人　蘇拾平
總 編 輯　蘇拾平
副總編輯　王辰元
資深主編　夏于翔
主　　編　李明瑾
業　　務　王綬晨、邱紹溢、劉文雅
行　　銷　廖倚萱
出　　版　日出出版
　　　　　地址：231030 新北市新店區北新路三段 207-3 號 5 樓
　　　　　電話：02-8913-1005　傳真：02-8913-1056
　　　　　網址：www.sunrisepress.com.tw
　　　　　E-mail 信箱：sunrisepress@andbooks.com.tw
發　　行　大雁出版基地
　　　　　地址：231030 新北市新店區北新路三段 207-3 號 5 樓
　　　　　電話：02-8913-1005　傳真：02-8913-1056
　　　　　讀者服務信箱：andbooks@andbooks.com.tw
　　　　　劃撥帳號：19983379　戶名：大雁文化事業股份有限公司

印　　刷　中原造像股份有限公司
初版一刷　2024 年 10 月
定　　價　720 元
I S B N　978-626-7568-32-3

國家圖書館出版品預行編目 (CIP) 資料

企業成功的 60 種商業模式導航 : 是什麼？如何用？誰在用？價值何在？何時革新轉型？ / 奧利佛 . 葛思曼 (Oliver Gassmann), 凱洛琳 . 弗朗根柏格 (Karolin Frankenberger), 蜜可萊 . 喬杜里 (Michaela Choudury) 著 ; 劉凡恩譯 . -- 初版 . -- 新北市 : 日出出版 : 大雁出版基地發行 , 2024.10 , 480 面 ; 17x23 公分
譯自：The business model navigator : the strategies behind the most successful companies, 2nd ed.
ISBN 978-626-7568-32-3(平裝)

1.CST: 企業經營 2.CST: 創業

494.1　　　　　　　　　　　　　　　　　　　　　　113014492

各界好評推薦

「商業模式和產品創新互為表裡。想要有系統、全面地追求創新,本書確實是無可替代的導航。」──Marguard 媒體集團執行長　比揚・凱茲里（Bijan Khezri）

「最厲害的創新者非常懂得如何創造價值,獲取價值。本書涵蓋超過 55 種獲取價值的模式,經理人必讀。這本書是商業模式創新最詳盡的導引。」──哈佛商學院工商管理 William Barclay Harding 教席教授　史蒂凡・湯克（Stefan Thomke）

「本書是挑戰、優化基本體系的一流工具,讓你從最根本的角度──顧客視角,重行思索營運之道。」──米百樂（Mibelle）集團執行長　路易吉・帕卓奇（Luigi Pedrocchi）博士

「高效的工具,讓我們的業務轉型,開拓成長前景。讀此書終生受用不盡。」──瑞士郵政（Swiss Post）研發與創新指揮官　克勞蒂亞・普萊契爾（Claudia Pletscher）

「無論企業大小,若想找出獲取經濟價值的嶄新手法,本書是很棒的資源。當你亟欲把營運模式打掉重練,本書詳列的 55+ 種模式將助你找到全新的深入角度,且其中某些洞見與方案極有可能可以直接套用,甚至轉變該產業的競爭本質。」──哈佛商學院工商管理 Herman C. Krannert 教席教授　瑞蒙・柯賽迪瑟斯－麥瑟諾（Ramon Casadesus-Masanell）

「本書所談的方法,為創新帶來全新角度。在扭轉我們以顧客為尊的組織過程裡,本書的觀念是重要支柱。」──Google 雲端專業服務（DACH）經理　喬納斯・卡勒（Jonas Kahlert）博士

「聽我說！這本書針對設計商業模式的精髓，有相當精闢的分析。我喜愛第一版，而第二版又更聚焦於打造實用價值，是一本必讀的商業之書！」——奧爾堡大學商學院（Aalborg University Business School）教授暨《商業模式期刊》（*Journal of Business Models*）共同編輯　**克里斯蒂安・尼爾森**（Christian Nielsen）

「這是一本能夠改變觀念的書，其專注於產品性能之外的創新，可以帶來真正的價值！」——德國醫療技術設備製造商 Aesculap，企業內部新創事業與共同創造部副總裁　**索倫・晏茲・勞英格**（Sören Jens Lauinger）

「我們與葛思曼團隊合作多年，對於以技術為基礎，來思索營運模式有很大的幫助。這是一本傑作，創新者必讀！」——弗勞恩霍夫爾協會（Fraunhofer-Gesellschaft）研究院院長　**戴尼埃拉・凱瑟**（Daniela Kaiser）博士

「傑出的更新之作！內有商業模式創新領域的當前佼佼者加上更多新模式，實在是靈感泉源。」——瑞士顧問公司 Zuehlke 集團總裁　**菲利普・沙特**（Philipp Sutter）

「新版回答了第一版許多讀者的問題：『當我選定新模式之後，要怎麼有系統地推行？』」——BMI 集團總經理　**彼得・布羅格**（Peter Brugger）

「本書和聖加侖營運創新生態系統，是我們能成功推出且順利維持業務革新及組織拓展的關鍵。」——法國歐安諾集團（Orano）組織創建部經理　**尼可拉斯・巴奇**（Nicolas Buche）

「本書講述開發新商業模式的藝術，令人印象深刻。創新者必讀！」——西門子能源（Siemens Energy）數位長　**莫尼卡・史騰姆**（Monika Sturm）教授

「創新大師葛思曼及其團隊開創的這套工具，極其激勵人心，且具體可行，可說是商業模式設計的『瑞士刀』。」——瑞士能源集團 Alpiq 的環保技術孵化器（Oyster Lab）經理 **巴斯欽‧戈耶赫**（Bastian Gerhard）

「韌性、可塑性、轉型敏捷性，是永續獲利的先決條件。任何商業模式想要革新或演進，都必須能全面理解其營運機制。本書架起一個參考典範，迫使創業家、策略家與設計家直接面對一切作用力的形成或斷裂。當中有深入的洞見，揭開潛藏的模式，提出重要的問題，提供由經驗濃縮而成的妙方，為創新帶來成功！」——BMW 財務部亞太及非洲區資訊長 **麥斯‧普雷佐**（Max Pretzl）

「他們又辦到了！針對商業模式創新，奧利佛和凱洛琳寫出一本令人折服又超級好讀的啟蒙書。本書為這個重要主題豎立了標竿。」——哥本哈根商學院教授 **麥斯‧馮‧澤特維茲**（Max von Zedtwitz）

「在第二版中，葛思曼等人對商業模式的洞見與創意再登高峰，教育界與商界讀者飽受其惠。背後的研究品質、深入淺出的豐富知識，藏有各種商業模式的工具，化解了商業模式創新的神祕之處，證明了本書在該領域的基本位置。」——科克大學（University College Cork）講師 **勞倫斯‧杜利**（Lawrence Dooley）博士

「絕佳好書。所舉範例生動詳實，工具可直接融入組織。在動盪時代，商業領袖不可不讀。」——瑞士電力技術 Weidmann 集團執行長 **法蘭西斯卡‧朱迪－薩巴**（Franziska Tschudi-Sauber）

「我以此書作為商業模式的教材很多年了，它很能引發學生對這個主題的熱情。」——柏林藝術大學（Berlin University of Arts）教授 **沙夏‧弗里希克**（Sascha Friesike）

「想提升業務發展，商業模式創新至關重要。無論在博世（Bosch）、歐司朗（OSRAM）或 ABB，我都用本書推出創新且永續的商業模式——激發組織內蘊的所有潛能。尤其，在眼前的後疫情時代，商業模式成功轉型才能勝出，那麼就要憑藉作者提出的 55+ 種商業模式，將它們融會貫通成『新常態』。本書絕對是商業模式的最佳指引！」——ABB 公司全球產品研發長　索斯坦‧穆勒（Thorsten Mueller）博士

「每段旅程的成功都仰賴於一位優秀的導航員。本書為你提供所有需要的資源，幫助你推動業務發展，尤其在這充滿不確定的時代。」——ISPIM 執行董事　伊恩‧比特蘭（Iain Bitran）

「我們的客戶非常讚賞這本書，因為它能釋放創意並創造出不過時的商業模式。各位讀者會和我一樣很高興有第二版，因為新版還提供了從創意發想到市場實踐的實用技巧。」——BMI 集團執行長　蓋爾‧馮‧德‧羅普（Georg von der Ropp）

「在歐安諾集團裡，除了不斷提高競爭力、生產力、持續研發一流產品及服務之外，打造新的商業模式、擁抱成長契機，也都非常關鍵。在本書中證據詳實的各種商業模式，正足以支撐我們持續探索。它不僅充分激發新的商業模式，更滋長組織內的業務創新精神。」——法國能源公司歐安諾（Orano）創新總監　娜塔莉‧蔻莉儂（Nathalie Collignon）

「我們的未來，相當程度上是被持續改善的商業模式所左右，而本書是一個具啟發的多面工具。」——奧迪（Audi）企業創新趨勢解析員　魯伯‧赫夫曼（Rupert Hofmann）博士

「在追求永續和數位化的營運環境，商業模式創新成為必備條件。本書提供了高度系統化、切合實際的有效起點，同時也讓我們順利起跑。」——德國化學工業公司柯思創（Covestro）新創管理暨商業服務資深副總裁　赫曼‧巴哈（Hermann Bach）

「唯有當科技與商業模式創新相融合，科學與科技才能造福人類，兩者缺一不可。本書具備對商業模式罕見且極為深刻的理解。」——中國吉利（Geely）銘泰集團（Mitime）副總裁 **翁曉東**（Weng Xiaodong）

「當資訊科技進展至峰頂，其所引發的產業革命也進入下半場。此時，所有產業都無法逃脫以下影響：智慧運算、廣泛連結、大數據處理和其他資訊科技，這些重大改變已不可避免。面對整個社會此等重大變遷，企業必得重行檢視創新的商業模式——現在，這比產品與流程的改革更重要。葛思曼博士的著作，對商業模式的基礎元素到核心都有系統性的摘要整理。當前的經理人務必深入領會，當面臨未來種種不確定時，我們唯有倚賴對本質與模式的洞見。說到底，萬事變動，人性與商事法卻始終如一。」——前華為集團副總裁暨前華為大學副校長 **宋一新**（Song Yixin）

「預測未來最好的辦法就是形塑它。所謂的形塑，意思是：要找出能強化既有業務的契機、盯住新對手的策略威脅並積極反應，或是重新打造自己在業界的角色。本書一步步帶領創新者、策略家、分析師及業務開發穿越商業模式創新的叢林。每個步驟的展示都清楚點出形塑未來之道。書中對各種商業模式的整理與匯總，讓本書成為打造商業模式者的重要依據。」——BMW 商業模式開發經理 **巴斯蒂安・班瑟明**（Bastian Bansemir）博士

「由於這本書，讓我們許多廠房的整個創意思考充分的發揮出來。透過系統性的步驟，我們得以挑戰現狀，描繪出直接影響產出的創新概念。這本書真的對我們影響深遠。」——瑞士百超集團（Bystronic）資深商業開發經理 **巴斯汀・懷德梅爾**（Bastian Widenmayer）博士

目錄

第 2 篇：60 種致勝模式，以及如何從中獲益　111

第 3 篇：讀完祕笈，練功吧！　425

誌謝

首先我們要感謝 Sascha Mader 對於本書大幅更新的二版在編輯上的指引，以及充滿創見的全心支持。我們也要點名共同投入第一版製作的同事們，尤其是 Amir Bonakdar、Steffen Haase、Roman Sauer、Valerio Signorelli、Stefanie Turber、Marc Villinger、Tobias Weiblen 和 Markus Weinberger，還有業界諸多開拓先鋒，他們對我們的信心激勵了這個成果。

感謝 BMI Lab 團隊在許多模式創新研究上的合作，以及 Malte Belau 的精彩繪圖。最後，要謝謝培生教育出版（Pearson Education）的 Eloise Cook 和 Felicity Baines，以及 Dhanya Ramesh 跟 Emily Anderson，謝謝各位的積極合作、建議與奉獻。

前言

　　自我們起步探索商業模式創新，至今過了十年，如今這個概念已相當普遍。本書的第一版行銷全球，被譯為十幾種語言，但更重要的，是成功應用於數百家企業。這個方法和商業模式型態的巨大成功，激勵我們將此概念更新、擴展，協助企業再革新。

　　觀看近五十年來的商業模式（business model），革命性創新幾乎都來自美國，這當然與美國人積極、富開創性的精神有關。工程師凡做研究，必求諸既有各項設計方法，儘管不能保證完美成果，但成功機率確實可以提高。反觀企業管理圈，能輔助商業模式創新（business model innovation）這項艱鉅任務的工具仍舊不足，於是，我們投入數年光陰，自行研發、設計方法，再與頂尖企業進行測試，肯定了此項工具的實務價值。

　　身為歐洲頂尖企管學院聖加侖大學（University of St. Gallen）的成員，我們長期在創新流程的研究中兼顧學術與實務；許多一流顧問公司的工具及其概念背後，也可見類似的耕耘，例如：羅伯‧庫柏（Robert G. Cooper）的新產品開發路徑「階段關卡法」（Stage-Gate process）或麥可‧波特（Michael Porter）的五力（Five Forces）分析。我們深信，「商業模式導航」（Business Model Navigator）是一系列精良工具的延伸，同樣具備扎實的研究基礎及觀念。

　　我們這項實用的商業模式創新設計法，植基於完整深入的實證研

究。我們分析近五十年來最具革命性的創新模式，找出其中可預期、有系統的模式。我們驚訝地發現，超過九成的創新模式，其實是把其他業界的既有概念拿來重組而成。這個發現十分有用，就像工程師所用的設計方法也來自某些物理與科技規則。我們這個導航涵蓋 55+ 種成功模式，可做為革新營運模式的藍圖。

之後我們將成果應用在跨國頂尖企業上，產業橫跨化學、製藥、生技、機械工程、電子、電器、能源、服務、貿易、資訊科技、電信、汽車、營建、金融等。實務與學術緊密結合，透過與這些企業合作的各項專案，更持續提高了此法的實用性。此外，本書兩名作者都在史丹佛大學設計研究中心（Center for Design Research）待過數月；深受設計思維的啟發，我們將更迭、以使用者為導向、重視觸覺設計充分融入在這套系統中。我們任教多年的聖加侖大學 EMBA，以及高階主管學員們也提供了很多寶貴意見。

這些寶貴意見加上我們與 BMI Lab 的合作案，深刻影響了這本書的第二版，因此我們進行大幅改寫以反映時代。除了新發現的五種商業模式型態，還找出十幾家革新其商業模式的企業，他們正成為其業界的顛覆者。我們特別強調測試的重要性，並提出一套測試方法來幫助企業推展模式創新。將近兩年，我們與許多公司攜手操作這些測試，以了解每種方法的最有效之處。這些成果放在新的章節裡。

本書包含三個部分，首先是介紹商業模式導航的要素與原則。我們提出如何理解商業模式設計概念的架構，幫助讀者建立商業模式的思考基礎。先以神奇三角描述商業模式的邏輯與面向，接著循序漸進，帶出發展創新模式的四步驟，繼而以我們認為攸關企業營運模式改革成敗的關鍵因素，做為第一篇的總結。

　　有了第一篇打下的基礎，第二篇開始細究商業模式導航的核心要素：55+ 種模式類型。熟悉這些利器，將可激發革新模式的創意，或萃取精華，或巧妙重組，進而發展出屬於自己的創新模式。若是較性急的讀者，則可透過第三篇能即刻應用的商業模式導航與 55+ 種商業模式。看完第三篇的導航簡略版——革新商業模式的十點建議，或許你當下就能勾勒出目前營運模式的變革雛形。

　　這套工具是針對實務，因此刻意避免複雜論述與太多注釋，但有興趣繼續深入探討的讀者，可隨時至 www.bmilab.com（此為英文網站），參考我們與時俱進的研究及更多工具。

　　我們在書中介紹的方法成效卓著，並在全球許多公司和組織中留下深刻印記。他們對商業模式導航愛不釋手，我們自己也是！近來新冠疫情導致的經濟危機，再度證明商業模式更新與永續的重要性。我們期盼略盡棉薄之力，推動更多商業模式的創新。這套方法不能保證成功，但絕對能提高成功機率。請牢記：不入虎穴，焉得虎子！

　　敬祝成功！

奧利佛・葛思曼（Oliver Gassmann）
凱洛琳・弗朗根柏格（Karolin Frankenberger）
蜜可萊・喬杜里（Michaela Choudury）

謹識於瑞士聖加侖，2020 年春

第 1 篇

如何驅動
商業模式創新

　　本書旨在介紹一種方法——商業模式導航，讓你得以有系統地改革營運模式。透過深入研究，我們發現任何營運模式的創新不脫本書 55+ 種模式；可以說，這已從一門藝術蛻變為科學與手藝。

　　為能直搗黃龍，第一篇先點出在這瞬息萬變時代中更新商業模式的重要性，同時明確定義此一名詞。當我們從四個面向加以闡釋，商業模式就顯得十分清晰：顧客（誰？）、價值主張（什麼？）、價值鏈（如何？）、獲利機制（價值？）。至於一般企業何以無法順利跨過創新門檻、從新的經營模式獲利，此處也有著墨。

　　要掌握商業模式導航，要訣就在於能靈活使用這 55+ 種經營模式，進而斟酌變通。本篇點出這些重要原則的活用之道，以及它們在商業模式導航中的角色。

本篇重點：

- 透過商業模式即可看出一家公司如何創造價值與獲取利潤，這可從四個方向探討：**誰、什麼、如何、價值**。所謂商業模式創新，意謂著對其中至少兩項進行變革。
- 商業模式創新的最大挑戰之一是跨越公司與整個產業的主流思維。
- 透過商業模式導航，你將順利踏上更新企業經營模式之路。
- 商業模式導航最可貴之處在於教你認識 55+ 種經營手法，並洞悉活用之道，這絕對是跳脫框架、找出可行創新模式的有力武器。
- 在商業模式創新工程中，「測試期」是非常重要的步驟：新模式會有足夠的客源嗎？帶來的價值夠大嗎？消費者願為此付費嗎？付多少？或者會不會有其他方也許肯出錢？
- 要談商業模式創新，不可不充分拿捏變革管理。唯有打造明確的創新文化及洞悉企業中的成敗因子，才能順利推行商業模式的創新。

1 | 何謂商業模式？又為何需要革新？

　　許多公司研發出性能複雜的優異產品，創新能力令人目不暇給，尤其是在已開發國家。在德國，AEG 與 Grundig 家喻戶曉；在音響界，Nakamichi 坐擁一方；手機界，諾基亞（Nokia）曾呼風喚雨；旅遊業，湯瑪斯庫克集團（Thomas Cook）曾獨霸全球，直到 2019 年宣告破產。然而，無論在西方或東方，這樣的企業為何會忽然喪失競爭利基？瞧瞧一些傲視群雄數十載的公司，例如：愛克發（Agfa）、美國航空（American Airlines）、DEC、羅威（Loewe）、Nixdorf 電腦、摩托羅拉（Motorola）、Takefuji、黛安芬、柯達……，一個一個從頂端驀然墜落。哪裡出問題了？答案簡單得令人不堪：他們都未能與時俱進調整商業模式，僅憑過往榮光悠然度日。

　　波士頓顧問集團（BCG）所創的「金牛」（cash cow）一詞，指的是能持續創造利潤的成功業務；儘管這個名詞引領風騷多年，卻不再足以做為企業生存的保障。

　　今天，企業欲保有長期競爭優勢在於打造創新商業模式的能耐。成功做到這點的典範，包括：祭出 Nespresso 商業模式的雀巢（Nestle）；

以工具管家服務（Fleet Management，亦可譯為「車隊管理」）模式操控營建業重型機具的喜利得（Hilti）；還有很多例子來自美國，一般人馬上可講出幾個名號：亞馬遜（Amazon）、Google、蘋果（Apple）、微軟、Salesforce。除此之外，近來在亞洲不斷湧現成功案例，像是阿里巴巴或騰訊。他們並非只是把商業模式搬到東方，而是獨樹一格，自創了不起的新模式。對此，迫切的問題來了：我的公司要怎樣才能異軍突起？怎樣才能成為產業典範？簡言之，我要如何成為商業模式的創新者？

商業模式創新年代

　　二十年前，如果有人問你：「一般人會不會以一公斤 80 歐元的代價買雀巢 Nespresso 咖啡膠囊？」或問：「你信不信這世界有超過三成的人樂於在網路公開私生活的一切細節，就像現在的臉書（Facebook）？」十年前，你恐怕會覺得提問者腦筋有問題。還有，當年你能想像到處有免費電話可打、機票不用幾美元嗎？不到二十年前，誰想得到一家成立於 1998 年、名叫 Google 的新創公司所研發的搜尋演算法，其締造的財富居然會超過戴姆勒（Daimler）或奇異公司（General Electric，簡稱 GE）？

　　造成這種演變的根源幾乎存在於各行各業，而當然，該根源就是商業模式創新。商業模式創新點燃的砲火撼動天下，博得版面的程度也少有對手，但究竟是什麼讓它的影響如此深遠？

　　創新能力向來扮演企業成長與競爭力的關鍵角色。過去，一項出色的技術解決方案或優異產品便足以奠定成功，於是許多技術扎實的公司只顧「沉醉於技術」，競相推出功能強大的產品。到了今天，這卻不再

可行；加劇的競爭、持續的全球化、不斷茁壯的東方對手、產品的普及化，在在侵蝕既有的領先地位。新科技、產業界線的消失、不斷改變的市場與法令、前所未見的競爭者，一一形成產品與製造過程的生存壓力。無論是哪個產業，遊戲規則都在改變，這是無可迴避的現實。

　　實證研究顯示，商業模式創新帶來的效益確實勝過產品或流程革新（圖 1.1）。根據波士頓顧問集團所做的一份五年報告，致力改革商業模式的企業，其獲利能力要比專注創新產品或流程的對手多出六個百分點；同樣的，全球最具創新能力的 25 家企業中，14 家屬於商業模式革新者[1]。與此呼應的還有 IBM 於 2012 年進行的調查結果：領導產業的傑出企業，其創新商業模式的頻率較後段班高出兩倍。要思索商業模式創新及其重要性，「永續」是另一個切入角度。

圖 1.1　商業模式創新引爆更多創新潛能

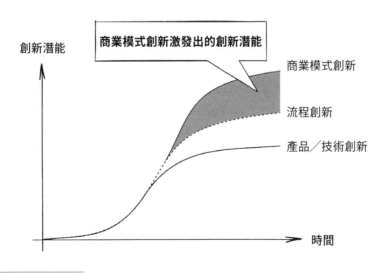

1　BCG (2009)

　　我們都曉得，面對當前氣候變遷帶來的巨大挑戰，企業必須更為永續。對付環境問題的必要技術其實很充裕，但許多公司卻陷於「不知如何變革其營運模式」的困境。光是升級價值鏈與減少排碳並不夠，企業必須重新檢視整個商業模式。要因應循環性的產業生態這類課題，企業模式得做出根本改變。BCG 與 MIT Sloan（麻省理工史隆管理學院）於2013 年做的一項研究支持了這番論點，其結果發現：成功的永續創新，商業模式變革是一個關鍵因子[2]。

　　當然，產品與流程品質仍然重要，這點不在話下，卻不再具有決定性地位。我們已確實來到商業模式創新年代，公司的成敗將視其是否具備改革現有營運模式的能力，唯有如此，才能異軍突起，勝出對手。

> 企業明天的競爭利基，不再是新穎的產品與流程，而是前瞻創新的商業模式。

　　實際上，很多著名成功案例皆源自突破性的商業模式，而非因為某項明星產品：

- 沒有幾間實體店面，亞馬遜卻成為全球最大書商。
- 本身未擁有任何旅館，Airbnb 卻是全球最大連鎖旅舍網站。
- 皮克斯（Pixar）在過去十年贏得十一座奧斯卡大獎，影片中卻從未出現真人。
- 重寫影視出租經營模式的 Netflix，不曾擁有任何實體店。
- Skype 本身沒有通訊網路基礎設備，卻是全球最大電信服務商。
- 全球最大咖啡連鎖店星巴克（Starbucks），賣的是標準化的咖啡商

2　想更了解循環經濟與商業模式創新之間的關係，請見以下網頁，我們刊出有關兩者的最新研究：www.ifb.unisg.ch（此為德文網站，但有英文切換界面）。

品，走的卻是頂級價位。

- 優步（Uber）是美國最大計程車業者，旗下卻沒有一輛計程車。

帶點偏執

創新競賽激烈，企業下場難料。波士頓顧問集團那套靠金牛利潤長治久安的理論不復適用。再成功的公司，都得時時檢驗自身商業模式的體質如何。不妨抱著些偏執態度，就像賈伯斯（Steve Jobs）所言，即便公司目前如日中天，也必須質疑當前的成功模式，以做好面臨危機的心理準備。這是一個競爭利基短暫如煙的年代，要持續壯大，唯有不時檢討根基，勤加鞏固。

商業模式的構成因子

「商業模式」這個名詞幾乎成了會議室流行語，常用來描述公司現況或突破：「若要持盈保泰，我們就得改變公司的商業模式。」要找出嘴上不經常掛著這四個字的經理人還真有點困難。話說回來，眾人對這名詞的確切定義卻始終莫衷一是。換言之，當一群人坐在那裡討論如何改變商業模式時，每個人腦中想的恐怕相差甚遠。不用說，這樣的會議難有作為。

本書將介紹我們為此發展出的定義，簡單且全面。此一模式涵蓋四個面向，我們透過以下的「神奇三角」來表示（圖 1.2）：

1. **顧客**（customer）：我們的目標客群是「誰」？一定要充分了解哪些客群是你要掌握的，你的商業模式要針對誰。無論是什麼樣的商業模式，顧客永遠居於中心，絕無例外！

2. **價值主張**（value proposition）：我們提供「什麼」給顧客？這個面向界定了公司提供的產品與服務，並描述滿足目標客群的方法。

3. **價值鏈**（value chain）：我們「如何」製造我們的產品與服務？要落實價值主張，必須先落實一連串的流程與活動，再配合相關資源、能力，即構成商業模式的第三面向。

4. **獲利機制**（profit mechanism）：為何它會產生「價值」？這個面向包含成本結構以及生財機制，由財務面揭示一個商業模式的立足點，回答了每家公司最核心的問題：如何為股東與利益關係人（stakeholder）創造價值？或講得更簡單：這個商業模式行得通嗎？

這個圖形的目的，是讓你充分了解構成商業模式的顧客群、價值主張、價值鏈以及獲利機制，並為之後的創新奠定基礎。之所以稱為「神奇三角」，是因為只要調整其中一點（例如，將左下角營業額極大化），另外兩點必然需要更動。

圖 1.2 商業模式的「神奇三角」

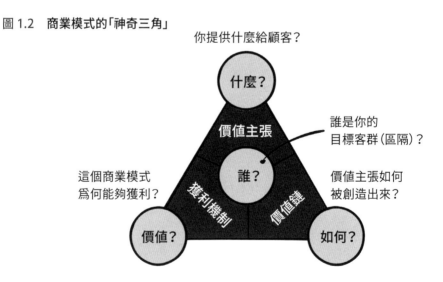

> ### 誰—什麼—如何—價值
>
> 　商業模式創造與汲取價值，是從界定四個基石開始：目標客群、銷售商品、如何生產，以及何以獲利。這個「誰—什麼—如何—價值」所描繪的模式中，前兩者（誰、什麼）著重外界，後兩者（如何、價值）則強調內部。

　　要創新商業模式，這四個面向至少得調整兩個。若只改革其一，例如價值主張，結果就只是產品創新。以下舉四個實例具體說明企業如何參考產業主流思維（dominant industry logic）或既往的商業模式，進而對自身商業模式當中的兩個或更多面向展開創新：

- **戴爾電腦**（Dell）：這家電腦公司從 1984 年起便聚焦直銷手法（關於「直銷」，詳見第二篇 #12）；不像對手，例如：惠普（HP）、宏碁，透過中間經銷商（如何？），因此它有辦法以低廉的價格提供訂製商品（什麼？）。從顧客端直接收下訂單，戴爾掌握了「實際需求」的寶貴資訊，得以更有效率地控管存貨及合作夥伴（如何？）。它還透過「附帶銷售」概念擴大收入來源（關於「附帶銷售」，詳見第二篇 #1），讓顧客在基礎商品外，可任意挑選額外的零件組裝讓電腦符合個人需求（價值？）。相較於業界主流的營運模式，戴爾調整了神奇三角的每一個點，為創造與獲得價值打造出新的邏輯。

- **勞斯萊斯**（Rolls-Royce）：這家英國飛機引擎製造商推出「按飛行小時供電」（power by the hour）的全新模式（關於「成效式契約」，詳見第二篇 #38）：航空公司無需買下整具引擎，可購買所需飛行時數（什麼？價值？）即可。業界做法是按成本計價的買斷模式，勞斯萊斯則改為持有引擎，負責所有維修（如何？）。從此勞斯

萊斯擁有穩定收入，透過提高維修效率來降低成本。當製造低維修成本的引擎成為公司最高目標，這種以成效式合約為主的模式也改變了員工思維；在過去，修理引擎是直接的收入來源，這導致了開發目標的不明確。

- 阿里巴巴：全球最大的 B2B 電商平臺，這間中國企業扮演了雙邊市場（關於「雙邊市場」，詳見第二篇 #52）。它連結買賣雙方（誰？），促進兩者間的交易（什麼？），而之所以能居間仲介，靠的是其綿密的線上網絡（如何？）。這個市集不收費，買賣雙邊免費成交，不過賣方可以付費來取得在該網站內搜尋結果的較高排名，阿里巴巴由此賺取廣告收入（價值？）。它的商業模式很像線上市集（如 eBay）的前端，並結合網路搜尋引擎（如 Google）的收入邏輯，也就是：利用買家和賣家的數據資料來實現價值主張和獲取價值之效。

- Zopa：這家成立於 2005 年的金融服務模式翻轉者，是全球第一個出現的網路借貸平臺（關於「夥伴互聯」詳見第二篇 #37），它讓一般人貸款給他人（什麼？）。該公司媒合有意出借資金者和需要資金者，後者先列出所需數目及貸款條件（如何？）。跳過了銀行，債務人與債權人都得到比較理想的利息。Zopa 的收入來自向借款人收取的費用，出借資金者則免收費（價值？）。除了創造嶄新的價值主張（像是私人取代銀行角色，締造更優惠的利息），Zopa 也改寫金融服務的獲利機制及價值鏈架構。

由上述幾個例子可見，商業模式創新必然牽涉兩個以上的面向。

> 總而言之，商業模式創新有別於產品或流程創新，起碼會大幅修正「誰—什麼—如何—價值」中至少兩項要素。

任何商業模式都是為求「創造與獲取價值」，有意思的是，很多商業模式創新的企業很善於為顧客創造價值，卻不懂得如何獲取自己的價值。以社群網站臉書為例，它的商業模式極為成功，但儘管成長穩定，該公司在 2012 年首次公開發行時，股價卻一落千丈。獲利能力較前遜色是原因之一：使用智慧型手機的消費者的機動性愈來愈強，造成廣告業務滑落，因為手機呈現廣告的效果不如電腦。臉書於 2014 年砸下 190 億美元收購 WhatsApp，當時 WhatsApp 的每個用戶約為 40 美元，這一點常被不懂其整個商業模式的分析師所批評。然而，臉書就是希望藉此強化獲利能力，在為用戶創造出龐大價值時，確保公司能從中分得夠大的一塊餅。

> 成功的商業模式是：既要為顧客創造價值，也要讓公司獲利。然而，許多企業卻無法從中取得足夠獲益。

商業模式創新的挑戰

幾乎一整個世代的經理人都受過麥可‧波特的「五力」思維熏陶。這本身沒什麼不妥，波特這套論述的核心在徹底分析整個產業，找出公司相對競爭者的最佳位置，好取得競爭優勢。2005 年，金偉燦（W. Chan Kim）與芮妮‧莫伯尼（Renée Mauborgne）以「藍海策略」（blue ocean）首度跳脫波特理論框架，他們的論述重點是：要想成功打造商業模式，必須遠離刀光劍影的紅海（red ocean），去創造一片藍海，亦即無人競爭的新市場。商業模式革新者的口頭禪是：「不以擊敗對手為前

提去擊敗對手。」

　　要打造全新商業模式，唯一途徑就是**別再盯著對手**。宜家家居（IKEA）以價格親切但頗具風格的設計及嶄新銷售手法風靡家具業；英國搖滾樂團電臺司令（Radiohead）推出《彩虹裡》（*In Rainbows*）專輯讓歌迷決定價格，其驚人之舉讓樂團聲名大噪，不僅一舉衝高演唱會票價，也讓歌迷忙著收藏他們之前的專輯；Car2Go 這家汽車租賃公司，憑著按分鐘計價的汽車共享概念，顛覆整個產業慣例。

　　既然如此，為何多數公司不改寫其營運模式，設法游入藍海呢？事實是，跨國企業投入商業模式革新的金額不到全部創新預算的 10%（**圖 1.3**）。殼牌石油（Shell）撥出研發預算的 2% 發展革命性專案，引起業界譁然，被認為是魄力十足的創舉。中小型企業往往更少，甚至完全忽略革新商業模式這項課題。

圖 1.3　跨國企業投資於商業模式創新僅占 10%

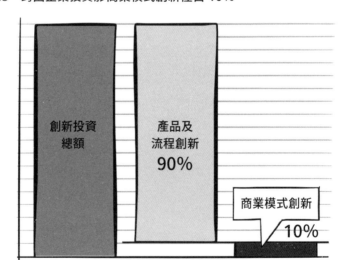

資料來源：強森（Johnson）等人（2008 年）

然而，缺乏意願絕非問題核心，「對商業模式欠缺了解」才是徹底創新的最大阻礙。對此，我們找出了造成企業裹足不前、難以改寫營運模式的三大心理挑戰：

1. **必須跳脫產業的主流思維**：這不是件容易的事，因為心理障礙會壓抑新想法的誕生。
2. **相較於思考產品和技術，思考商業模式比較難**：人們偏好看得到和容易懂的具體技術和產品，大多數人難以思考抽象的商業模式世界。
3. **「思考」欠缺系統化的工具**：有關創新的最大迷思之一，就是它的過程必然極其混亂，要將革命性的創舉落實到市場，只有創意十足的天才辦得到。就像理髮師需要利剪、木工需要好鋸子一樣，負責商業模式創新的經理人也需要能善其事的利器。

挑戰一：必須跳脫產業的主流思維

沉湎於既有光榮，很難生出新點子。即便觀念開放的領導者，往往也難跳出產業主流窠臼，企業高層幾乎只關注當前的金牛業務與競爭對手。沒有人活在真空世界，大家依存在由彼此價值鏈與競爭關係構築的產業中，以致商業模式皆不免受到牽制。社會制約讓人習於遵循慣例，知識愈豐富，愈容易陷入既有思考方式。就企業界來看，近幾十年的管理學派幾乎一面倒地鼓吹有力的「企業識別」（corporate identity），以強化競爭利基。

新進人員常對這種主流思維提出質疑，這些問題只有新人會有，但他們會聽到資深前輩耐性回答：「這個產業不同，我們就是這樣，顧客

不會接受別種方式。」正如社會學家所稱的「正統」，這些信條有如牢牢刻在石頭上的銘文，是一群人長久凝聚的共同信仰，不容挑戰。

只有極少數企業，例如雀巢，會系統性檢視不同背景的新人所帶來的提問，視為一項點子泉源。從外引進想法可以有效打破員工的慣性思考，但很可惜，這類想法往往沒來得及開花結果，就遭到一種叫「非我族類」（not invented here）的症狀（組織或群體抗拒任何外來思維的心理現象）給扼殺。是以，商業模式創新法一定要找出平衡之道，既融入外來想法，也吸納管理階層的意見。

公司高層往往很難理解脫離舒適圈有何必要——既有的商業模式不是仍帶來利潤嗎？然而當獲利開始下降之日，即模式得更新之時，稍慢一步，就可能會面臨破產；董事會不得不減低各項成本，調整組織結構。麥可・戴爾（Michael Dell）說得好：「改革得趁光景好。」

柯達就沒能抓住時機打破產業主流思維。實際上，第一部數位相機是柯達在 1975 年發明的，但他們沒敢推出，怕會影響膠卷攝影生意。當時，柯達的主要營收來自底片銷售和沖洗業務，在其營運模式中，相機的重要性相對不高，他們堅信膠卷攝影不會被數位攝影所影響。世人不會忘記，當這項新科技於 1999 年席捲市場，柯達還預測十年內數位攝影的整體市占率頂多五個百分點。這項誤判後果簡直不可收拾——2009年，剩下 5% 占有率的是膠卷攝影，其他全是數位天下。雖然它在 1990 年代不怎麼情願地與微軟（Microsoft）合力開發數位影像技術，到 2008 年更與 TNT 攜手擴大其位於羅徹斯特（Rochester）的研發中心，但一切都已太遲，遭自身主流思維綁架的柯達，在 2012 年申請破產。

類似情節，也出現在音樂界的「五大」（環球〔Universal〕、華納〔Warner〕、BMG、索尼〔SONY〕、EMI）集團身上，他們都沒能及

時脫離產業主流思維，一味依附現狀。弗勞恩霍夫研究所（Fraunhofer Institute）[3] 於 1982 年開發出的 MP3，讓音樂檔案分享變成舉手之勞，同時非法侵權網路分享如野火燎原勢不可擋。這幾家大公司未能正視此技術已然改寫音樂產業，只忙著跟 Napster 等新興競爭者對簿公堂。直到蘋果推出合法的音樂下載服務，五大企業這才頓悟，開放才是王道，音樂產業營運模式再不可能回到以前。不用說，蘋果憑著 iTunes 一路領先音樂直銷；幾年後，才又面臨 Spotify 以免費及付費雙級制（#18）的模式挑戰。

> 要找出商業模式創新靈感，一定得跨越產業當前的主導思維。不跳脫既有觀念的框架，不可能產生全新想法。

　　Streetline 是另一個跳脫框架的成功案例，而談到它，也要順帶一提與之合作的 IBM。當時，停車產業總值約在 250 億美元之譜，幾乎難見任何創新之舉。Streetline 在全美成千座停車場（還包括德國某些地方）裝設超低功率的便宜感測器，判斷停車格的使用狀況——若停有車，是靜止或移動狀態。感測器透過無線網狀網路將訊號送到安置於路燈上的發送器，再傳至網路，提供即時應用。

　　Streetline 的主要客群並非一般駕駛，而是地方政府。市府可從這套系統賺取鉅額利潤，自是興趣盎然。以往，不繳停車費的民眾約占五到八成；有了這系統，政府可輕鬆找出這些害群之馬並繩之以法。超出應停時間的車子，出場時機器馬上判讀出來。這套系統不僅提高政府收入，還因省下所需人手而減低了成本，增加停車場的利潤率。

3　譯注：德國及歐洲最大的應用科學研究機構。

挑戰二：相較於思考產品和技術，思考商業模式比較難

　　這一點，加上眾所以為，商業模式創新必得先有了不得的新科技（見下一節「商業模式創新的七大迷思」），使得商業模式甚難突破。新科技確實重要，但其本質都相差不遠。RFID 無線射頻辨識系統、區塊鏈、雲端運算，都是眾人皆知、唾手可得的先進科技，重點在如何應用以革新自身企業。真正的革新，是挖掘出新科技的經濟發展潛能（economic viability），換言之，即挖出對的商業模式。

　　以下，用保險業的「隨里程數計收保費」原則（Pay As You Drive，簡稱 PAYD）舉例說明。這些年來，汽車保險業者開始提供一些結合先進科技的保險方案。基本上，車載資通訊系統（telematics）汽車保險，就是直接追蹤駕駛紀錄，將之反映至保費上。一般而言，被保人車內會安裝記錄用傳輸機盒，偵測如剎車力道、時間、駕駛距離等資料，而保險公司據此推算駕駛發生意外的風險，調整保費。這項系統還可透過其他高科技加強，比如：全球定位功能、事故地點快速定位等。

　　雖有這些高科技，PAYD 要靠對的商業模式才得以成功。2004 年，包括英傑華集團（Norwich Union）[4] 在內的幾家保險業者，因為 PAYD 保單太少而砍掉這項業務。英傑華集團的問題出在過於複雜，它讓自己像隻看門狗，監視被保人駕車的一舉一動、地點時機；再者，它將該項收入綁在處罰不良駕駛行為所收的高保費上。換言之，這是個缺乏深思的商業模式，根本難以吸引顧客，注定沒有前途。

　　隨後跟進者可學到了教訓，懂得大幅簡化保單；其中，可以奧地利的 UNIQA、瑞士的安聯（Allianz）為代表，他們推出三個簡易功能：緊

4　譯注：英國的大型保險公司。

急按鈕、撞擊感測、尋車（CarFinder），還有一組專線與之配合。其背後使用的科技，就是個簡單的自動呼叫系統（ecall）、感測器、全球定位系統。一旦發生緊急事故、車禍或遭竊，此一系統能馬上提供救援。這套模式比先行者的聰明許多，且規則簡單好懂，保費明顯降低，程序一目了然，保險業者保證除非收到通知，絕不在一般情況追蹤駕駛。至於營收模式，則是免費安裝機盒，按月收取費用。

　　以此為鑑，各家業者又推出更簡單明瞭的「事故記錄器」。被保人若捲入事故，記錄器便啟動 30 秒橫向與縱向加速度追蹤，記下時間日期，讓事故現場得以迅速重建，為肇事責任提供客觀證據。此商業模式與前述專線盒雷同，可確保更優質的法律依據，並降低其他項目的保費，且資料不會永久保存，機器則免費提供與安裝。

　　對此，Progressive 公司隨即配合構思縝密的商業模式，推出「快照」器。這是由顧客自行插電追蹤駕駛習慣的儀器，不記錄地點與行車速度，也不依靠全球定位系統。儀器追蹤的參數，包括：日期、駕駛里程、急踩剎車次數；這些資訊直接影響保費，整體來說都明顯下降。推出以來，在美國大約已獲 100 萬名消費者採用。

　　與此同時，英國的 Insure The Box 也推出保險業最為創新且最有賺頭的商業模式。他們將 PAYD 與一些既有手法結合，像是：顧客忠誠、附帶銷售、聯盟、體驗行銷等模式（見本書第二篇）；結果該公司寫下 PAYD 史上成長最快速的一頁，並獲得 2003 年全英保險獎（British Insurance Award）。其運作模式如下：

- 透過內建的「車載資訊盒」（in-tele-box）記錄駕駛習慣，並傳輸到駕駛人專屬的網路平臺。機器免費安裝，至此都是業界標準流程。

- 接著，Insure The Box 獨家好玩的上場了。首先，駕駛選擇自己預估一年要保的里程數，據以估算單一費率；沒用完的里程數則直接作廢。
- 上述里程再配合一種獎勵性保費計算：優良駕駛行為，每月最高可獲額外 100 英里，被保人不僅可安心跑更遠，還可獲得下年度保費減免。這裡沒有如「快照」提供的直接金錢利益，而是類似漢莎航空（Luthansa）的「飛常里程匯」（Miles & More）常客方案帶給顧客的實惠感。
- 額外加購的里程，費用提高，合乎「附帶銷售」原則。
- 另外，Insure The Box 創造了一種「合夥方案」，被保人只要在專屬平臺購物，即可累積更多里程。這就是「聯盟」模式，合夥人付費加入平臺。
- 最後，這項產品有一強大的情感因子：與臉書等社群網站連結，使得在大英帝國累積保險里程成為一樁有趣的社群活動。

PAYD 的故事告訴我們，空前成功不必然來自科技，而是透過創新營運模式的突破應用。

挑戰三：「思考」欠缺系統化的工具

缺乏有助於創造性和擴散式思考（divergent thinking）的系統化工具，是我們認為的第三個重要挑戰。要創新商業模式，此種工具不可或缺。美國科學家喬治・蘭德（George Land）曾研究年齡與擴散式思考的關係，他用一份創意測驗考察 1,600 名分布在各年齡層的孩童，該測試題原是美國國家太空總署（NASA）為招募富有創新能力之工程師及科學家所設計，而蘭德為其研究適度略作修改。十題全部答對的小孩，被歸在「創

意天才」群。沒想到，結果令人瞠目：

- 3~5 歲：98%
- 8~10 歲：32%
- 13~15 歲：10%
- 成人：2%

「我們得出的結論是，」蘭德如此寫道（1993 年）：「非創意行為乃後天習得的。」換言之，成人較缺創意，故需創意技巧予以啟發。有意思的是，這類工具頗多，但在商業模式領域卻付之闕如。整體而言，商業模式創新仍是讓諸多經理人畏懼的晦澀課題，以下列出幾項他們常有的迷思（**圖 1.4**）：

圖 1.4　商業模式創新的七大迷思

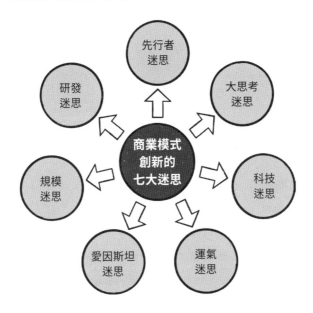

- **先行者迷思：**「能夠在商場上大獲成功的，必定是擁有前所未見的好點子。」實際上，創新商業模式往往借自其他產業。舉例而言，查爾斯‧美林（Charles Merrill）創辦美林證券公司（Merrill Lynch）時，就刻意採用超級市場概念，從而創立金融超市此一商業模式。

- **大思考迷思：**「創新的商業模式必是空前激進的。」多數人以為新的商業模式等於網路企業的大躍進，事實上，它可以像產品創新那樣循序漸進。舉例來說，Netflix 郵寄影音光碟給消費者這種模式絕對是一小步，卻帶來巨大成功，因為網路，該公司得以茁壯成為線上影音串流業者。

- **科技迷思：**「每項革新的商業模式背後，必然擁有驚人的新科技。」科技雖是帶動商業模式創新成功的重要因素，本質上卻不見得有大突破；懂得用它來改革企業營運，才是創意的真正核心。只為技術而鑽研技術，是許多創新計畫失敗的主因；懂得挖掘一項新科技的經濟潛力，才是真正革命性的因子。

- **運氣迷思：**「商業模式創新成功全憑運氣，根本無法步步為營。」事實是：革新商業模式所需投入的努力，就像打造新產品、新技術、新的售後流程或物流概念一樣，都需要動機與毅力。你得像進行蠻荒探險般詳加規劃；步步為營無法保證有結果，卻能大幅提高成功的機會。

- **愛因斯坦迷思：**「唯有充滿創意的天才有辦法想出真正顛覆性的點子。」今天，成功愈來愈少來自一位明星；跨部門合作的團隊與企業已取代昔日閉門造車的發明家。創新不再仰賴個人才智，而是團隊成果，在商業模式尤其如此。欠缺合作，任誰的天才點子也終將只是個點子。很多人以為 iPod 是賈伯斯的傑作，實際

上，一開始是位名叫東尼・費德爾（Tony Fadell）的資訊自由工作者帶著 iPod 及 iTunes 的點子來找蘋果公司，之後才在蘋果的指揮下，由一個 35 人小組合力造出 iPod 原型。該小組成員不僅來自蘋果本身，還包括設計公司 IDEO、軟體公司 Connectix、General Magic、WebTV、飛利浦（Philips）。另外，英國 IC 設計公司歐勝（Wolfson）、東芝（Toshiba）、德州儀器（Texas Instruments）則攜手負責技術設計部分，每賣出一部 iPod 可抽 15 美元。iPod 傳奇實乃由一個多樣團隊寫成，各人發揮專才通力合作才有此驚天巨作。管理大師們常喜撰述有關天才與其靈感閃現的迷思，讓世人有英雄可崇拜。然而，這些人若真的單槍匹馬，恐怕都難有那些壯舉。

- **規模迷思**：「重大突破要有龐大資源。」真相是：最重要的商業模式革命，來自小型的創新公司。看看全球三大網站及其背後的公司吧！當初這些公司無一不是產業門外漢：Google 由賴利・佩吉（Larry Page）與謝爾蓋・布林（Sergey Brin）於 1998 年成立；臉書由馬克・祖克伯（Mark Zuckerberg）創於 2004 年；YouTube 由查德・賀利（Chad Hurley）、陳士駿（Steve Chen）與賈德・卡林姆（Jawed Karim）創於 2005 年。就線上點閱排行來看，排名最高的「舊經濟」（old economy）企業屬英國廣播公司的 BBC Online，排第 40 名（！），其他全是新創公司。誠然，將這些商業模式落實、擴大需要相當的資金，但成功的網路企業在起步時多半很小卻很有腦筋。成立許多事業、創辦瑞士知名汽車交易網站 AutoScout24 的喬琴・休斯（Joachim Schoss）告訴我們：「為什麼大企業做不到？正因為他們資源太多。」資源多沒用，對的點子和足夠的勇氣才更重要。

- **研發迷思：**「有研發部門，才有重要創新。」實際上，商業模式創新的本質是跨領域的。科技地位固然重要，但若沒有考量到商業模式則毫無意義。改革可源自組織各處，誠如我們那四面向所示（誰—什麼—如何—價值）。向來負責產品創新的研發部門重要，其他部門也益形重要，包括：策略、行銷、售後、資訊、製造、物流、採購等。「商業模式創新是每個人的職責——從股東到保全皆如此。」費斯托集團（Festo Didactic）[5] 總經理西奧多・尼浩斯（Theodor Niehaus）如是說。

破除這些迷思是我們的目標，而憑藉的，是實證研究以及具體經驗累積的系統性方法。經理人的主要任務應在創新，領導者之所以有別於行政人員，在能激發創新。也就是說，領導者要具備創業者心態及創新能力。

5　譯注：全球自動化技術供應暨工業培訓要角。

2

商業模式導航

商業模式導航的原則，其實與知名產品研發工具「萃思」（TRIZ）雷同。用於機械工程的 TRIZ 理論，是四個俄文單字的第一個字母縮寫，意為「發明性問題解決理論」（theory of inventive problem solving），重點為：欲解決技術體系中存在的技術衝突與物理衝突，應透過「確認、放大、消除」三步驟；而阿奇舒勒（Altshuller）[6] 在分析 4 萬項專利之後發現，各領域的技術問題，其實皆可透過幾種基本原則解決。這項研究帶來 TRIZ 此一知名創新工具，涵蓋 40 個創新原理，諸如「分割或分離」、「拋棄受損零件」、「運用不對稱」、「整合類似零件」、「反制或強化」。化身為軟體，TRIZ 已成為現代工程不可或缺的工具。

我們自身的研究目標，其實正是希望能為商業模式創新立下類似的工程法則。我們所研究的商業模式，涵蓋近五十年崛起的絕大多數。由此確立的 55+ 種商業模式，正是你為自己的營運模式推陳出新所需的根基。

---

6 譯注：蘇聯工程師暨研究學者，TRIZ 即為他所提出。

商業模式導航以行動為基礎，由此，任何企業都能掙脫產業主流思維的局限，從而打造全新模式。成功案例見諸各行各業，適用於各種公司規模。其核心概念為：透過創造性模仿及重組，就有機會建構出成功的商業模式。

創造性模仿及重組之可貴

創新發明往往是既有事物的變種——只是存在於別處，例如：其他產業、市場或大環境。從頭發明輪子毫無意義，無視前人軌跡，只會走入死胡同；仔細觀察既有成果，則能從中深得啟發。據我們的研究，九成成功的商業模式創新案例其實是草船借箭，將當今其他模式的因子重新組合，重點是要融會貫通，把那些模式靈活演繹到自己的產業。這不像抄襲那麼簡單，卻能夠打通公司任督二脈，從而改寫產業形態。

所謂新的商業模式，其實九成並非全新，而可歸納於 55+ 種現有模式中。聰明地仿效其他產業之商業模式，你的公司將很有機會領先產業創新。但不可忘記：有樣學樣不足以成事，深入貫通才是祕訣。

身為研究學者，我們對此發現深感訝異。我們原以為商業模式創新是近乎天崩地裂的巨變，實際上卻只是一種相對狀況：某種創新在該產業掀起滔天巨浪，對整個商業環境則不然。重點在掌握其他業界營運模式要素，了解各要素間的相互作用，巧妙應用到自己所處環境，亦即：創造性模仿（creative imitation）。

所有商業模式不脫 55+ 種範疇，能將「誰—什麼—如何—價值」這

四大面向成功架構者,即所謂商業模式。本書第二篇將詳盡介紹每種模式。我們且先透過「訂閱」及「刮鬍刀組」兩種模式,說明創造性模仿及要素重組之重要性。其他模式留待第二篇介紹。

訂閱

消費者經由訂閱(**圖 2.1**),按月或按年繳費(價值?)得到某商品或服務(什麼?)。儘管存在已久,這項手法用於現代不同情境仍能激發可觀效應。例如:雲端運算公司 Salesforce,即因率先採用訂閱式服務而非一次賣斷使用權(軟體是其服務項目),顛覆了軟體業商業模式,躋身全球十大成長最快的企業之一。

其他運用此手法革新商業模式的企業,還包括 Jamba(歐洲一家販賣手機鈴聲訂閱服務的公司)以及 Spotify(以線上串流免費提供數百萬首歌曲),而消費者也可透過訂閱,享受更上一層的服務。美國的 Next Issue Media 則推出網路雜誌訂閱,月費 15 美元,可飽覽七十多種雜誌。

圖 2.1　訂閱型的商業模式

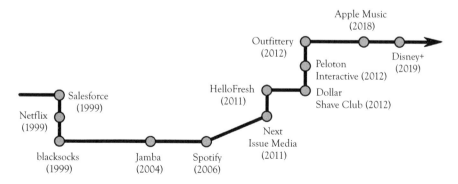

刮鬍刀組

吉列（Gillette）發送免費的刮鬍刀座，再高價販售搭配使用的刀片。刮鬍刀組（圖 2.2，詳見第二篇 #39）的主要概念是：以低廉價格，甚至免費供應主要產品給消費者，再以高價販賣必須仰賴前者使用的耗材（什麼？價值？）。為確保顧客回頭購買自家耗材，要能建立如：專利權、強大品牌等排除障礙（如何？）。

圖 2.2　刮鬍刀組商業模式

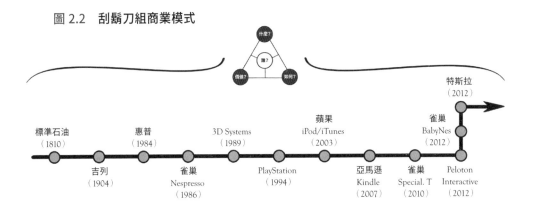

惠普窺見這在影印業可發揮的潛力──低廉的印表機，昂貴的碳粉匣；雀巢用它打造了 Nespresso──咖啡機不到 150 美元即可入手，但所需搭配的濃縮咖啡膠囊，卻比一般研磨咖啡貴五倍。

創新商業點子之策略

企業如何由此 55+ 種模式中汲取商業新點子？大致上，採取三種策略（圖 2.3）：

- **移轉**（transfer）：將既有模式搬到不同產業（如：刮鬍刀組挪去咖啡業）屬最常見策略。主要好處：可參考前車之鑑，避免重蹈覆轍，使你成為所屬產業的創新領袖；主要挑戰：要有充分時間進行實驗與調整，以及要克制直接抄襲的衝動。

- **組合**（combine）：移轉及組合兩種商業模式，格外有創意的企業甚至可同時採用三種模式（以雀巢的 Nespresso 為例，便同時用了刮鬍刀組、套牢及直銷）。主要好處：綜效形成對手的跟進障礙；主要挑戰：規劃與執行相當複雜。

- **以小搏大**（leverage）：公司將成功之商業模式套用至另一產品線（如：雀巢把 Nespresso 的模式用到膠囊泡茶機 Special. T 與幼兒營養系列 BabyNes）。這是一流創意企業才有辦法玩的策略。主要好處：享受經驗與綜效帶來的利益，風險可控制；主要挑戰：改革與穩定如何平衡。

圖 2.3　發展新商業模式的三種策略

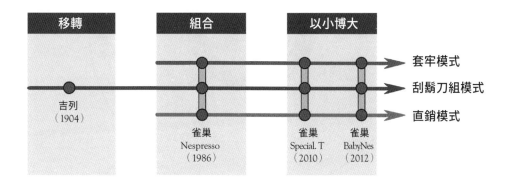

　　以上策略可獨自運用，也可同時並進。企業可從這些洞見獲得什麼教訓呢？首先，公司要虛懷若谷，學習其他產業的智慧，自己的未來潛能或許就藏在這些產業革命典範。思索新點子，何妨以這 55+ 種商業模式為師？能讓別家企業開創新局的模式，何以不能適用於自己？當然，照單全收行不通，盲目抄襲成不了氣候，唯有能夠深得個中三昧、懂得靈活挪用者，才有機會成為革新者。重點在真正學習，悟出各企業和產業間的差異，抓出可立即上線的模式做為開始。移轉商業模式看似不難，卻充滿挑戰，需要創意。

圖 2.4　**4i+ 模型**

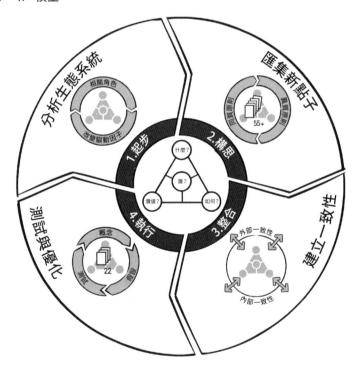

這套方法融入許多外界來的點子，這是打破產業主流思維所不可或缺的。我們也特別保留了相當彈性以便調整，跨過排斥。商業模式導航的核心構思工具，就是重組這 55+ 種模式，再發展出屬於你自己的創新模式。根據最新科技，我們在第二版增添了幾種模式，像是感測器服務（詳見第二篇 #56）。

首先，要完成分析與發想。確認潛能，提出概念雛形後，進入執行階段：確切定義商業模式的元素，實際測試，擴大規模。整個導航系統包含四個步驟：起步（initiation）、構思（ideation）、整合（integration），以及執行（implementation）。納入新模式，再加上測試過程種種新發現，我們把原來的 4i 架構擴展為 4i+（圖 2.4）。

起步：生態系統分析

動手起草新的商業模式之前，要先定義出起點和明確方向。商業模式絕非孤立的存在，而是隨企業所處的生態系統（ecosystem）起伏的複雜網絡。要通過這項挑戰，不僅須徹底了解自身企業及現存模式，也須充分認識股東與各種因子扮演的角色（圖 2.5）。此時不妨從這個練習做起：詳細描述目前的商業模式，包括，它與眾關係利益及各影響因素間的交互作用。重點是，讓你的視野逐漸成為動態。

根據我們進行研討會的經驗，描述自家商業模式其實頗有難度，即便有二十多年業界經驗的老手也往往支吾其詞，難以描繪自家模式，更講不出背後的產業思維，所以，此一步驟需要充足的時間。就大企業而言，必得涉及不同部門、功能的員工，才可能勾勒出整個商業模式全貌。與此同時，也可順便讓大家了解商業模式概念，對所處現況凝聚共識。

圖 2.5　4i+ 模型——起步

多數員工恐怕只熟悉本身作業範疇，或許行銷，或許財務等，但成功的模式創新往往有一髮動全身的影響，為此，讓員工對其他領域有基本了解，實有其必要。再者，最好還能有來自其他產業的參與者；愈有經驗的員工，愈常出現見樹不見林的問題。

　　描述自家模式時，需要保持一點距離，以免捨本逐末。了解整體商業模式及產業思維才是目標，但也不能太過籠統，才不至於漏掉重要問題。

> 眾人在分析商業模式時，往往被日常工作細節遮蔽視野。不妨試著登高望遠，冉冉上升至離地三萬呎。

光是定義自家商業模式這個步驟，就是改革的重要先鋒。透過這種分析，大家經常可看出以往沒發現的問題，激發出改變的動力，而這正是創新的重要層面。「原來我們的模式跟業界主流思維沒什麼兩樣」──這種領悟，能喚醒眾人改革的熱切。蘋果、Google 能異軍突起，雄霸一方，絕非因其謹守遊戲規則，而是有辦法自創規矩，打破主流。

我們建議，不妨依據「誰─什麼─如何─價值」這四個主要層面，來描述你既有的商業模式。下列問題應有所助益：

- 誰？（**顧客**）

  ──誰是我們的主要客層？

  ──顧客期待何種關係？我們如何維繫？

  ──誰是最重要的核心顧客？

  ──還有哪些必須考量的利益關係人？

  ──我們經由哪些鋪貨管道來服務顧客？

  ──誰會影響我們的顧客（意見領袖、利益關係人、使用者）？

  ──針對同一客層，各部門可有不同做法？

  ──我們顧客背後是誰？未來十年會是同樣一群人嗎？（我們常忽略了顧客後面的那些人，尤其在 B2B 的交易模式中。）

- 什麼？（**價值主張**）

  ──我們為顧客提供什麼？

  ──我們幫顧客解決了何種問題？滿足了哪些需求？

  ──為達到上述目標，我們提供了哪些產品與服務？

  ──顧客的感知價值（perceived value）是什麼？（通常，這不等同於產品或服務的技術規格。）

  ──我們為顧客創造了哪些價值或利益？如何溝通這些好處？

——我們的產品服務與競爭者的有何差異？顧客面臨哪些選擇？

——我們目前的商業模式，能充分滿足顧客的所有需求嗎？

- **如何？（價值鏈）**

——價值主張如何創造出來？

——我們的產品與價值主張背後有哪些核心資源？（如：實體資源、勞工、財務、智慧財產？）

——我們需要哪些職能及關鍵工作事項？

——我們的價值鏈可有充分運用核心職能？

——我們最重要的夥伴是誰？他們與我們公司關係如何？帶給我們什麼？

——我們最重要的供應商是誰？他們有何貢獻？

- **價值？（獲利機制）**

——此商業模式如何獲利？

——我們主要收入來源是？

——營收從何而來？是什麼讓顧客願意掏腰包？

——我們主要的成本為何？主要來自何處？

——就目前的收入模式而言，主要財務危機落在何處？

了解相關角色

商業模式創新要成功，必須了解企業所處的商業生態系統（business ecosystem）中的所有角色。實際上，過去幾年最厲害的創新發明（如 iPod、iTunes 等）多不是純由內部發展出來，而是與外界緊密合作的成果。SAP 是我們的研究夥伴，這家總部設在德國的軟體公司是全球企業軟體市場領導者，它就有一張綿密的關係網與十分成功的商業模式。他

們也以此網絡心態,做為自身商業模式分析發展的起點;除了企業本身,尚包含顧客、夥伴、競爭對手。

◎ 顧客

進行這類生態系統分析時,首先一定要徹底了解顧客需求,這是商業模式創新點子的重要來源。此外,不僅要思考目前顧客,也要把潛在及未來顧客納入考量。

舉例而言,星巴克比誰都更早意識到,消費者要的不只是咖啡,他們還希望在一個溫馨舒適的環境悠然地享受這杯咖啡。這個體會的實踐,造就近三萬家生意興隆的星巴克。西班牙時尚產業的 Zara 不斷修剪營運模式,以期能在最短時間滿足消費者的莫測需求;它將其整合為一條鞭,從設計、製造到銷售全部一手包辦,最新系列上市只需幾週,一舉顛覆時尚規則——過去,這整個流程往往不下九個月。

有些公司更進一步,不僅直接傾聽顧客意見,甚至邀他們參與商品研發。歐洲領銜工業攝影業者 CEWE,即打造了一個根據顧客在公司網站聊天室建議所發展而出的商業模式,進而成立 viaprinto.de,專門負責文件、平面廣告類的線上印製。許多既有顧客在聊天室表達強烈期盼,希望能把手中一些微軟、PDF 等檔案以高級的專業水準印出來。誕生於 2010 年的 viaprinto.de 迅速獲得產業客戶的廣泛支持,而該商業模式陸續獲得創新獎的肯定。

T 恤製造商 Spreadshirt,讓顧客自行設計他們想買的 T 恤[7]。公司創始人盧卡斯・加多斯基(Lukasz Gadowski)說:「我們授權讓顧客做他們想做的事。」一心以此為念,該公司真正把顧客需求放在商業模式正

7　Seidler (2006)

中央。反之，若企業進行新品及商業模式創新階段沒有慎重考量顧客需求，後果可能不堪設想：

- CargoLifter 決定把舊科技放到新用途。該公司創立於 1996 年，專以齊伯林飛船載運鐵公路無法運送的重大貨物。他們做過調查，結果顯示市場有此需求；起初有多方表示興趣，ABB、奇異、西門子（Siemens）等重型機械製造商樂意負責組裝，測試，完整送抵，預製件可直接送到建橋工地當場安裝。問題出在，CargoLifter 應該詢問的，其實不是產品經理、研發人員或物流專家。要簽約時，律師指出空運重貨的風險太高，萬一氣渦輪機墜落到民房怎麼辦？除了對這類風險考慮有欠周詳，他們也無法獲得融資，成本卻隨著解決技術細節不斷攀升。2002 年，基於齊伯林飛船貨運 CL160 無法找到足夠資金，CargoLifter 不得不申請破產。

- 如果對顧客了解不足，即便 Google 這樣的大公司也不免碰壁。讀者們恐怕都不記得 Google Video 了，那是 Google 企圖從 YouTube 串流影音市場分一杯羹的嘗試。YouTube 的使用者早已被慣壞，根本無暇深究 Google Video 種種附帶條件。最終，Google 別無選擇，只有收掉該部門，重金收購 YouTube。

◎ 夥伴

除了顧客，其他重要角色還包括有助於為顧客創造價值者，諸如：供應商、通路商、解決方案提供者，或像是研究公司、顧問、聯盟等間接參與者。就激發新點子而言，這些角色的重要性不下於顧客本身，且經常是想法落實的推手。

整體而言，愈來愈多公司體認到外界角色的價值，逐漸從以往偶發性的合夥研發，轉而有系統地將夥伴納入研發架構中。有些企業利用群

眾外包（crowdsourcing，詳見第二篇 #9）把某些工作交給外部特定族群。消費品公司寶僑（Procter & Gamble, P&G）已成箇中翹楚，透過「連結與開發」（Connect + Develop）專案，將新點子與商業模式的發想外包給群眾，希冀與世界一流創新頭腦攜手。寶僑走出內部研發，改以「外部洞見」（outside-insight）進行產品研發與行銷，目前該公司新品計畫五成以上源自於此。這些夥伴提供的點子無奇不有，面貌也無所不包──小公司、跨國企業、研究單位、發明家，甚至包括地球另一端的競爭者。昔日側重內蘊知識的寶僑，變身為機動靈活、商業導向的知識掮客。

布勒：創新合作的典範

全球加工工程龍頭、無疑也是歐洲最大食品業與先進材料企業之一的布勒（Bühler），和某營養補充食品公司密切合作，開發出一種名為「維力米」（NutriRice）的營養強化米。

為開拓潛在客源，布勒與 DSM 合資，專門生產維力米，並供應至各大米廠，讓後者無需花費龐大研究經費也能進入這個區隔市場。如果市場反應熱烈，米廠可決定要繼續跟上游的合資公司購買，或自行投資生產。無論哪種選擇，布勒都將受惠：或從成品銷售，或從販售技術。

◎ 競爭對手

對手也頗多可資學習之處。西班牙《都市報》（Metro）於 2001 年成為首家全由廣告商贊助的報紙，其商業模式隨即引來諸報跟進，包括 Recoletos 推出的免費報 Qué!。排山倒海而來的競爭，迫使西班牙《都市報》──全球《都市報》分支，不得不於 2009 年停發免費報，當時

Qué! 則氣勢如虹，每日發行量近百萬。這個例子告訴我們，即便不是創新領頭羊，只要反應夠快，絕對可以分得一杯羹。

戴姆勒的 Car2go 是第一家走出按分鐘計費的租車公司，市場一打開，多家對手隨即跟進且紛紛獲得一席之地，像是德國鐵路股份公司（Deutsche Bahn）的 Flinkster、BMW 的 DriveNow。根據 2019 年初達到的顧客量，Flinkster 以超過 315,000 名（14%）在德國名列第三，DriveNow 以 32% 排行第二，Car2Go 以百萬顧客數（44%）傲視群雄。

影響因素分析

除了洞悉主要角色，也必須了解帶來改變的主要驅動因子，知道這會對你的商業模式產生何等影響。進行生態系統分析時，兩個影響因素值得格外關注：（1）科技；（2）大趨勢（mega trend）。

（1）科技

很多成功的創新模式，正是源於科技進步所致。一方面，及早採用破壞性科技確實可能促進商業模式創新；然而另一方面，科技進步卻也可能埋下極大風險。不少紅極一時的營運模式日暮西山，就是不曾察覺新科技，甚至替代科技的顛覆性——之前提到的柯達即為一例。所幸，只要仔細觀察，這類危機不僅可躲過，還能從中創造獨特商機。

首先，最重要的是要把「未來」牢記在心。科技發展一日千里，絕非線性前進，看看今天的科技樣貌，豈是幾年前所能比擬，且這種情況只會隨著時間更劇烈演進，所以務必留意科技進展可能帶來的新模式，否則或許就會遭到無情汰換。除了內部積極研發創新，最好的做法無非時時評估科技趨勢對當前及未來的影響，包括：合作夥伴與競爭對手的

技術革新（比方說，某種商業模式或許會遭到供應商的某項技術創新蠶食）、顧客面衍生的科技趨勢（例如：智慧型手機的普及，B2B 模式必須充分因應）。

但必須強調，並非所有研發出新科技的公司必然能享受成果；想要創造出價值進而享受價值，一定要有對的創新商業模式。2009 年，哈佛教授克萊頓·克里斯汀生（Clayton Christensen）及其同事就曾說：「放眼創新發明史，淨是握有破壞性技術卻無能獲利的公司；之所以如此，是因為他們沒能相對推出破壞性的商業模式。」1982 年，德國弗勞恩霍夫研究所在 MP3 數位音樂的發展，獲得卓越成果，每年因此進帳數百萬美元。2003 年，蘋果推出 iPod 及 iTunes，兩者使用的也是 MP3 技術，但僅僅三年，就為蘋果賺進數十億元年收入，反觀發明這項技術的弗勞恩霍夫只能乾瞪眼。

空有卓越衛星電話技術的銥衛星（Iridium）也是一例。1998 年，該公司花費 50 億美元，發射 66 顆衛星到地球同步軌道。衛星手機昂貴笨重，每分鐘 8 美元的通信費遠非一般大眾所能負擔；更甚者，通訊範圍無所不包（除了大樓之外），而這無疑使得經理人（他們的目標客群）用不上這項產品，以致當初預估顧客數 200 萬，結果只賣出 55,000 支。2000 年銥衛星宣告破產。

全錄（Xerox）在找到適合的商業模式之前，抱著創新科技卻始終賺不了錢。1959 年它研發出可快速影印的新技術，但機器太貴以致賣不出幾部，直到全錄找到出路：一個嶄新的商業模式，讓客戶以合理價位租賃影印機，再按使用張數另外付費。憑此商業模式，全錄營收由 1959 年的 3,000 萬美元，至 1972 年衝到 25 億。

十個值得留意的資訊科技相關趨勢

　　資訊業產生的網路、區塊鏈、人工智慧（AI）、雲端與各種新近發明，不斷激發新的商業模式。以下這些科技趨勢就曾如此，也將促使更多創新、以服務為核心的商業模式[8]。

1. 社群媒體是與顧客互動的關鍵

　　網路拓展速度極快，社群媒體更勢如星火燎原；現在六成出生於 1985 年後的消費者世代主要用手機進行社交與遊戲，而非打電話或通郵件。幾年前甚至還不存在的社群媒體，如今是眾人網路經驗的重要環節。臉書使用人數將近 30 億，是全球人口的 35%；主攻專業人士網絡的 LinkedIn，其 2019 年使用者超過 6 億。2019 年可口可樂（Coca-Cola）的臉書粉絲人數超過 1 億 700 萬人，成為該年度「最讚」（most liked）企業。大勢所趨，幾乎所有企業皆體認到線上平臺的無窮潛力，紛紛透過社群媒體及網路論壇掌握顧客情報。

2. 分享社群

　　科技影響社會，連帶也影響消費者偏好。由於網路，興起各式線上社群，如：二手貨拍賣（阿里巴巴）、私人貸款（Zopa）、自宅出租供度假使用（Airbnb）等，而這些只不過是少數幾例。在美國，七對夫妻裡有一對透過網路結緣。這股風潮吹向歐洲之際，PARSHIP 創辦者便於 2000 年打造了線上媒人，透過背景資料運算撮合興趣相近者，多虧外部網絡效應，社群價值隨會員人數增多而水漲船高，遂又提高該社群吸引力。這個現象，就像阿巴合唱團（Abba）當年那首名曲揭示的：贏者全拿（The winner takes it all）——愈早進場，贏面愈大。

3. 免費及付費雙級制與附帶銷售

　　消費者已被網路唾手可得的免費服務養大胃口，從維基百科（Wikipedia）

8　感謝博世全球物聯網實驗室（Bosch IoT Lab）的貢獻，尤其是艾爾加・弗萊許（Elgar Fleisch）和菲利斯・沃曼（Felix Wortmann）。

或線上新聞，到免費軟體或影片，要什麼有什麼，於是他們開始期待在實體世界也能獲得如此待遇。現在，亞馬遜、Zalando[9]、Best Buy[10] 不僅有條件提供免運費，甚至連重新運送也免錢。

除此之外，資訊業非常配合顧客在不同階段對產品的各種需求。透過應用程式，智慧型手機可以個人化；雲端運算，讓我們可選擇升級伺服器功能或擴充儲存空間。企業的核心價值主張若仍仰賴實體產品，務必深思如何活用這類手法，透過數位附帶銷售來強化價值主張。

一種常見做法就是提供應用程式，強化實體產品功能。從兩大應用程式商店（IOS Store 與 Google Play Store）下載的總數，已從 2009 年的 40 億成長至 2018 年的 1,050 億。雖則如此，這股趨勢並不保證穩有賺頭；以 2014 年來說，半數的 iOS 開發者，與更多 Android 開發者（64%），一款程式每月所得低於「應用程式貧窮線」的 $500 美元。這證明了應用程式市場擴大不盡然保證收入豐厚，而是更顯示出產品再好、技術再創新，若欠缺穩當的商業模式，一切皆屬枉然。

4. 數位重裝產品（reloaded product）

要為原本注定在數位時代黯淡無光的產品增色，最常見的作法，就是安裝小型網路感測器把東西變得聰明些，如此便可為其核心價值主張增添不少功能。這一趨勢足以改變企業的業務形態。

舉例而言，法國應用程式公司 Withings 研發的嬰兒監視器、血壓計和活動記錄器就相當成功，藉著硬體及行動應用程式軟體的聰明結合，它打造出能賺錢的商業模式。在監控硬體之外，應用程式軟體為消費者提供免費的個人化分析工具與各項功能。這有如反向的刮鬍刀組與附帶銷售模式，讓消費者確實感受到額外價值，也使 Withings 行情大好——2013 年，它獲得 3,000 萬美元的創投資金。另一家情況類似的公司是 Limmex，它讓普通手錶具備撥打

9　譯注：模仿美國電子商務 Zappos 的德國公司。

10　譯注：美商消費電子零售集團。

緊急電話的功能；這不僅對老人家非常有用，也極適合極限運動員或小孩。最終，這項發明也贏得大獎肯定。

另外，包括 BMW 或哈雷（Harley-Davidson）等頂級車廠也提供軟體下載，以提高馬力或調整聲音。這些業務大有可為，更不要說，其邊際製造成本幾近於零。

5. 整合數位和實體的體驗

物聯網主要促進了實體與數位世界的連結，讓企業能為顧客創造嶄新的數位增值服務。最初，虛擬實境（virtual reality）只有在科技大公司的研發部門才能看到，隨著技術不斷更新與設備成本走低，它也開始在消費性產品走出一片天。

擴增實境（augmented reality）可做為強化業務工具，也能用來增進服務，BMW 在這方面十分積極，不斷研究如何協助技師應付日益困難的維修作業。我們很快也會看見，藉由擴增實境，消費者能自行為愛車增添各項栩栩如生的虛擬配備。

6. 大數據

資料轉移、儲存、處理的飛快進展，加上種種聯結載體如雨後春筍般出現，為打造更有創意、更聚焦服務的商業模式提供了絕佳基礎。有了大數據，感測器與聯結物體將不再只局限於提供客製化服務；眼前的挑戰，是如何從數據中找出精省成本之道，汲取更有價值的顧客情報與競爭優勢，以獲得盈利。

2014 年，奇異公司僱用 800 位工程師，以探測物聯世界的各項商機。舉例來說，離岸風力發電機（off-shore wind turbine）能互相對話並自行診斷，因此，若兩邊的風機運作正常，要修復中間風機不再需要將其關閉。隨著 B2B 日漸採用這種手法，這類商業模式將不免也把終端消費者（end-consumer）視為新顧客。由此可見，大數據加上新的聯結商品，B2B 將逐步演化為 B2B2C。當今這些科技趨勢，讓各種前所未見的商業模式都有出現的可能，且是在任何產業。

7. 遊戲化（Gamification）

作為行銷工具，將遊戲元素放進非遊戲領域愈來愈普遍了。所謂遊戲化，是藉由獎勵、排名或進度指標，激勵使用者完成無聊、乏味或複雜的任務。給予明顯的正面回饋，這樣的激勵系統可帶來較好的學習成效（例如在學校、公司）、行為改變（例如保健、運動）或迅速完成事項（例如報稅）。舉例來說，PainSquad 協助罹癌兒童記錄疼痛日記。在這遊戲化的作業中，孩子成了打擊疼痛的警察小隊，要想進階，就得早晚各完成疼痛報告。日記提供的資料對研擬新療法非常重要。新產品能夠成功，遊戲化被評為高度相關因子。

8. 數位身分

許多公司對能防詐欺的數位身分很感興趣。這類科技影響金融機構與私人企業，公共機構也不例外。多年下來，已有多家公司活躍於指紋或臉部辨識領域。2015 年，阿里巴巴推出「微笑支付」（Smile to pay），讓人們得以自拍授權付帳。

尚稱新興的區塊鏈，帶來更大展望。在這沒有中央管理單位的去中心化資料庫，每筆訊息變化都能追溯。加密貨幣比特幣就是根據這個概念，保證行使交易的人握有所需金額。沒有中央管理單位的情況下，一筆資料只有在獲得絕大多數的資料儲存伺服器確認才有效，想操弄系統幾乎不可能。這些新型的認證形式，為商業模式發展打開新氣象。

9. 數位平臺

數位化的大趨勢之一就是數位平臺。Interbrand 在 2018 年發布的前十大品牌中，可以看到五家就是成功應用了這項模式。可分為三大類：（1）交易平臺，如 Netflix 或亞馬遜；（2）創新平臺，如 SAP 或 Salesforce；（3）包含前兩者面向的混合型整合平臺，如蘋果或 Google。想開發平臺，要謹記以下原則：設計應模組化、建構組元可重複使用、好用的媒合功能，以及打造生態系統。考慮到平臺所有相關者的利益，這種生態系統思維來愈重要。整體而言，要開發出成功的平臺很難，但如果成功，就形成很高的市場進入壁

疊，優步或阿里巴巴就是很好的例子。在「贏者全拿」的原則下，務必儘早搶下平臺契機——愈多人使用你的平臺，就愈能吸引到新的使用者。

打造 B2B 平臺的挑戰，可以這麼說：所有人都想自創平臺，沒人想被其他平臺黏住，因此很難產生必要的規模經濟。為此，與其自創平臺，不如好好評估一種合作性、競爭前期（pre-competitive）的新興合夥模式。

10. 點對點交易與智慧型合約（Smart contract）

無論產品或服務的生產銷售，都朝著「點對點」的方向邁進。與鄰居交易去中心化生產的太陽能、透過平臺提供專業服務給區域客戶，只是其中兩例。區塊鏈及其他分散式帳本技術（distributed ledger technology），讓不知名的各方得以安心直接交易，這又使機器對機器的交易前景大有可為。一旦機器聰明到能自主分析和行動，新的商機就出現了，像是會自動繳交停車費的車子。

（2）大趨勢

未來的趨勢發展，絕對是影響新商業模式的重要因素。這雖非經理人所能控制，卻必須常在他們思考、甚至預測中。早在西元前五世紀，雅典黃金時期的重要領袖伯里克里斯（Pericles），便強調窺視未來之重要：「對未來的正確預測不是重點，重點在於知道如何因應。」

以下幾個新商業模式的例子點出，若懂得及早掌握社會及經濟趨勢，無疑是企業一大勝券：

• 印度電信商 Airtel 窺見亞洲市場的不斷蓬勃，決定針對這群顧客之需，量身修改其商業模式。它將九成傳送系統外包給其他業者，積極搶攻新顧客。結果，Airtel 的每分鐘費率不到西方對手的五分之一，以致連西方國家的消費者也見風轉舵，上門成為顧客。Airtel 目前擁有超過 2 億 3,000 萬名顧客；截至 2012 年，坐實全球

最大電信商。

* 孟加拉鄉村銀行（Grameen Bank）預見低收入國家的發展潛力，因地制宜發展出特殊的金融模式——授信對象必須是聯貸的當地群眾。這種機制對債務人形成即時還債的社會壓力，第一群人若債務未清，第二群人的貸款就放不下來。該銀行放款對象有 98% 是婦女，事實證明她們比較可靠。創造這個商業模式的穆罕默德·尤努斯（Muhammad Yunus）是諾貝爾獎得主，也是前鄉村銀行的執行長。

對本身商業模式影響至鉅的因素及趨勢，企業務必密切觀察。多種趨勢同時發生，隨地區又有不同變化。以迷你診所（MinuteClinic）與奇客分隊（Geek Squad）為例，就是聚焦於會影響北美這種高度重視便利的服務性社會之趨勢：

* CVS Caremark 集團旗下的迷你診所，在集團連鎖便利藥局內提供基本的保健服務，包括：接種疫苗、治療輕傷及常見疾病等。一年 365 天，每個早晨開始營業，這為顧客帶來的便利性不言可喻。
* 奇客分隊鎖定大眾對科技的日益仰賴，專門協助一般人解決消費性電子產品與網路相關問題，包括：電腦及網路、電視、影音器材、電話、相機；上門的顧客掏錢掏得十分情願。Best Buy 集團在 15 年前以 300 萬美元買下這家公司，如今年營業額達 10 億以上。

全球演變

許多商業模式之所以成功，是因為能解決大趨勢所帶來的問題：

1. 知識社會：成熟社會中各種人的基本需求皆獲得高度滿足，接下來，如何充分實現自我這個議題就益形重要。

2. 聯結與網絡：運輸傳播成本下降在在拉近世界，網際網路更不斷使人耳目一新。

3. 人口集中：都市化將愈走愈快，且不僅見於富裕國家，貧窮國家亦然。

4. 繭居（cocooning）：面對全球化世界帶來的紛擾與封閉，人們需要喘息的空間。

5. 資源短缺：資源終將耗盡；目前探討的二氧化碳及全球暖化只是開端。

6. 自我定位：社會面貌多元，個人持續追求獨特性。

7. 安全：天災、恐攻、政局紛擾，人們更需要安全感。

8. 自治：合久必分，全球化之後，有些地區愈來愈重視地方分權。

9. 人口變化：與金磚四國相反，富裕工業國正一一步向高齡化社會及出生率下滑。

最後，我們把重要議題彙整如下，以助各位掌握生態系統分析的所有重要面向：

1. 我的商業模式中有哪些相關角色？

2. 這些人有什麼需求？受哪些因素影響？

3. 他們經歷哪些演變？

4. 這對我的商業模式意味著什麼？

5. 競爭環境的改變會是新的商業模式發展契機嗎？果真如此，是哪些改變？

6. 業界曾誕生過令人矚目的商業模式創新嗎？是如何引發的？

7. 目前有哪些科技影響著我的商業模式？

8. 科技正發生哪些轉變？三年、五年、七年、十年後的科技樣貌會是如何？

9. 未來的科技對我的商業模式有何影響？

10. 我所屬的生態系統中，哪些趨勢與我息息相關？

11. 這些趨勢如何影響我商業模式中所有的相關角色？

12. 這些趨勢對我的商業模式之優劣有何影響？是凸顯或弱化？

生態系統分析

1. 以三、四名員工為一組，用神奇三角四面向（誰—什麼—如何—價值）來描述公司的商業模式。

2. 探索此模式難以為繼的可能原因，或其中弱點。謹記生態系統中的角色及變動源頭。

3. 根據以上發現，為目前模式撰寫悼詞。

4. 記錄小組所得，發表給其他各組。

寫悼詞似乎怪誕，卻有其重要作用；即便公司目前營運良好，這個動作卻可預防將來出錯。別顧忌耍些黑色幽默，如此，才得以從適當距離之外，客觀嚴謹地審視自己目前的商業模式。

構思：匯集新點子

進行生態系統及商業模式分析，或能找出創新模式契機，但這過程充滿挑戰。做出最佳選擇並不容易，對顧客想法過於從善如流也不見得能帶你跳出框架。亨利・福特（Henry Ford）就曾一針見血地指出這點：「如果我先問人們要什麼，他們肯定會說：『跑得更快的馬兒。』」

商業模式創新可能從任何地方開始，也許是打造某種潛在價值的模

圖 2.6　4i+ 模型──構思

　　糊揣測，或為了解決眼前的頭痛問題。相反地，成功的創新案例也往往
出人意表。讓這思考過程雪上加霜的是，你必須採取抽象方法。

　　我們發現商業模式不脫 55+ 種，還有，九成創新實乃重組的成果，
據此，我們發展出所謂的「模式改寫之構思法」。其核心是將這 55+ 種
模式應用在你的商業模式，再激發出新的點子（**圖 2.6**）。這種方法頗
受當代知名神經學者及神經經濟學者（neuroeconomist）推崇，例如，葛
瑞格里‧伯恩斯（Gregory S. Berns）就曾於 2008 年申論，想獲得不同觀
點，得讓大腦接收嶄新想法，激發它重組資訊，如此才可能打破既有思
維，迸發全新點子。有關類比式思考（analogical thinking）與創意之間的
研究，也有相同發現。

　　參考各家模式，有助你井然有序地發展出新模式。這讓你跳脫產業主流思維，根據公司狀況改寫某些模式，從而創造全新變種。此時你自己的想法及創意至為關鍵，而最終，你會在外界新思維與公司內萌發的創意間找到平衡。

> 為簡化模式改寫的過程，我們將 55 種成功模式製作成一組卡片（圖 2.7）。每張卡上各有一種模式的詳細描述：名稱、核心概念、將其融入自身營運模式的企業，其他發揮案例。值此構思階段，這樣的資訊含量恰如所需——不會太少，否則無法推你離開舒適圈；不致太多，以免扼殺你的創意[11]。

圖 2.7　55+ 商業模式類型卡

　　55+ 種模式可透過兩種原則應用：同質或衝突。各有優點，同時採取也無妨。

11　想更了解研討會可用的模式類型卡，請參見 www.bmilab.com（此為英文網站）。

採同質原則改寫模式

所謂的同質原則（similarity principle），是先從相關產業所用的模式類型卡入手，再嘗試差異性較大的類型，然後調整為自己的商業模式。以下是運用同質原則的步驟：

1. 先定義好標準，以便找出相關產業。舉例而言，如果是能源業中的公共事業企業，可考慮以下這些研究標準：無法儲存之商品（服務業）、放鬆管制（電信業）、高波動性（金融業），大宗貨品（化工業）、從產品到解決方案（工具製造商），以及資本密集（鐵路業）。

2. 根據定義好的標準及相關產業，從目標產業採用過的模式類型中進行篩選。6～8種較為理想。

3. 把這些模式用在你的商業模式，一一思索如何變通，各自會遇到何種瓶頸，該如何突破。

4. 若第一回合找不出創新之道，從頭來過。也許可以放寬研究標準，並納入更多參考模式。

> 採用同質原則最重要的思考點是：「將 X 模式用在我公司，會如何改變我們現在的商業模式？」

　　運用同質原則必須非常嚴謹有序。一方面要漸漸跳脫目前產業主流思維，也要刻意排除過於不同的產業所用的模式，像速食業與電信業就天差地遠。根據我們訓練師的經驗，這個思考方法效果不錯：「若不同公司併購了我們，會怎樣經營？」從而深入思考對方的模式可以如何套

用在自己公司。

在同質原則下，探索範圍的定義比較狹窄，但構思過程仍需找出一些類比，以期找出解答和想法的機會能夠提高。就此觀之，經過同質原則誕生的商業模式，創新程度往往沒那麼劇烈。

瑞士某大印刷廠即是採取同質原則的成功案例。一如大多數同業，該公司面臨嚴重的產能過剩——愈來愈多的印刷機分食愈來愈少的印刷工作。他們瞄準了廉價航空公司的「最陽春」模式（詳見第二篇 #31），準備提供簡單便宜的印刷服務，亦即：只從線上接單，待某部機器出現空檔才開始印刷。既有客戶對這門新業務毫無興趣，但著實吸引了海外許多討便宜的散客。

某食品處理機器廠從宜家家居的自助模式獲得靈感（將部分價值鏈外包給顧客，詳見第二篇 #45）。它決定外包的部分是儀器品質控管——寄上零件與自助工具，由顧客自行負責組裝及品質。該廠再也無需提供任何保固，只要提供適當工具協助顧客做好這一塊即可。

採衝突原則改寫模式

同質原則是在相關產業中探索新的商業模式契機，而衝突原則（confrontation principle）則刻意謀求極端——把目光集中在全然不相干的產業，從最極端的模式探索創新的可能。你將由外而內（自己的商業模式）跨越外界營運模式與自身當下處境之間的鴻溝，也藉此反思自己的模式。此種途徑旨在刺激大家打破慣有思考模式，從而帶出全然未曾想過的創新機會。就像航海老手會說的：「盡量把錨拋遠吧！在碰到海底之前，它自有辦法回到船身邊。」

　　在問題仍舊一片渾沌的情況下，特別適合採用衝突原則，例如：你知道自己必須採取行動了（因為收入節節下降、競爭不斷升高、收益率隨之下滑等），但不知從何下手。此時，衝突原則頗能帶你找到潛在可行的創新模式。

　　我們問某工廠員工：「蘋果公司會如何經營你們這家企業？」一開始標準答案會像這樣：「我們公司不同，所以蘋果的成功因素不適用。」但如果他們願意投入討論，新的想法將一一浮現。在以衝突原則為主的研討會中，認真的參與者所能帶出的全新概念與點子是非常令人驚豔的。在一次與某家機械工程企業合作的研討會，我們試圖從「訂閱」模式（顧客按期付費以獲得服務，詳見第二篇 #48）激發新的商業模式。結果，不同模式的衝突刺激出這樣的點子：培訓操作員，並將公司自有機器租賃給客戶。在此同時，大家也看清這新模式將有效鞏固顧客關係，而那正是當初他們意圖尋找新模式的出發點。

　　某鋼鐵製造商採用「按使用付費」模式（顧客只需依其真正使用程度繳費，詳見第二篇 #35）：它將只按客戶實際使用之鋼鐵量計費，而非如過去以出貨量為基礎，若有剩餘，公司回收做未來生產之用。

　　採行衝突原則步驟如下：

1. 首先，從 55+ 種模式中，直覺挑出與本身產業主流思維差距最遠的 6～8 種。根據研討會經驗，以下做法效果也不錯：讓小組隨意挑出 10 種模式，簡短討論一番，再從中選出值得繼續探討的。最好訂出結論時限，以凸顯這一步驟力求直觀、本能的精髓。

2. 以選中的模式，對照自家目前模式，一一檢驗。經驗顯示，此時最好以實際案例讓小組成員打破既有思維。「X 公司會如何經營我們公司？」我們建議將這問題更具體的進一步化為：假設被 X

公司併購，公司現行的管理形態與運作邏輯會產生什麼改變？舉例而言，可能引發下列問句：

——「免費及付費雙級制」（#18）：Skype 會如何經營我們公司？

——「特許經營」（#17）：麥當勞（McDonald's）會怎樣經營我們公司？

——「刮鬍刀組」（#39）：雀巢 Nespresso 膠囊咖啡會如何經營我們公司？

——「長尾」（#28）：亞馬遜會怎樣經營我們企業？

——「訂閱」（#48）：Netflix 會如何經營我們公司？

——「雙邊市場」（#52）：Google 會如何經營我們公司？

——「使用者設計」（#54）：Threadless 會怎樣經營我們公司？

——「自動提款機」（#6）：戴爾電腦會怎樣經營我們公司？

——「自助式服務」（#45）：宜家家居會怎樣經營我們公司？

每種模式都要想出不止一個點子。這有時很難，尤其面對這些極端案例。參與者一開始往往得絞盡腦汁。

3. 如果第一輪沒出現什麼好想法，就拿其他模式從頭再來一次。

要小組成員一眼愛上某種商業模式並不容易。你要一家汽車供應商員工設想麥當勞會如何經營他們企業，只會引起強烈反彈，這簡直是外太空的問題嘛。但隨著你們深入探討麥當勞的商業模式，只需 30 分鐘就能把新進員工訓練上手，它的特許經營（#17）靠的是簡單與可複製性；這時，小組成員開始領悟這個問題對自家企業的重要性，甚至對所有企業皆然。然而，要走到「啊！原來如此！」那個瞬間，得花好一番功夫。總之，千萬別太早放棄！

採用衝突原則時，成員要有豐沛的創造能量。要從極端模式建立類比十分耗費心神，乍看之下這些商業模式根本毫無線索可循，一定要努力往下走。當眾人陷於保留、懷疑，有經驗的主持人會知道該拋出什麼問題。就像所有創意活動，若有懂得朝正確方向拋磚引玉的教練，整個活動進行將順暢許多。

表 2.1 比較同質與衝突原則，也提出哪些情境適合哪種模式的建議。如果對你們公司而言，商業模式創新屬於最高策略之一，就該把 55+ 種模式全部仔細研究一番。一般而言，深入 15 種模式即可激發出為數可觀的點子。巴斯夫（BASF）企業的策略小組在深究了 55+ 種模式之後，挑出 26 種與其 B2B 化學業務高度相關者。這個挑選過程不宜太早進行；事實上，巴斯夫的商業模式創新專案可是推展多年。

表 2-1　同質與衝突原則比較

	同質原則	衝突原則
挑選標準	• 類似產業。	• 極端變數。
座右銘	• 揚棄熟悉感。	• 產生熟悉感。
好處	• 結構清晰。 • 適合初次嘗試的創意者。	• 打破思考模式。 • 開啟不可思議的創新潛能。
不利之處	• 視命題的抽象程度，思考模式改變有限。 • 恐難跳脫既有的顧客問題。	• 亟需大量創意，應用頗具挑戰性。
建議	• 用以處理問題明確的創新案。	• 用以處理問題陌生或僅小部分明確的創新案。

成功的構思程序

構思程序是商業模式導航中一個核心要素，千萬不可忽視。這個步驟我們通常透過研討會進行，實施彈性可參考以下描述。能否產生有創意的點子，研討會本身的表現極為關鍵，為此我們也提出一些建議。

首先要盡量蒐集想法，愈多愈好。想法來自兩個階段：第一，每人在看過模式類型卡之後各自發想；第二，彼此討論，從而發展、修正、茁壯。這些階段可相互獨立，也可反覆進行，隨時處理更多參數。

一般來說，研討會的安排有多種形式：

- **按部就班或同時並進**：考慮模式的途徑，可按部就班（一個一個來）或同時並進（全部一起進行）。若是後者，每個成員各拿到 5～8 張卡片，並得負責向其他成員簡報其中一兩種模式。如採按部就班，則整組共同檢視每個模式，共同發想；這時，較難發現整合不同模式類型的潛在方法。

- **開放或封閉**：構思程序的開放程度也可自行決定。若採取開放，請每個人用「腦力書寫」（brainwriting）發想，並隨即向團體報告。成員們必須提出點子，再一起討論，這能讓大家激發出潛在創意。也可採用封閉式，每人仍先腦力書寫，但不馬上報告。實踐此概念的一個手法是：發給每人幾張商業模式卡，要求對每一種模式都提出至少一個點子。這可將對個別思考的干擾降至最低，保護思考幼苗不受某些不滿或懷疑者打壓，但也因這樣的個別性，而難以出現群體討論的那種創意動能，所以我們建議第一回合採取開放式。

- **高頻或低頻**：最後，你可以限制參與者對每個模式的發想時間。一般認為，最具創意的點子會在前 3 分鐘出現，之後多半就是增添

堆砌。盡量維持簡短扼要，可以給大家一個模式 3 分鐘（個別作業的話 90 秒鐘）發想與熱烈討論；然而對某些人來說，這種速度可能壓力過大，反而抑制其創意。要以何種頻率運作，端看小組性格與成員經驗值。

建議構思程序至少跑二到三回。大多數人會在第二回合湧現最多創意，第三回則是避免遺珠之憾。整體而言，每次採用不同手段可能效果最佳。

經驗豐富的主持人知道如何在產業主流思維與新的商業模式之間找到串連。當主持人來自產業之外，則更有能耐維持構思必要的抽象水準。再者，若研討會成員來自不同業界且不相互競爭的公司，加上立場中立的主持人，成效也頗值得期待。這在我們執行的研討會成效卓著，也是我們 BMI 實驗所（BMI Lab）的指導模式之一 [12]。

◎ 模式改寫階段的成功因素

實證顯示，下列規則頗有助益：

1. **一個不留**：進入新點子發想之前，先確定一切既有的都擺在檯面。這可讓成員全神貫注在以模式類型出發的構思，不會懸念著盤踞心頭的舊點子。
2. **創意無邊界**：什麼都可以！讓每個點子都有伸展空間，這個基礎很重要，要讓所有人免於自己意見「不對」的恐懼，否則創意將被扼殺、程序會出現瑕疵。毫無疑問，構思階段沒有負面批判或冷嘲熱諷的空間。
3. **無所謂著作權**：在此階段，任何點子都沒有著作權。此時的原則是：

12　想進一步了解商業模式創新的研討會模式及專業指導，請見 www.bmilab.com（此為英文網站）。

每個點子都屬於團體，所有人都可繼續擴展。點子由誰想出來的不重要，也無須去整理哪個人貢獻了幾個點子，一切想法的發展都是群體的努力。

4. **量勝於質**：同樣在此階段，盡量蒐集大量想法比較重要。那些「瘋狂古怪」的想法，有可能是最有意思、能把團體帶到奇幻領域的珍珠。鼓勵成員盡量發想，至於評估，下階段再說。

5. **避免負面態度**：「但這個我們早就試過啦！」這類的回應毫無建設性，構思程序不允許其存在。可以用創意手段提醒大家，像是在一開始便把這類終結談話的範例貼在四周。

6. **10 秒鐘**：為確保不會忘掉任何想法或衍生念頭，務必在 10 秒之內寫下來。創意由閃現到消失的速度，快到令人難以置信。供應足夠的紙筆，協助成員謹遵此戒。

7. **盡情撒網**：不管點子會不會被採納、是不是有策略價值，此時重點在蒐集激進而非漸進的想法。把一個激進的點子收斂成可行版本相對簡單；反之，想把漸進點子發散為激進就困難許多，因為我們總受限於慣性思維。

8. **趣聞軼事與正確提問**：當小組分析模式類型卡時，主持人的適當提問相當重要，可幫助大家充分思考。藉助軼事，效果也很好，就像以前講述麥當勞的故事刺激眾人思考公司有無大幅簡化之可能，從精簡流程、剔除複雜到更具延展能力等等；這頗能激發各種改進公司的創意。其實，無論何種企業，多少都能從麥當勞的 KISS 原則（Keep it simple, stupid）受益。

這些成功要素應宣告為研討會進行的原則，甚至在進行構思前就發給每人一張。即便成員多已熟知這些規矩，如果不再三強調，往往還是拋諸腦後。

整合：形塑你的商業模式

　　模式改寫通常能帶出豐沛想法，釀出新的商業模式。想掙脫產業主流思維，不可不找出與採用新的模式類型，但這步驟並不等同於發展新模式；想創新，務必要能將新點子成功轉為扎實的商業模式（**誰─什麼─如何─價值**），同時滿足外部環境的要求，並符合公司本身的核心能力。

　　成功的模式創新不僅能打破產業主流思維，更具備高度的內在和諧，儘管偏離了原本的模式（**圖 2.8**）。這個步驟的結果，正可檢驗新設計的商業模式，其假設是否具一致性。

圖 2.8　4i+ 模型──整合

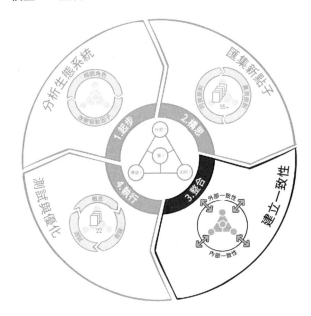

外部和諧

外部和諧是指新模式與公司所處環境的契合度。這個新的商業模式能否滿足所有利益關係人？能否讓公司回應當前趨勢與競爭？為此，要從新的模式審視大局，而大環境又不斷演變，這是整個模式創新過程中必須牢記於心的。

內在和諧

內在和諧，可說是在「誰─什麼─如何─價值」四面向間取得平衡。如何把新點子融入商業模式，讓經理人備感頭疼。正如某執行長對我們說的：「改變商業模式任一面向都不難，問題是如何調整其他三者以獲得一致性。」一般說來，產品與市場在此階段較容易掌控，收入和價值面就要等到整合階段來處理。

為確保充分顧及這四個面向，我們建議你以此為基礎，巨細靡遺地描繪出新的商業模式。次頁**表 2.2** 提供了詳細清單供你參考。

根據我們的經驗，整合步驟中最重要的三個問題是：

1. 新商業模式適合我們的核心能力嗎？
2. 缺少了哪些能力？
3. 有誰能成為彌補不足的夥伴？

一旦四個面向從內部環環相扣，就擁有了不易被模仿的競爭優勢。套句波特這位策略大師所言（1996 年）：「對手或許不難抄襲某種業務手法、追上某種流程技術或跟進諸多商品特性，但要整個環節做到同等絲絲入扣，難度就非常高了。」

表 2-2　商業模式檢覈清單

誰？	顧客	• 誰是我們的顧客？
	利益關係團體	• 我們爲哪些人帶來（附加）價值？
	通路	• 我們有哪些接觸顧客的通路？ • 這些通路與我們其他的商業活動可有整合？ • 這些通路可有回應顧客需求？
	顧客區隔	• 我們有將顧客加以區隔嗎？ • 針對各個區隔，我們追求何種商業關係？
什麼？	價值主張	• 我們試圖解決哪些顧客問題？ • 我們試圖滿足哪些顧客需求？ • 我們有提供哪些區隔的產品或服務？ • 我們帶給顧客什麼價值？ • 我們的價值主張與對手有何不同？
如何？	內部資源	• 要有哪些資源，才能完美呈現我們的價值主張？ • 如何有效分配資源？
	工作事項 及能力	• 要確保價值主張完美呈現，必須做到哪些事項？ • 以既有能力，我們能完成哪些事項？ • 我們還需要做到哪些事項？且需具備什麼能力？
	夥伴	• 誰是我們最重要的夥伴？ • 主要夥伴能負責哪些工作？或具備哪些核心能力？ • 主要夥伴與我們合作有何好處？如何確保長久合作？
價值？	成本動因	• 我們商業模式的主要成本是什麼？ • 有哪些財務風險？如何應付？
	財源	• 有哪些收入來源？ • 顧客願意把錢花在哪裡？ • 目前顧客付費方式？未來呢？ • 每項收入來源對整體營收的貢獻度如何？

　　然而，若出現任何無法解決的內部或外部的不和諧，就得依照前述步驟從頭來過，直到建立起一個緊密依存的體系。反覆式的發展會比較理想，因為這可激發出更大的創意，從而產生更好的結果。以下介紹一個楷模，看看喜利得這家頂尖建築工具製造商，如何改採工具管家服務（亦可譯為「車隊管理」）的全新模式。

> ### 喜利得個案研究：工具管家服務 [13]
>
> 　　當喜利得在 2000 年推出工具管家服務後，這家公司即成為商業模式創新表率。為何有此一舉？因套用喜利得執行長當時的用語「顧客想買的是洞，不是鑽頭」（customers want to buy holes, not drills）。新的商業模式讓顧客毋須向喜利得購買工具，而是買下「工具使用權」（tool availability）——向喜利得承租一批工具，由喜利得負責工具的供應、修繕、汰換及防盜。
>
> 　　然而，工具管家服務只是喜利得整個營運模式發展的起頭而已，因為這只回答了「什麼？」這個問題，這是建築業一項創新的價值主張。喜利得還費了許多力氣、做了不少分析，才讓這個新價值主張融入一個平衡的商業模式。其他三個面向（誰、如何、價值）也都得跟著修正，直到這個新點子能為顧客創造價值，也為喜利得帶來盈利。
>
> 　　新模式的計畫中，目標是既有客戶（「誰」的面向）。儘管其他潛在客戶，像新興市場的小企業或營建商，可能會對這全新的價值主張也感興趣，但喜利得的決定是：瞄準現有顧客。
>
> 　　「如何」這個面向，使喜利得整個價值鏈必須改變。以業務部來說，雖然面對同樣客戶，卻需要全新的訓練課程幫業務同仁迎接挑戰；公司不再把工具直接賣給工地經理，而是要設法與客戶高層談下數年合約。業務部的折衝對象不再是建築工，而是對方的財務長，這需要截然不同的心態。物流與採

13　這是我們在哈佛商學院案例研究所做的深入分析的精要版，該案例名為〈喜利得：工具管家服務〉（Hilti: Fleet Management）。

購必須確保公司對顧客承諾的「保證有貨」絕不出錯，負責所有產品汰換維修，並將合約到期的工具收回管理。還有，喜利得發展出資訊輔助流程，讓公司與客戶可輕鬆管理工具存貨與租賃合約等事宜。

營收模式也需整個改寫，因為公司原來只有銷售工具，不提供零件與維修，而新的商業模式讓一次性的大筆進帳變為經常性的小額收入，同時，資產項目也將從客戶的資產負債表中消失。租賃合約基本架構或可直接採自汽車業，但定價是個問題：喜利得該如何收取每月或每年「保證有貨」的服務費？一旦變成工具擁有者，理賠案件會不會爆增？如何應付盜竊？法律和財務層面，如何管理所有風險？不同市場是否該有差別定價？要提供不同的租賃選項嗎？公司提供這樣高效能的全包服務，顧客會甘願付出更多錢嗎？如何讓業務從「推」的手法，轉為近似顧問角色？最終，喜利得成功將各種風險降到最低，順利採行了很棒的營收模式。

喜利得想出一個創新點子，繼而調整另三個面向，推出了非常和諧的商業模式，讓它在全球的機具市場取得近一半的市占率；在某些國家，甚至高達七成營收。除了工具管家服務模式，喜得利還透過「交叉銷售」及「升級銷售」（upselling）為公司賺進更多收入。喜利得能異軍突起，這項創新功不可沒，喜利得前執行長如此描述其影響力：「多年來，喜利得研發出不計其數非常成功的創新產品，但跟這工具管家服務模式一比，全都相形失色。這營運模式無疑是喜利得史上最重要的發明。」

包括博世在內的許多對手，都企圖仿效喜利得工具管家服務模式，但因不曾打造直銷管道，而使這概念始終顯得晦澀難解；唯一得以成功派上用場的對象，只有他們直接服務的大型企業。由於工具管家服務模式，喜利得坐享永續競爭之優勢。

執行：測試與優化 [14]

完成商業模式導航前三部，等於也完成了商業模式設計，但要把截然不同的商業模式點子落實，可能是整個模式創新過程最困難的階段。這種全新的商業模式點子往往風險很大，失敗機率也很高，卻也是最有潛力帶來持久影響的。那麼，如何得知哪些點子能夠成功？哪些又會失敗且成本可觀？要回答這問題，就得降低模式點子的風險。要能有效做到，必須加以測試（**圖 2.9**）。

圖 2.9 　4i+ 模型──執行

14　本節與 BMI Lab 的創新顧問彼得・布魯格（Peter Brugger）共同撰寫。

我們與 BMI 實驗所共同研發出一套測試商業模式的有效辦法，以下會詳細說明。另外，我們還發展出 22 種「商業模式測試卡」，協助創新者降低模式點子的風險，並提高創新過程的效能。我們與合力開發這些卡片的許多執行長，都對這些商業模式創新的新工具感到十分興奮，希望你們同感熱切。

新創世界讓我們知道，失敗乃預設結果，實際上，九成的新創都以失敗作收，因此，想避免投入不必要的開發資源到注定失敗的新事業，就是要不斷測試最重要的環節。與其開發出最終成品、推到市場希望顧客買單，更重要的是，及早得到利益關係人的回饋、不斷進行修正，以確保這個商業模式迸發出最大潛力。

我們研發出一套縝密的測試路徑，帶你從最初發想走到琢磨成功的商業模式（圖 2.10）。這個測試循環的七道步驟，描繪出一個測試迭代。每個循環終了，你的商業模式目前的假設將被肯定或推翻，出現新的需要更多驗證的假設。整個過程不斷重複，直到你確定可以成功，或該整個放棄。值得注意的是，這個指導適用所有產業，也適用 B2B 與 B2C。

步驟 1：開發商業模式概念

第一步，是打造模式的初步概念（圖 2.11），找出誰是你的目標客群、其需求為何；想提供什麼價值給他；要如何遞送過去；這套模式何以對公司有價值（亦即能獲利）。

步驟 2：找出底層假定

下一步是確認測試的基礎。你必須明確知道，這個概念的哪些面向確實為真、哪些僅基於假定。寫下最重要的假定，以「我們認為……」

圖 2.10　商業模式測試循環

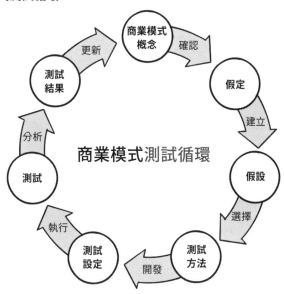

圖 2.11　商業模式概念開發

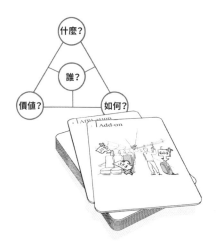

開頭（圖 2.12）。此時，最好能與人討論自己的假定，因為有可能你認為是事實的，其實不然。

就企業而言，內部的（以公司為主）和外部的（顧客或夥伴為主）假定都要列入考量。與公司策略或文化不合的點子，終將失敗。一旦找出所有假定，就要決定從何著手，看看哪些最容易測試，又最能影響商業模式的成功機率。

圖 2.12　假定紙條

步驟 3：打造可證偽（falsifiable）的假設

為了讓假定能夠驗證，必須建立一個假設：決定以「誰」來試，測試的成功底線為何（即正面成果某個百分比）。假定跟假設的差別在於，假設可以測試，所以你一定要加進測試組及指標。愈精確，就愈能簡化找出測試組的過程，也愈容易評估結果。注意，這個過程是迭代性質，即：假設經過測試後，都可能產生新的假定。你可把這些假設，想成是開發商業模式引擎的動能（圖 2.13）。

圖 2.13　假設推導

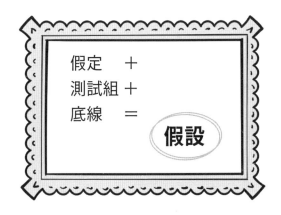

步驟 4：選擇測試方法

　　找出你想測試的關鍵假設之後，就要挑選有助進行測試的方法（**圖 2.14**）。我們已研發出 22 種方法，可助你找出及選擇最好的驗證途徑，進而打造最終成果（**表 2.3**）。每一種方法，都能驗證商業模式的不同面向。每一種各有優點，而在挑選最合適的測試管道時，商業模式的開發階段、目標客群、方案類型，都要列入考慮。

　　商業模式的各項測試並不互斥，甚至往往合併一些測試模組，能促進對企業假定更好的回饋與確認。選出你認為最有潛力者，並與同事討論可行性，以便能用最合理的成本與時間，驗證最大數量的假定。欲進一步了解這 22 種商業模式的測試方法，可前往 www.bmilab.com（此為英文網站）。

步驟 5：開發測試設定

　　接著，你該決定要如何準備、執行與分析所有的測試。此時要注意，應及早篩選測試組，並找到適合的人與適合人數，然後，要按週做好規

圖 2.14　選擇商業模式的測試方法

圖 2.15　測試的進度表

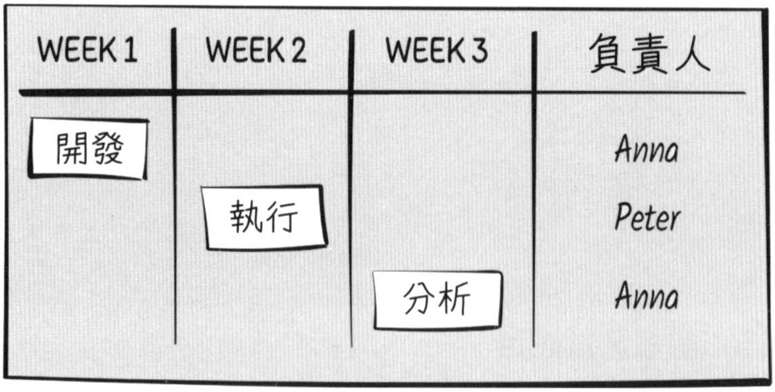

WEEK 1	WEEK 2	WEEK 3	負責人
開發			Anna
	執行		Peter
		分析	Anna

劃，嚴格訂好各個期限，比如：何時開發測試工具、進行測試、檢驗成
果（**圖 2.15**）。一旦訂好時間表，就要抓好測試所需的資源。最要緊的，
是要明確決定由誰負責執行哪些測試。

步驟 6：執行測試

　　這個部分最好玩！出去追蹤你的計畫吧。建議你盡可能自己來，這
樣可以從測試組得到寶貴的第一手回饋。執行測試時一定要及早檢視進
展，若發現計畫中某個地方的成效不如預期，別怕即時更動，畢竟，這
些都是學習經驗。最重要的是，盡量從測試組搜集回饋（**圖 2.16**），因
為這讓你能證實或證偽之前的假設。因此，進行測試時，應該保留好回
饋紀錄、搜集時間與回饋內容。

圖 2.16　測試回饋的迴路

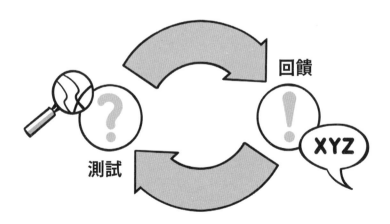

步驟 7：分析結果，並更新商業模式概念

當第一個測試回饋出爐時，就要開始分析結果（**圖 2.17**）。拿出假設對照，看成功底線是否達成，據此判斷你的假定是否過關。接著，根據這個資訊與測試中收穫的一切，更新你的商業模式概念，展開下一個測試循環。

每次迭代，都讓你更接近實現商業模式創新、更確知它的潛力。為確保進展，要保持彈性。商業模式開發週期中，任何商業模式概念幾乎都有變更，且四個向度都有可能變化。每個週期過後，都值得提出兩個問題：（1）更新後的模式，依然能為特定的顧客（市場區隔）帶來足夠的價值嗎；（2）我們能從這個模式擷取足夠的價值，值得所付出的一切？唯有兩個答案都是肯定的，繼續往下才有意義，否則，就應該鼓起勇氣扔掉它，帶著顧客測試之後的所有洞見，回到源頭重新開始。

圖 2.17　測試結果分析

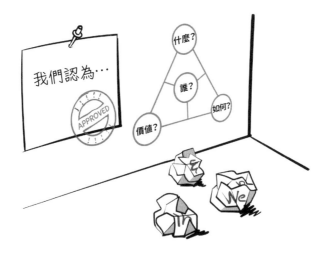

表 2-3　商業模式的測試方法

	測試方法	說明	範例
1	問題 / 解答訪談 (Problem/ solution interview)	訪談的目的一來是想得到潛在顧客痛點、觀點、需求的質化洞見，二來是想聽到對你提出的解決方案有何看法。觀其反應、聽其描繪，以證實你的解答能否正中要害，滿足真正的需求。	Niko 是比利時交換設備的領頭羊。為保持領先，它採用顧客訪談來了解顧客對智慧家庭的興趣。沃爾瑪（Walmart）以此測試各個價值主張，他們把各個主張寫成適切的書面形式讓受訪者閱讀，然後請他們用自己的話來解讀。沃爾瑪那句有名的「省下荷包，活得更好」（Save Money. Live Better）就是這麼來的。
2	紙製原型 (Paper prototype)	紙製原型是以極簡易方式向顧客展示解答的實體原型，例如：用紙盒、樂高等材料。這方法很像模型，只是針對實體產品。如此你能測試產品的可用性，找出潛在問題，揭示沒那麼直覺性的元素，讓產品對潛在顧客更顯實用。	任天堂這類公司的設計師，經常使用紙製原型來評估可能產品，讓顧客先跟簡易原型（如：硬紙板成品）互動，以測試使用者介面，並讓顧客從中得知使用的感受。
3	在破滅處野餐 (Picnic in the graveyard)	從用過的資訊（尤其是失敗的點）取材的方法。涉及二次研究與聯繫沒成功點子背後的人，以挖掘真相。目標是避免犯下之前所犯的錯。	美國跨國科技公司 Vuzix，多年來嘗試重振 Google 眼鏡（Google Glass）的承諾，它們目前的 VR 與 AR 解決方案卻源於前者經驗，而 Vuzix 產品更舒適、好用且精緻。因此英特爾於 2015 年投資 2,500 萬美元；黑莓（BlackBerry）則於 2017 年與之合作開發企業解決方案。

	測試方法	說明	範例
4	脈絡訪查 (Contextual inquiry)	此法旨在揭示顧客可能具備、卻不自知的知識，故無法用傳統面談得知。結合半結構化訪談與問題發生實際現場（或解決方案運用場合）的觀察，此法或許還可以揭露競爭對手、變通方法或替代產品，以上，皆有助於優化你的解決方案。	宜家家居曾藉脈絡訪查改造電子商務體驗。顧客問題在於網購時缺乏支援、產品抽象（無法觸摸到商品）、資訊架構令人困惑。脈絡訪查在宜家賣場舉行，研究者可評估顧客對網購與實體消費的喜好部分。他們以此打造出更黏人的網購體驗，展示更相關更熱門的資訊，推出即時聊天等，打造更好的線上體驗。
5	調查 (Survey)	想探索「已知的未知」時，調查最有用。通常由開放式與封閉式的問題組成，前者讓潛在顧客根據本身知識與了解自由作答，後者則能分出顧客區隔，得到結構化的量化資料。	Foursquare 從 Google 表單（Google Forms）的活躍用戶參與度，評量目標城市人口使用其服務的興趣。這讓它不致從不活躍城市出發，從而浪費資源。
6	意向書 (Letter of intention)	意向書要求顧客承諾購買你的價值主張，藉此驗證你對產品的假定。顧客被要求簽署的這份信函，雖不具約束力，但能要求他們給出較強的承諾，因而較口頭保證更有價值。	營養公司 Squeezy 透過意向書，了解顧客對一個推廣性的組合包（內有各種飲品、凝膠及能量棒）願意付出的價位與期望。透過這份意向書，顧客會提前買單。
7	社群媒體 (Social media)	WordPress、LinkedIn、Twitter 等平臺的部落格與貼文是用最小力氣與目標市場，來驗證想法的方式。其雙向溝通的性質是 MVP 開發中打造動能、搜集回饋的理想平臺，能得知哪些奏效哪些無法。	除了贏得社群支持，也可測試概念、壯大潛在想法，並作為顧客痛點的證據或初期原型。《精實創業》（The Lean Start-up）與《格雷的五十道陰影》（Fifty Shades of Gray）都是從部落格出發，累積出一批讀者和需求，才簽下出版約。

	測試方法	說明	範例
8	傳單 (Flyer)	傳單就是將產品、服務敘述或價值主張印在引人矚目的圖案紙，以溝通產品願景。這也可用於未上市產品，一來贏得顧客反應，同時細膩描繪想法。傳單也可為你的解決方案，測試各種口號與價值主張。	這種測試讓你能當面驗證產品，輕鬆取得真實反應，因為傳單的圖文並茂，讓顧客可邊看邊聽你推銷——你腦中有離開商展時手裡空空的回憶嗎？
9	活動 (Event)	這是吸引受眾測試問題或解決方案的另一種驗證法。藉著籌辦活動，你確認了痛點的存在；為活動收費，也確認了來賓為方案付費的意願。這也可當作進一步測試產品與市場契合度的機會。	Eventbrite 這類平臺，讓你可輕鬆把活動公諸於世。在物聯網領域中，展示想法，十分常見，如 Hardware Pioneers 舉辦的「新創展示之夜」，亦即將未來可能的產品展現於廣大受眾眼前，包括潛在投資人在內。
10	線上廣告活動 (Online ad campaign)	透過線上廣告，可同時利用如 Google、臉書、LinkedIn 的廣告服務，測試目標顧客對產品的反應。這使你能驗證市場，包括：支付意願、市場規模、銷售相關成本。也可藉由這類活動的點擊率與轉換率找出產品最亮點，並驗證你對目標客群的假定。	作家提摩西·費里斯（Timothy Ferriss）寫了一本讓日常事務超效能的書，而他想知道哪個書名最吸引人、最好賣。於是，他發起一個 AdWords 活動，廣告中有許多書名與一則簡述綱要的副標。點擊率最高的，便成為這本書的書名：《一週工作 4 小時》（The 4-Hour Workweek）。
11	最小可行性產品 (Piecemeal MVP)	利用既有工具或服務，組成可行示範來提供體驗，不必什麼都重新做起。換言之不用費時花錢從頭打造解決方案，只要從不同源頭個別取材即可。	Groupon 在初期階段，是包含 WordPress、Apple Mail 及 AppleScript 在內的一個組合，將網站收到的訂單手動製作成 PDF。

	測試方法	說明	範例
12	線框圖 / 視覺稿 (Wireframe/ mock-up)	線框圖（或視覺稿）是應用程式或數位服務的（可點擊）靜態原型，以此有限模擬呈現你的解決方案思考，讓顧客能夠與之互動。線框圖好比你的網站或應用程式的骨架或簡單構造，視覺稿則包括初步設計如：顏色、字體、文本（Lorem ipsum）、圖像、標誌等琢磨線框圖的元素，形成此網站或應用程式的靜態地圖。這讓你能測試其可行性、發現原先不會想到的潛在問題、凸顯用戶不會直覺使用的元素。	PassFold 是移動式票務服務，可儲存網購的票。它運用應用程式視覺稿，找出最佳迭代，重新設計其應用程式的現有 UI。在與用過視覺稿的用戶一起核准所有螢幕與 UI 元素之後，PassFold 準備好實際開發。
13	登入頁面 (Landing page)	想測試產品的集客力或初期需求、量化顧客興趣，可創建登入頁面。這個頁面可以是獨立頁面或置於臉書，以呈現你的價值主張，並希望透過電子報或索取上市通知來量化潛在顧客的需求。其中一個方法是模擬既有產品，推出虛假的結帳流程，如此一來，就能根據點擊率推估顧客興趣。這道「假門」可連至「即將問世」頁面，或連至一個留下電子信箱、以接收上市通知的選項。	Buffer 為其用戶管理社群媒體行銷。連最小可行性產品都還沒建置，就先推出一個包含「計畫與價位」的登入頁面，可連至另一個描述產品（還沒生產）的頁面，用戶只需留下電子信箱以獲得最新資訊。高點擊率讓 Buffer 對這產品的價值心中有數。它更進一步，用第二道假門來評估定價選擇，同時測試潛在顧客的支付意願。

	測試方法	說明	範例
14	說明影片（Explainer videos）	用來呈現你設想的解決方案如何運作，測試早期採用者的驚豔程度與傳播速度。要讓顧客以為產品已經問世，能有效追蹤回饋。這也是可以很快跟更多潛在顧客解說的有效途徑，從而驗證你的目標客群假設。透過面對面，又更能掌握精確的質化洞見。	2009 年，當時默默無名的新創公司 Dropbox 推出了說明影片，成為最知名典範。之前所用的廣告活動沒能引起興趣，因為受眾無法從廣告看懂它能解決什麼問題。反之，放在主頁那 2 分鐘的說明影片，每天觀看次數約 3 萬，一夜之間註冊人數增加 7 萬（此前全部累積到 5 千）。
15	售前銷售(Pre-sales)	提供售前銷售給潛在顧客，可測試自己的價值主張與解決方案。這可以藉著當面推銷，直接觀察到顧客痛點、解決方案本身、對方支付意願等回饋。另一種方法是提供預購並先收款，保證之後交付價值主張，如：在登入頁面放上預購設計、透過群眾募資平臺。這需要很強的承諾，因為你先為一個之後必須履行的空中樓閣收錢。	這項技巧常被大公司使用，如：特斯拉、Oculus VR，他們常在產品推出前放上預購網頁。你於是得知產品主要特性、價位、出廠時機。其中，特斯拉還要求預購費，以獲得更高的流動性。小型新創公司也常經由群眾募資平臺運用此法，例如 Kickstarter、Idiegogo，從而掌握產品和市場的契合度。
16	綠野仙蹤(Wizard of Oz)	這是在顧客不知情之下，手動提供服務的實驗。表面看似自動化流程，你能在注入大筆技術投資之前，很快測試一個完整的解決方案，因而迅速得知實際的顧客反應。由此能以低廉成本輕鬆迭代、調整，無須先打造整個後端。	Ardvark 提供社交搜尋服務，後被 Google 收購。當初為了驗證其概念、掌握需求、探索概念如何運行，採用「綠野仙蹤」：提出的演算法是要從社群媒體中尋找問題的答案，這在測試期是手動完成。當市場需求得到肯定，Ardvark 再開發演算法將此服務自動化。

	測試方法	說明	範例
17	門房服務測試 (Concierge test)	這是在顧客知情之下提供服務的實驗，類似飯店門房，專注提供高度客製化的第一線服務。透過親手送上價值主張，你能迅速反應。目標一：是測試解決方案，瞭解可有滿足顧客期待；目標二：從中學習，改善自動化及優化，並能免除不必要的技術與花費，便宜進行迭代。	美國的電子商務平臺「伸展臺租衣網」（Rent the Runway）從事網路服裝租賃。上線前，創辦人想先測試這個商業模式，於是，他們找女大學生提供當面服務，對方可先試穿再決定是否要租。這種體驗絕對遠勝線上租，若測試失敗，線上模式就不必玩了。
18	快閃店 (Pop-up store)	暫時性的陳設，讓顧客能有短期試用產品的機會。可透過這種途徑評估市場反應，讓早期採用者和影響者充分體驗，並評估哪些人會最感興趣，再輔以行銷渲染。雖然要一筆花費，但這是拿捏市場口味、顧客支付意願的有效手法。	顧名思義，Our/Vodka 是烈酒商。母公司設在斯德哥爾摩，生產絕對（Absolut）伏特加，Our/Vodka 想打造一個在地製造的全球伏特加品牌，各有自己的小型釀酒廠、行銷手法、營收分享概念。透過 gopopup.com，他們從柏林開始創設快閃店，來證明這一概念，如今擴充到 8 座城市。
19	價格試算器 (Price calculator)	可用以找出顧客願支付的價位，驗證產品的價值。特別適合來比較營收模式。它讓顧客能快速分析特定參數（如：使用量、品質面、功能組合），以判斷產品是否吸引人。顧客挑選參數，輸入資料，得出價格；顧客可繼續改變參數，直到出現可接受的價位與組合。運用得當，還能看出顧客最在乎哪些功能。	為瞭解「按使用付費」模式能否代替機器銷售，機器製造商布勒打造出一個價格試算器，納入客戶生產過程的基本參數，讓客戶能比較目前與新的購買條件。客戶因此心裡有底，使不確定感降低，願以雙方都能接受的付款結構嘗試新的營運模式。

	測試方法	說明	範例
20	聯合分析 (Conjoint analysis)	這是一種統計分析。透過此法，可打造具備特定功能組合與價位的各種選項，測試哪一個最受潛在顧客歡迎；如此一來，就可知道哪些功能最為重要，同時，參與者也可在不同選項中做選擇，這比要他們針對個別功能做排序更可靠。	你可曾想過電信公司是如何訂出那麼多種方案？價格、綁約期間、數據量、每分鐘或每則簡訊價格，都不同？他們可不是隨便猜猜就丟到市場上，而是透過聯合分析；但此法的困難之處，是在如何取得那麼多特性不同的面向之可靠資訊。聯合分析讓加入者可從各種實際選項中挑選，從而得到可靠許多的結果。
21	故事腳本 (Story-boarding)	這是指描繪典型顧客使用你產品的經驗。在此，可用以敘述你的商業思維，瞭解顧客如何使用你的產品。當面說明，更可讓你獲得顧客對產品雛形的回饋。	羅氏大藥廠（Roche）運用紙本情境模擬改善給糖尿病患者的服務。經由故事腳本的呈現，它深入、確認、改進許多新產品，像是聊天機器人、經行動裝置為顧客提供擴實境（AR）解說。成果之一是2018 年推出的 KeBot，可為藥廠業務進行培訓、自我評估。
22	A/B 測試 (A/B testing)	這是一種知名方法，用來比較兩種以上的網站版本，看看哪一種或哪些特點效果最好。在 BMI 裡，則可用以提升價值主張、測試其不同面向、確認最重要者、測試定價方案等。這同時適用於多數的測試方法，例如：傳單、登入頁面、說明影片。	Kiva.org 這個創新的非營利組織，讓人們透過網路借錢給世界各地的低收入創業家與學生。它希望提高首次登入頁面的訪客捐款量，便進行了 A/B 測試。它相信，提供更多資訊（如：常見問題、社會認同、統計數字）可增加捐款人數，於是對有無額外資訊的頁面做了 A/B 測試。其結果，附有額外資訊的頁面，捐款量高出了 11.5%。

3 | 變革管理

　　創新商業模式最大的障礙往往來自內部阻力，得克服這點才可能克竟全功。為何員工如此排斥改變？簡言之，改變令他們擔憂；不盡然是他們不想改變，多半是害怕隨之而來的不確定性。公司往往沒處理好這些憂慮，員工便回以抗拒。這就是為什麼我們仍見到許多人苦苦面對變革，尤其在商業模式革新的情況，而這勢必影響整個組織。根據麥肯錫顧問公司（McKinsey）每年調查，七成改革都落得失敗；員工態度及管理階層的不支持幾乎占了六成。員工在這些情況下會自問這些問題：

- 一旦執行新的模式，公司會變成什麼模樣？
- 這不是在侵蝕公司既有業務嗎？我們真有足夠的資源？
- 公司將如何重組？創新真能帶來好處？按照目前發展不是更好？
- 我們為何要現在改變？一切不都進行得很好嗎？看看競爭對手，沒人在做改變呀！
- 跟其他業務單位的關係會改變嗎？
- 改變後的公司，我會在什麼位置？我會具備新任務所要求的必要條件嗎？

- 萬一我目前的工作消失,我會怎樣?
- 我究竟會在什麼職位?
- 這對我有什麼好處?
- 我會面臨威脅嗎?

變革管理需要堅定的領導者,把員工送去受訓或在公司張貼改革啟事都不能釜底抽薪。抗拒改變根深蒂固,有一次我們為某企業的創新案開場,一名資深員工開口了:「等你們弄完你們的模式創新,印一份結果給我,我會把它跟之前其他顧問公司弄出來的創新點子疊在一起。之前的沒落實,這回肯定也一樣。」

數位轉型者的兩難

當今許多組織面臨數位轉型,其實這與商業模式創新息息相關,只是焦點在於數位。在既有的營運模式下同時發展數位模式,其挑戰相當多重,要審慎管理才能確保成功。針對身處這種情境的公司,我們特別提出一套體系,同時,這對想革新商業模式的一般公司也可能有用。

數位轉型公司得先建立正確的(基礎)架構(組織、技術、流程),在整個組織培養正確的心態與人才(領導力、員工、文化)。唯有這六個槓桿都顧到,亦即:組織、技術、流程、領導力、員工、文化,數位轉型才有機會順利進行。感興趣的讀者,我們建議可參考《數位轉型者的兩難》(*The Digital Transformer's Dilemma*,直譯)一書,深入了解組織變革這項根本議題[15]。

---

15 想探討數位轉型特有的挑戰,請進一步理解文中提及的六個面向;對此,我們出了一本書,也架設了網站專門探討談數位轉型的困境。該網站附有許多案例,相信能提供不少助益(www.thedigitaltransformersdilemma.com;此為英文網站)。

驅動改變

缺少變革管理，再怎麼周詳的分析也毫無用處。商業模式只有落實才算數，頂尖想法若無高層支持也只是空中樓閣。以下，列出由上層管理改革的五個關鍵。

展現承諾

德國維寶公司（Ravensburger）[16] 新推出的線上學習系統 tiptoi，由負責創新商業模式的高層發聲；賈伯斯自己擔任 iPad 專案經理；SAP 創辦人哈索·普拉特納（Hasso Plattner）不假手他人，親自推動「內存資料庫」（In-Memory）的進行。

在員工眼中，高層的行動相當於公司對改革的具體信號。員工會質疑：老闆花多少時間在新業務的專案經理身上？高層開會討論商業模式專案的頻率如何？負責的專案經理有足夠的彈性調度資源嗎？公司對外的新聞稿、年報、電話會議上，如何描述這個新模式？資源這麼有限，高層要拿多少去扶植那塊新業務？

瑞士龍沙集團（Lonza）為製藥及生命科學業提供產品與服務，幾年前，執行長體認到公司雖是客戶導向，卻沒有資源從事前衛創新，於是另外成立一支創業小組，專責推動技術、產品以及商業模式的創新突破。年度預算不到 2,000 萬瑞士法郎的「LIFT 計畫」（Lonza Initiative for Future Technologies，龍沙集團對未來科技的計畫）被賦予龐大目標：十五年內創造出年營業額 5 億瑞郎。金融危機造成現金短缺，執行長卻

16　譯注：以拼圖與益智遊戲聞名。

將此案預算提高，充分展現他的決心與承諾。他深信此案前景，面對員工、管理階層與董事會都積極捍衛。

印度聖雄甘地（Mahatma Gandhi）曾有名言：「你希望世界變成怎樣，動手自己做起。」員工根本不想支持變革，除非他們知道老闆是認真的。創新要成真，最高管理階層必須負責推動。我們看到（尤其在高階主管EMBA研討課上）很多意圖革新組織的中低管理層所推動的計畫，遺憾地都以失敗收場，因為執行長最終會叫他們「管好你的本分」。但千萬別忘了，起步決定了專案的命運。

商業模式創新一定得從上層落實，否則絕無希望。並不是說大企業之中的低階經理人，或中小企業的員工無法做出卓越貢獻，在此要特別強調的：在重要關頭，執行能否成功全繫於高層捍衛──不僅事關資源，更因如此才能擊潰對於改變的抗拒。

把員工納入其中

變革管理不能忘了員工的直接參與，讓他們積極形塑任務與流程，他們也將更坦然接受改變。某汽車供應商就曾指出：「設法將員工融入過程的改革就好比背著背包健行，你的速度無法像一身輕裝那麼快，但必備物品在手，隨時只需稍事休息，就可繼續向前邁進。」

某家德語區國家的中型印刷廠，面臨與對手同樣的困境──利潤率嚴重下滑。總經理不斷思索未來印刷門市應具備何種樣貌，苦思多時之後，他在公司策略研討會上分享自己廢寢忘食得出的概念，卻驚訝地發現員工居然挺身抗拒──這是高層管理很容易忽略的問題。吉姆‧柯林斯（Jim Collins）這位執行長兼暢銷作家對此有個生動譬喻，他告訴員

工，公司就像一輛前往特定地點的巴士，如果那不是你的目的地，你最好趕快下車。執行長應先獲得團隊承諾，之後再談工作與職務。套句柯林斯的話：「先確認車上有誰，再安排各人座位。」

然而，這畢竟是個比喻，現實中往往遇到推託，員工先虛以委蛇的表態認同，過程中卻不斷製造阻力，這才是棘手問題。

把公司各層員工融入創新過程是一項有效策略。在為一家大型貨運公司進行創新專案時，我們刻意將卡車司機們納入流程，為他們設計了一套積木來實驗新的程序（並檢視如何執行），揚棄 PowerPoint 簡報（實際上，這種簡報通常既不有力也缺少重點）；司機們深受鼓舞，期待自己參與設計的創新能早日落實，勤奮地執行新的營運模式——再打動人心的演說，也造就不了這等效果。

最後，好消息是，鼓舞人心是辦得到的；壞消息是，要辦到不容易，卻可輕易毀之。執行長在員工部落格中一句無心的留言，會星火燎原般燒遍整個跨國企業，即便事後苦心修補，恐怕幾個月也難見改善。不經大腦的幾秒，足以永遠摧毀員工對老闆的信任。

打造擁護者與變革管理領袖

變革管理亟需早期擁護者及改革先驅，以鼓舞眾人、推動改變。他們常是對創新流程貢獻卓著者，而把聲音最大的反對者轉為擁護者也收效宏大，因為這些人頗具影響力。之前我們為一家科技公司展開大型創新案，一位中階經理不斷激烈反對，引起許多員工跟進。儘管如此，我們說服他相信自己可成為一名重要推手，讓他加入變革管理團隊。這位經理不再自覺受害，轉而成為積極造就者，讓之前對立雙方的士氣大為

提高。這種「轉犧牲者為捍衛者」的策略可節省大量時間，初期因此延宕的代價，將在後期的順利落實獲得完全補償。

　　一般而言，創新案會面臨 15% 的反對、5% 的支持，以及 80% 的無感，你得評估要花多少時間進行溝通。以上述案例來說，面對一位頗具影響力的經理，設法改變他的立場有其必要；若是一個同樣職務待了二十五年的生產經理對生產即將外包表示反對，你恐怕不應花太多力氣在這上面，而該努力說服其他八成冷眼旁觀的員工。這點政治人物最清楚。選舉時，與其費心把對手的支持者搶來，不如設法贏得廣大中間民眾的心。

避免認知偏誤

　　新模式概念的分析、挑選，常陷入評估後決策錯誤的同樣問題。以下舉出最常見的幾個原因。從早上幾點起床到穿哪件衣服，一般人每天靠本能做出上萬個決定；而在工程、科學界，除非諾貝爾獎得主，本能絕不足以為決策基礎，得仰賴專案小組透過縝密分析，儘管 1970 年代美國管理學家司馬賀（Herbert Simon）已點出，組織內這種集體決策其實並不理性，其中情緒成分吃重，直覺仍扮演重要角色。經理人也是常人，也有一般人的認知偏誤（cognitive bias），許多因素造成他們系統性地抉擇失誤，包括以下七種心理現象：

1. **現狀偏誤**：想維持現狀是人性，面對新的商業模式，我們不免會站在產業主流思維這邊。人性傾向閃避衝突。
2. **中間效應**（centre-stage effect）：提出三個選項，多數人都挑中間，舉世皆然。一般而言，人們會避開極端，然而突破性的新模式，

往往需要前所未有的新思維。

3. **定錨效應**（anchoring）：一旦某個數字出線（不管出線過程如何隨機），它將成為之後所有選項的評估標準。賣車老鳥深明此理，他們總把顧客先帶去參觀最完備款，當這價位盤旋在客人腦海之後，其他車款都顯得便宜可親。同理，如果公司高層認為某專案業績可達 3 億美元，而實際上「只」貢獻出 5,000 萬美元時，高層就失望了——儘管這 5,000 萬對公司成長極有幫助。

4. **沉沒成本**（sunk cost）：公司創新遲遲未能賺錢，而要放棄一個投入 5 萬美元的案子，肯定要比一個 300 萬美元案子容易多了。

5. **頻率偏頗效應**（frequency validity effect）：事情傳播得愈頻繁，愈容易為人所信。董事會常只因為某種預測甚囂塵上便加以採信，不論其如何荒謬。所謂積非成是，要對抗這種習性並不容易。

6. **零風險偏誤**：選項 A：原本微小的風險已完全消除；選項 B：原來頗高的風險大幅降低。兩相比較，人們傾向選 A，儘管 B 的預期報酬高出許多。換言之為了安心，我們寧可放棄可觀金額。一個高現值的新商業模式，看來就是比投資在既有業務多出不少風險。

7. **從眾效應**：心理學家所羅門·艾許（Solomon Asch）在 1951 年以從眾實驗，證明了同儕壓力的影響。人有跟隨大眾的本能，當無人質疑或老闆的號召鏗鏘有力，員工儘管心存疑慮，多半還是會跳上車。

一般事情好做決定，策略大事則不容易，因此更要仔細檢驗。日常決策往往只看問題表面而不管根源，而這讓豐田汽車公司（Toyota）祭出了「五個為什麼」——每當問題出現，連問五次「為什麼？」；出現一個答案，立刻追問。這有助挖出毛病源頭，幫你做出更穩當的決定。

優秀決策的十大守則

1. 創新往往誕生於高度不確定性的環境；務必清楚掌握各種考慮因子。

2. 決策人數控制在最低，不必要的參與者只會增添過程變數。

3. 釐清潛在原因、不斷質疑究竟；面對任何既定答案提出五次「為什麼」。

4. 包容直覺；直覺來自經驗、來自潛意識，這對複雜決策頗有助益。

5. 要避免認知偏誤，首先必須意識其存在。

6. 若能獲得決策者共識，達成的決議將比較容易實施。

7. 勇敢抉擇；有錯可改，遲疑不決則讓眾人無所適從。

8. 坦率點出權力鬥爭與利益衝突。

9. 記取教訓；孰能無過，但盡量別重蹈覆轍。

10. 打造決策平臺、納入適當的專家，包括各層面的代表，如：問題負責人、解決方案負責人，以及充分的外界視角。

應付肥菸槍症候群

德國衛浴大廠漢斯格雅（Hansgrohe）的執行長漢斯・格雅（Hans Grohe）有言：「創新的必要條件是：大腦、耐心、金錢、運氣……，還有固執。」創新意味改變，而改變很難。一位天主教主教曾說，一份教宗通諭（encyclical）要抵達全球各處為所有教會遵行，需時約五十年。當然，天主教會超過 10 億成員，堪稱全球最大機構，步履難免緩慢。企業移動較快，但也容易輕忽把想法落實的難度。根據研究，一項破天荒的創新，從構想誕生到穩健營利要三十年的光陰。

中階主管傾向短期策略，好應付市場狀況，柯達就是藉此維持它在

數位攝影的業績。然而,「短期策略」一詞其實存有矛盾——達成短期目標,根本不叫策略。許多公司抱著長久以來的模式不放,卻不知這些經營典範早已隨著市場、科技、消費者、競爭對手的發展而成了古董。

　　這些企業的員工好比肥胖的老菸槍,明知健康面對怎樣的風險,也知道如何解決,但偏偏就欠缺貫徹的自律與決心,再來一根菸、一頓美食的誘惑就是無可抵擋。這也無關專業知識,醫師比誰都清楚後果,抽菸率卻高過平均。

　　再回到商場。眼前一份至少能支付部分固定成本的合約聊勝於無,但若長久處於超支,公司終將無以為繼;明知如此,真要放棄這些小合約轉而投資有前景的大幅改革,實際上困難重重。謀眼前溫飽,圖未來發展,兩者都很重要,但若太過局限,僅顧今天,那就麻煩了。

　　回到醫學譬喻,一旦腫瘤發展到某個階段,往往只能徹底割除,即便患者不見得因此更好。前哈佛教授兼顧問大衛‧邁斯特(David Maister)深入探索肥菸槍症候群,一語道破管理階層的職責所在:「領導人要能嚴謹認真地抵禦短期誘惑,投身於讓企業永續發展的長久大計。」

擬定行動計畫

　　大致擬定行動計畫是變革管理邁向成功的第一步,這不僅可做為員工平時決策的指南,也能撫平其對未來不確定性的焦慮感。為此,必須記住雙重目標:(1)發展能鼓舞行動的長期願景;(2)達成短期里程碑,證明公司走向正確。

發展願景

變革管理計畫一定要有明確的長期願景：公司要邁向何處？三年、五年、七年後的公司面貌是？我們必須改變的原因？切記，必須把願景勾勒清楚。許多商業模式創新之所以失敗，就是沒把目標說明白。

> 願景，是有期限的夢想；若沒說明實現期限，那將永遠是個夢。然而，若始終因各種要務而沒有夢想，你只有停滯不前。新商業模式要有「夢想」與「期限」，但多半時候，夢想特別欠缺。

溝通問題往往不是出在太少，而是太多。當今的員工幾乎被各種資訊淹沒──電子郵件、內部通訊、每週會議等，孰輕孰重，他們幾乎無法判斷。我們協助推動商業模式更新的某家企業經理，乾脆在他的電子郵件自動回條留言：「我不再讀任何電子郵件。若有要事，請以手機聯絡。」

若計畫展開變革，就得先想好如何與員工溝通。曾與我們合作的某高科技公司，就很懂得善用全員大會（town hall meeting）。這種面對面形式的聚會往往在公司主要據點地區舉辦，讓經理人與員工充分交流。布勒公司則採取不同手法，在公司大樓內外到處張貼海報旗幟甚至貼紙，還有影音傳播。切記，要進行改革管理，「感受即現實」；缺乏系統性的行動方案，員工不可能了解你的高瞻遠矚。

溝通的重點在於內容與方式要用員工熟悉的用語；跟資深經理談的，勢必有別於與業務們講的東西。另外，改革究竟會對員工造成什麼影響，這點也務必加以澄清，例如：如果實施線上銷售，業務部將面臨

何種改變？哪些職務會被淘汰？受影響的員工得學習什麼新技能？澄清這些疑慮，才可能獲得全員齊心變革的承諾。

隨即展現成果

長遠的願景很重要，但盡速達成初步目標也極其關鍵。所謂先摘下成熟的果子，就商業模式創新來說包括：客戶的肯定、重要夥伴的承諾、新模式就緒後簽到的第一份合約。這樣的成果意義重大，可穩定軍心，證明方向正確，平息懷疑嘲弄，讓大家繼續向前並及時慶功，激發士氣。

2011 年，3M 這家堪稱全球最具創新能力之企業，成立「3M 服務」（3M Services）搖身一變成為服務業，從諮商、專案管理、訓練到售後服務，為所有 3M 產品的客戶提供量身打造的解決方案。這對擁有 5 萬種商品及 45 項後援技術、向來以此基因自豪的公司而言，猶如驚天一步，引發內部質疑。管理階層必須證明這項業務對既有產品線有絕對好處，於是，隨即到來的合約果然提高了產品收入，讓此新模式快速獲得認可。

管理階層要主動尋獲這類即期效應。毋須被動等待，到了某個程度，你其實可主動出擊，向客戶蒐集意見或先落實新模式的某些面向，達成初期目標。即便只是小小成績，也要讓員工不斷見證改革成果，這在初期階段格外重要。然而，與此同時也千萬別忘了遠方願景，努力汲取長短目標的平衡。

定義架構與目標

變革管理的第三個重要層面，是界定正式架構、流程、目標。每個

人做事都需要動力，因此，有必要為整個模式創新流程定義合宜的行為準則。

規劃架構

商業模式創新可以有不同的規劃，可放在既有業務之內，或做為新的業務單位，甚至成立獨立公司。外在環境自會決定何者最合適。前述 3M 例子中，公司一開始就決定將 3M 服務劃為新事業處，以凸顯其於核心事業群之外的獨立性。

CEWE 同樣把新的數位影印業務獨立出來，以確保公司卓越的技術與產品不受影響；於是，CEWE 數位公司（CEWE Digital）於 1997 年誕生，從外界新聘不同技術背景的員工，避免侵蝕母公司核心事業，同時享有後者全力支持，藉由新的數位應用之力創新流程、發展產品技術。2004 年，母公司重新合併這個單位，讓更多員工接受相關訓練，產品組合因豐富多元的數位產品獲得強化。今天，CEWE 是歐洲第一，在 2018 年其沖洗相片張數超過 22 億，CEWE 相本售出 62 億本以上。

姑且不論你是否打算讓這新業務獨立，在初期階段，要確保它「受到保護」，不被原核心業務陰影籠罩。Evonik 另行安置創新團隊，視之為獨立新創公司。許多公司更進一步，高規格管制商業模式創新單位的人員進出。迅達電梯（Schindler）便為前衛創新規劃獨立大樓，非授權員工不得出入。1980 年代，賈伯斯把麥塔金（Macintosh）研發小組單獨安置於蘋果公司一棟獨立建築，外頭飛舞著一面海盜旗！

如此刻意為之的主要目的，是不讓創新模式變成內部業務衝突部門的攻擊炮灰。大型企業中總會有人虎視眈眈，隨時準備咬住這類專案的任何閃失。SAP 公司在開發 SAP Business ByDesign（針對中型企業的雲端

運算方案）階段，特地把開發小組與其他員工隔離，嚴格把關，杜絕一切無謂干擾。

> 商業模式創新團隊，在完全獨立於公司日常營運之外時的效能最佳。這讓他們得以輕鬆跳脫業界主流思維，不怕採取激進措施，同時，也大幅提高新模式的生存機率，避免因初期難免的差錯而遭埋沒。新模式要獲得認可，要設法讓它走入組織，而這是條艱辛的道路。

釐清目標

變革管理除了要有願景與長程行動計畫，具體目標也十分重要。對此，我們推薦「SMART 原則」：

- **明確**（Specific）：目標須精準確實。
- **可衡量**（Measurable）：目標須能夠清楚衡量。
- **可接受**（Acceptable）：目標要能被團隊接受。
- **實際**（Realistic）：目標要能夠達成。
- **時限**（Time-bound）：目標須在設定時間內完成。

面對商業模式創新，目標設定要格外謹慎，尤其在發展初期，小心別讓目標扼殺了創意。某大軟體公司的一位業務開發經理就向上級抱怨財務長讓他不勝其煩，要求公司應模仿創投家那般對待新創公司——放手讓投資對象揮灑創意。該經理運氣不錯，老闆給了他三年預算，到期前毋須煩惱成果報告。

消費性產品製造商漢高（Henkel）採行「3×6 小組」：六名研發部門員工，針對六項產品概念，自由工作六個月。公司最終目標也很簡單

——誕生六個有潛力的產品概念。這若用在同樣需要自由的商業模式創新上，想必也頗有成效。

太早訂定目標，恐怕會扼殺創新，為此最好先進行小規模市場測試。目標一旦設立，高層決策就易於傾向先看到短期成果，而忽略為長期目標創造必要條件。3M 當年就有此洞見，給予「3M 服務」事業執行長一年的自由，之後再談目標及關鍵績效指標。該執行長說：「整整一年沒有任何目標，那簡直像在做夢，卻也是個正確策略——商業模式絕對需要時間孵化。」時間證明此言不虛，如今，3M 預計中長期整合方案將貢獻四分之一營收。

執行績效管理系統

除了明訂目標，衡量績效也很重要，包括個別員工與團隊，甚至從各個面向評估創新本身。控制面板（dashboard）有助掌握進度、及時調整。成果應根據目標評量，也可激勵小組競爭。我們進行的某個創新案中，便將各地區團隊的績效公布於員工餐廳，每週更新；團隊間迅速進入激烈的君子之爭，落實速度大幅推進。在商業模式革新的過程，務必要把質化與量化的關鍵績效指標（KPI）區分開來。量化指標對核心業務很有用，但激進的模式創新則比較需要質化指標。如果有興趣多了解可用的績效指標、什麼階段適合採用哪些指標，不妨上數位轉型者兩難網站參考更多資料[17]。

想達成目標，「激勵」扮演著關鍵角色，推動商業模式革新時也千萬別忽略了這一塊。當然，激勵不見得只有金錢，表揚等其他手法效果

17　www.thedigitaltransformersdilemma.com（此為英文網站）。

也頗佳。在 CEWE，提出好點子的員工可獲得獎金，若入選為進一步研發個案，還將受邀至最高管理階層前簡報，這往往比獎金有更大的激勵作用。瑞士科技公司布勒也在內部舉辦創新比賽，獲勝團隊可選擇去哈佛商學院聽課，或拿一筆種子獎金，把想法落實為新的業務。

丹麥水泥礦產業巨擘 FLSmidth 也採取類似手法：優勝小組可運用一半上班時間，並在有丹麥 MIT 之稱的丹麥科技大學（Technical University of Denmark）的專家指導下自行開發。這類獎賞包括兩方面的激勵：外在——透過獎金與地位；內在——以參與開發做為鼓舞。實證研究顯示，當員工內在士氣愈高時，創新成功機率也相對提高。

打造能力

要成功推銷創新的商業模式，適合的能力不可或缺，而這來自不斷應用的知識。正確知識雖然是打造能力的第一步，但正確應用也很重要。換言之，團隊要充分融入新的商業模式。

挑選對的團隊

任何專案都需要資源，商業模式創新也不例外。在初期的設計階段，清晰的願景與決心，比財務資源來得重要，管理階層與專案相關的每一分子都必須充分了解動機。

團隊合作決定一切，但實際上，團隊的挑選幾乎總是一場災難。此事影響甚鉅，什麼樣的團隊素質，就會有什麼樣的專案成效。對此，必須考慮個人因素，如：專業知識、工作風格、社交能力。此外，也須留

意職務功能和各種要求的平衡。每一名成員都須展現創意上的貢獻，今非昔比，據說亨利·福特曾哀嘆：「怎麼每次我只要求來一雙手幫忙，偏偏都跟著來了個腦袋呢？」我們早就回不去那個時代了。

在過去，創新常常局限於特定部門，如研發部門的工程師——讓那些「有創意的」員工去傷腦筋吧！而今天我們明白，創新（在商業模式尤其如此）是跨領域、高交互作用的過程，任何面向都不能遺漏。商業模式的創新除了研發部門，其他所有關係人也都必須從頭參與，包括：行銷、策略、業務、製造、物流及採購，以至顧客與供應商。如果是由一個小型核心團隊開始，則務必充分探索各個面向的意見，否則極可能在設計階段產生盲點，造成難以為繼的殘局。

下列十點，可做為挑選團隊成員的指南：

1. 是否涵蓋了所有相關領域？如：行銷，技術，策略，物流，製造，採購？
2. 是否包含顧客與潛在顧客？或至少有其代表成員？
3. 是否包含夠多有能力跳脫框架看待問題的人？
4. 這個團隊可有打破組織慣性的強烈動機？
5. 這不會只是紙上談兵吧？了解公司業務、具備實戰能力的成員是否夠多？
6. 這團隊是否既有獨立運作空間，又能與其他部門保持相當的溝通聯繫？
7. 成員中可有人能扮演觸媒，不斷推動案子前進？
8. 過程中是否需要外來的協調人？
9. 是否有來自管理高層的贊助人？
10. 團隊是否具備充分的創業精神？

彌補不足之處

一旦展開細部作業,就可能會發現,要落實創新還欠缺某些能力。對此,補救之道有三:

- **內部培養**:邊做邊學、招募新手、安排訓練,以上都是從組織內培養能力的做法,只是曠日費時,需要十足耐性。2010 年,科技暨顧問公司 Zühlke 決定成立新事業群 Zühlke Ventrues,針對新創公司提供金融及科技協助。當時公司完全沒有創業投資相關知識,由兩位管理高層為貫徹此目標投入全部心力。這個轉向奠定該公司在新創領域的地位,也更鞏固其在科技圈的專家形象。最重要的,是公司打造出一種創業精神,順利成長到有 1,200 種創新項目的全球規模。

- **與他人合作**:第二種打造能力的辦法,是找尋夥伴,帶進任何你需要的能力。相較之下,這比特地招募新人容易多了。以 3M 服務公司為例,當初它決定跨入解決方案領域、提供以 3M 產品滿足顧客各種需求時,選擇把所有必要服務作業全交給合作夥伴,因為 3M 欠缺的相關能力與資源,只要透過合適供應商即可輕鬆完成。舉一例具體說明:某代理車商想採用 3M 汽車貼紙,這要直接與 3M 服務交涉,而之後的服務則由 3M 認證夥伴負責。如此這般,30 多種不同夥伴為 3M 服務提供各種能力。在某些領域,這樣的服務夥伴可能僅有一名。

2000 年,總部位於瑞士的衛浴配件廠吉博力(Geberit)把策略由「推」改為「拉」,將商業模式徹底翻轉:它不再透過零售通路,而是開始自行服務家庭用戶。然而由於之前從未直接服務終端消費者,缺少執行這項策略的能力,吉博力決定打造水管工人夥伴

網。為擴充網絡，它提供各項誘因，諸如：免費支援、座談會、持續的教育訓練等。多虧這個新模式，如今吉博力穩居瑞士及德國的領導品牌地位。

- **買進能力或企業：**打造能力最後一招，就是買下整家公司或某個事業群。這招最立竿見影，卻也最具風險。沒多久之前，德國漢莎航空因廉航競爭而備感壓力，由於自身成本結構無法再成立一家廉航，它決定買下德國之翼（Germanwings）。如今，高低兩端顧客的不同期望值讓它手足無措，新的商業模式不斷侵蝕舊有基礎，讓顧客十分錯愕。一位不滿的客人便在漢莎臉書留言：「我開始嚴重懷疑漢莎是否做足準備。」

  甲骨文（Oracle）創辦人賴瑞・艾立森（Larry Ellison）大手筆的購買癖，可謂眾所週知。該公司出身資料庫軟體，卻在過去十年以逾 500 億美元陸續買下其他企業，意圖變身為企業資訊方案供應商，讓企業的所有資訊需求皆能透過甲骨文得到滿足，例如：藉操作系統獲得軟硬體（透過昇陽電腦〔Sun〕）、虛擬化與行政軟體（透過 Virtual Iron）、企業資源規劃（ERP）軟體（透過 PeopleSoft、BEA、Siebel），以及雲端客戶關係管理（透過 RightNow）。業界某些評論家質疑這些購併對科技及業務產生的整合效益。該模式仍在發展，最終是否成功仍在未定之天，不過，甲骨文業務蒸蒸日上，《富比士》（Forbes）雜誌稱該公司為全球第二大軟體供應商，這多少應歸功其購併策略。

創新也可以經由收購獲得，許多企業即如此踏入創投，3M New Venture 即為其一，在市場持續尋覓新的投資標的。與其他許多類似企業不同的是，3M New Ventures 只鎖定能讓 3M 核心能力發揮、壯大的潛在機會。

打造創新文化

科技導向的企業往往容易低估,甚至忽視公司文化對變革管理的影響;這種致命態度頗為常見:「什麼都是文化的一部分,但我們只是工程師……,我們的文化就是這個樣子。」事實上,文化是管理階層可以積極塑造出來的。

3M 以創新文化見長,其中,所謂「15%原則」(15 per cent rule)只是其中一個著稱面向——每名員工都可利用 15% 的時間研究本分之外的創意。很多創新企業也跟進採行此一概念,包括 Google。與 3M 人共事,便可深刻感受那種接受新觀念的開放態度,那已然寫入他們的基因。該公司每年舉辦創新峰會,讓員工盡情討論所有創新點子。

以 Gore-Tex 系列高性能纖維著稱的戈爾公司(W. L. Gore & Associates,簡稱 Gore)也有類似的創意基因。董事長由 8,000 多名員工投票推舉,公司秉持人人有強烈工作動力的治理原則,所有員工都是合夥人,由專案小組自行推舉領導人;新進人員沒有直屬長官,但有一位負責輔導的前輩。部門人數不得超過 150 人,以確保彈性,避免僵化;若人數超過極限,就按公司「阿米巴原則」分出新部門。這種文化,讓戈爾的創新地位不墜,且由紡織纖維逐步拓展至醫療科技、電子、工業產品等領域。對這種近似無政府的文化,其執行長泰麗·凱利(Terri Kelly)甚表支持:「不分階級,沒有頭銜。如果你召開會議而無人出席,恐怕就表示是你的點子不夠好。」

戈爾公司的規矩由以下原則組成:

1. **自由**:做你自己,培養自我,發展出自己的想法。錯誤失敗難免,從中記取教訓。創造的過程總少不了失誤。

2. **承諾**：沒人指派工作給你；在這個組織裡，每個人都要對自己做出承諾，且負責到底。

3. **公平**：戈爾人絕對盡心公平待人，無論同儕、供應商、顧客，以至任何業務夥伴。

4. **吃水線**：戈爾人在做任何可能「低於吃水線」（對公司造成巨大傷害）的事情之前，一定會先請教其他夥伴。此外，他們鼓勵也要求實驗。

　　這些都是經營者能夠刻意為之的事。沒錯，形塑企業文化要比導入研發工具難，但絕非不可能。其中最重要的元素為：員工、目標設定、你面對挫敗的態度，以及你的以身作則。想要成功翻新商業模式，需要開放的文化及由挫敗中汲取養分的能力。說來矛盾，當懷疑論者否定一個新模式點子，十之八九證明他們是對的；但若由他們掌權，創新將被扼殺，競爭漸處下風。旺盛的創新文化有助醞釀能量，打破產業主流思維。這可不容易，畢竟人是習慣的動物，然而你一定要持續下去，讓大家體會到打破現狀是件何等美妙的經歷。

聖加侖大學的創新文化導航

　　從事任何創新或文化變革，文化都是非常重要的先決條件。觀察那些高度創新的公司時，我們不僅關注領導者（因他們基本上不從事創新），更聚焦於實際從事創新的人。對此，我們試著找出成功培養出高創新文化的途徑。

　　根據我們的研究，發現了這類公司具備的七種文化面向，我們稱之為「ANIMATE」模式[18]：

- **靈活（Agile）實施**：快速、反覆的學習週期。

18　為了探索文化革新，我們研發出「聖加侖創新文化導航」，列出這方面極成功公司之 66 種作法。在 www.innovationculturenavigator.com （此為英文網站）上連結到一個線上自我評估，這個導航以趣味方式帶你從表現優異者身上學習，發展出自己的組織文化。其中詳細介紹各種軟性因子，進一步補強了第二篇將介紹的 60 種商業模式。

- **培育**（Nurture）：有效刺激員工和外部夥伴跳出思考窠臼。
- **鼓舞**（Inspire）：給員工目標，予以鼓勵。
- **激勵**（Motivate）：藉著激勵使員工不斷向前。
- **校準**（Align）**團隊**：帶動所有團隊，齊心達成目標。
- **透明**（Transparency）：公開溝通，使每位員工能以最有效的方法，盡力達成目標。
- **賦權**（Empowerment）：讓每個人相信自己的能力，讓每個層級都產生信心，這將激發內部創新。

　　如同米契里斯（Michaelis）於 2018 年所見，出色的創新文化不僅能成功革新營運模式，還可提高 36% 的獲利、45% 的業績。ANIMATE 架構，正是創新文化獨特做法的骨架。我們務必認識到，文化並非命定，而是如商業模式本身，可透過研究與設計而得。這需要時間，但 ANIMATE 七個面向的種種作為，能幫助領導者打造出充滿動能的環境，滋養出活潑、閃亮、精力充沛的企業文化——這正是任何公司打算創新的培養土。

第 2 篇

60 種致勝模式，
以及如何從中獲益

我們的實證顯示，許多新商業模式的核心，無非是某些模式的不斷再現。這對需要創新營運模式者而言是好消息，畢竟要跳脫既有思考框架，實在相當困難。本篇 55+ 種商業模式類型，是衝破困境、尋獲新意的最佳引擎[1]。

欲活用商業模式導航，徹底了解這 55+ 種模式是關鍵。所謂的模仿絕非照抄而已，唯有得其精髓，才能激發有亮點的模仿與重組；想成功套用某種模式，唯有先充分理解該模式的整體意涵、關鍵要素及特性，才可能釋出重新詮釋的爆發力。

本篇將一一闡述這 55+ 種模式，除了起源、一般邏輯、值得探討之問題、圖像表示，還佐以諸多實際案例及故事，深入淺出，讓你充分認識每一種模式。

本篇重點：

- 想創新企業營運模式，毋須從頭發明輪胎──世上所有成功的商業模式，幾乎無一不包含在這 55+ 種模式之中。

- 一種模式並不局限於任何特定產業，而是可適用於多種情境。創新模式的關鍵在於：找出一種前所未見的應用手法。

- 這 55+ 種模式，既可做為思考全新營運模式的基礎，亦可用來重新檢討既有的模式。

- 這些模式都不是死的──當你讀著本篇，或許透過重組，全新概念便已油然而生。

---

1 「55 種商業模式」已成為許多商業模式創新者，以及教導這套方法的知名學府的慣用符碼，所以我們將以「55+」稱呼這 60 種模式。多出的 5 種類型，是我們從過去六年數百場研討會所獲，這些研討會主要是與 BMI 實驗所共同攜手。

1

附帶銷售
Add-on
付得愈多，拿得愈多

模式

附帶銷售模式之下，主產品定價極具競爭性，額外的各項搭配則讓最終價格水漲船高。消費者掏出的金額超過原本預期，但可滿足個人所需。飛機票即為一例，其基本票價十分低廉，但「附帶購買」的加值項目，如：信用卡支付、食物、行李費等，則一一墊高了最終票價。

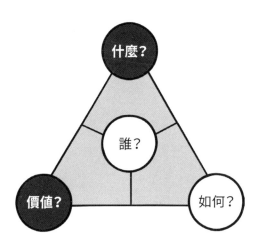

附帶銷售往往需要非常複雜的定價策略。核心產品必須要有有效廣告、廉價促銷。網路平臺是一大助力，讓消費者一目了然（基本）價格，例如，Skyscanner.net 清楚列出各家廉航票價，其他如：飯店、租車、假期之類等相關服務的價格也一查可知。在這種價格競爭之下，往往贏者全拿。

如前所述，消費者以可觀的金額購買各式各樣的額外服務（價值？）。也許是附加屬性、也許是附帶服務或延伸產品，甚至是量身打

造的特製品。為這些東西多掏腰包、抑或陽春商品即可？主權握在顧客手中，這正是此一模式為消費者帶來的利益（什麼？）。相對地，消費者可能因你提供的額外選項，而放棄相對便宜的競爭品牌（什麼？）。

公司打造產品的價值主張時，得判斷哪些性能可為最多顧客創造最高的邊際效益。從有核心功能的陽春商品出發，每位客人可依據所好自行加購，達到最大滿足。

起源

此模式起源於何時難以追溯，只能說由來已久，服務業以附加屬性或特別服務誘使顧客提高消費，更屬常見。工業化之後，模組生產容易，也帶動更豐富多樣的加值內容。

我們大概都曾有此經歷：半夜在飯店房間，忍不住想從迷你吧拿一罐清涼飲料，而飯店提供這項服務，要價可不低，隨便一瓶水或點心都貴得令人咋舌。

有樣學樣，旅遊業將此發揚光大，例如，郵輪常以低價促銷含基本行程與住宿的套票，若想要有陽臺的客艙、上岸觀光、飲料、特別活動、使用健身房或做 SPA，樣樣俱全，加錢即可享用。

創新者

創始於 1985 年的愛爾蘭瑞安航空（Ryanair）原屬地區業者，如今則是歐洲數一數二的廉航老大。它遵行明確的低成本營運策略，2011 年，乘客人次達 7,640 萬，超過德國漢莎的 6,560 萬人次，成為當時全歐第

一。激進的價格策略加上精細的成本結構，確保了公司獲利，而這些全因其積極採用附帶銷售模式所致。

　　瑞安機票起價十分低廉，其他各項服務則另外計費，如：機上服務、餐飲、旅遊保險、優先登機、額外或超重行李等，另外許多成本也轉嫁給乘客。若干年前，愛爾蘭籍執行長麥可・奧萊利（Michael O'Leary）曾在某次策略研討會中咧嘴跟我們說：「做生意，三件事最重要：成本、成本、成本；至於其他，就留給商學院去說吧！」在線上訂位及價格透明的推波助瀾下，此種策略頗能推升顧客人次。

附帶銷售　瑞安航空如何透過附帶銷售堆高價格

瑞安航空

基礎票	19.99€
托運行李（15公斤）	
單程每件運費25歐元（x2）	50€
運動器材托運	50€
付費選座：	
優先座位（包含優先登機）	10€
小計	129.99€
信用卡手續費（2%）	2.59€
機上餐飲（如：百事可樂配三明治）	7€
總計	139.58€

（所示價格僅作範例）

　　德國汽車供應商博世，有鑑於引擎生產部門無法提供周全服務，從而打造出新的商業模式：每部引擎核心的電子控制單元皆包含軟硬體，必須根據各類車型與引擎量身製造。以往博世以套裝組合方式將其賣給車商，以件計價（內含客製費用）。這種模式，在量大時沒有問題（一次生產可達規模經濟），反之，量少的特殊車款如某些跑車就划不來了。

　　於是，博世另外成立一家公司，也就是現在的博世工程技術有限公司（Bosch Engineering GmbH，簡稱 BEG）；1999 年成立時，全公司上下不過 10 人。BEG 除生產一般硬體外，可另外接單處理客製項目，內建軟體也能依顧客需求量身打造。這種新的營運模式很適合小型訂單，大單則仍歸博世處理。時間證明，如此另起爐灶打造創新模式的策略是成功的——截至 2016 年，BEG 員工人數超過 2,000 名，年營業額達 1 億7,000 萬歐元之上。

　　附帶銷售模式不僅適用於成本錙銖必較的航空業，也同樣適用於奢侈品。汽車業則將之發揮到淋漓盡致，有時這些附加項目反而帶來更高利潤。以賓士 S 系列為例，可另行選購的升級配備超過百項，端看是要成套設計還是個別附件，一番個人化下來，價格很容易增加五成以上。同樣地，電動車製造商特斯拉，即便在車子售出後，也仍提供各式性能上的附帶銷售。有別於傳統汽車，特斯拉執行長伊隆・馬斯克（Elon Musk）稱之為「掛在車輪上的電腦」的電動車，可遠距接受售後性能升級。多虧軟體更新，立即啟動自動駕駛或強化加速等功能，都不成問題。

　　另一個例子是 SAP。這家為企業提供經營管理軟體的德國公司，先廉價出售標準套裝軟體，再鼓勵客戶加買其他程式，以發揮 SAP 軟體最大效益，包括：客戶關係管理、產品生命週期管理、供應商關係管理等應用程式。這些套裝軟體大幅擴充 SAP 服務客戶的範疇，顧客可選擇基

本軟體，也可根據特殊需求選購，雙管齊下為 SAP 注入財源。

「何時」以及「如何」採用附帶銷售模式

　　附帶銷售模式特別適合難以區隔的市場，其中的顧客偏好往往差異甚大，僅將產品分為幾種層級或版本並不足夠。面對龐大的顧客群，很難找出最適價值主張，因此，在基本產品的功能之上，加價提供各種性能選項，已成汽車業的標準作法。近來的消費者行為研究證實，這正是一般人購買消費品的模式：他們先根據價格等標準理性評估，隨後便進入感性主宰的採買階段。一旦坐進那擁擠的經濟艙座位，就不會再在意啤酒或三明治要價多少了。

　　若決策者不止一方，這模式也適用於 B2B。不動產投資客常設法將原始投資降到最低，以便脫手時能賺到最多；什麼空調設備、電梯、保全系統，愈便宜愈好，以後可觀的服務成本，就交給物業管理公司吧！同樣地，你的公司也可採用附帶銷售模式，讓特定技術與零件打入市場，而這通常需要交叉補貼。以汽車業為例，想提高駕駛輔助系統等昂貴技術的銷量，就可採取附帶銷售予以補助。

深思題

• 我們是否能推出讓消費者四處比價的基本品，再逐步添加其他服務？

• 我們可有辦法抓牢顧客，讓他們從我們這裡添購加值商品？

---

2 聯盟

Affiliation

你成功就是我成功

模式

聯盟模式的重心在協助行銷,從他方的交易獲利。公司可由此接觸不同的消費者,卻毋須增加行銷業務支出。「根據銷售量付費」(pay-per-sale)或「依顯示次數付費」(pay-per-display)是常見手法,且往往在線上進行。舉例來說,某網站業者讓別家公司在其網頁放置橫幅廣告,透過「點擊」(click)或「曝光」(impression)次數抽佣;反之,聯盟者也可將自身產品放在較大網路平臺銷售,根據銷量付費給該網站。

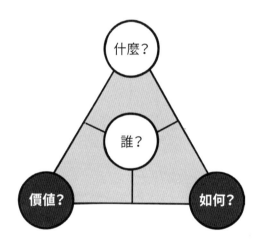

聯盟不是什麼新概念,保險業務員就是按賣出的保險抽佣金,只不過網際網路的出現,壯大了它的規模,形成今天我們熟知的模樣。某家商品或服務廠商可自建聯盟方案,或透過專門代理商。一般而言,只要有基本尊重,代理商對產品擁有很大的操作空間。

讓消費者移到原始賣家網站是重點,同時要讓賣家能夠辨識前來光

顧的潛在買家,來自哪個中間商(如何?)。抽佣方式很多,最常見的是根據事先議定的消費者表現抽取一定比例,像是:消費者下了訂單,或探詢更多商品訊息。

聯盟固然對原始賣家的通路及業績影響很大,但其實對中間商而言,也可做為一種商業模式。實際上,聯盟已成為他們獲利模式的重要支柱(價值?),比如:許多知名部落格、論壇、比價網站及產品服務黃頁都極仰賴佣金挹注財源,有些甚至全靠此維生。

起源

現代聯盟的淵源可回溯至網路興起之初,先行者之一 PC Flowers & Gifts 在 1980 年代末開始在 Prodigy Network 行銷,1995 年整個業務轉至線上,一年後便宣稱聯盟夥伴達 2,600 家。該企業創始人托賓(William J. Tobin)握有多項聯盟行銷專利,堪稱聯盟商業模式先驅之一。

ClickZ 的網路行銷專家則說,此一概念極可能起於 90 年代初期 Cybererotica 等成人網站。成人娛樂產業廝殺慘烈,每帶來一名顧客可抽佣金甚至達到五成。這種模式隨即以燎原之勢,燒向各處。1997 年 refer-it.com 成立,旨在追蹤聯盟手法的無窮演進;不令人意外地,到該公司於 1999 年售出前,其主要財源來自各個通路夥伴的佣金貢獻。

創新者

1996 年,亞馬遜推出「亞馬遜結盟契約」(Amazon.com Associates Program),可謂聯盟行銷的引爆點。當時,仍然只是純網路書店的亞馬

遜，以「線上顧客推薦系統」拿到字號 6029141 的美國專利，但其實它
並非第一個採用這種體系的企業。全世界加入這個契約的網站，只要介
紹讀者前往亞馬遜購買成功，便可拿到退佣。亞馬遜結盟契約旋即席捲
網路，不僅促成亞馬遜的快速崛起，更繼續隨著亞馬遜產品線不斷擴張
而成長。線上有關音樂影片的討論評論介紹，幾乎都義務性地附帶「向
亞馬遜購買」的按鍵；電子產品、家用品的開箱文幾乎也都如此。每一
筆結盟帶來的收入，亞馬遜會將 4 〜 10% 分給結盟網站，並協助他們將
業務極致拓展。

聯盟　Google 聯盟平臺之商業模式

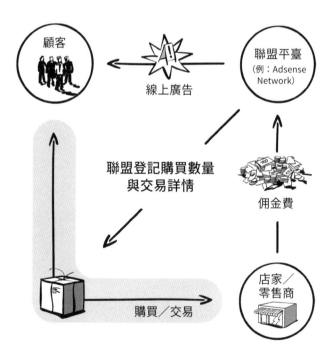

　　許多網站及其母公司，可說是由聯盟行銷一手催生出來的，商業模式之核心財源全來自於此的 Pinterest 即為一典型範例。這個圖文書籤社群網站之所以能夠聲名鵲起，固然是因為設計功力一流，然其善用佣金制更是一絕，靠此「雙箭」在極短期內就成為矽谷新創當紅炸子雞。網路分析公司 comScore 指出，它是第一家在問世不到兩年就有辦法每月持續流入 1,000 萬名不重複訪客的網站。Pinterest 背後概念非常聰明，也極其簡單：使用者打造虛擬主題釘板（pinboard），與朋友或同好分享喜愛的相片、連結，其中不少迷人相片是網路某處販售的物品。Pinterest 巧妙地把這些貼文連結至原始賣家網站，內建自家聯盟識別碼。如此創造出的推薦流量，連 Google、X 平臺（前身為 Twitter）、YouTube 都望塵莫及。Pinterest 不曾公布其財務數字，但說此數字勢必十分驚人，應屬合理推測。

　　較近期出現的 Wirecutter 是個產品推薦網站，從各類物品提供最佳名單，為人們省下時間，減少壓力。從餐具、電視到空氣清淨機……，要什麼有什麼。Wirecutter 於 2011 年推出，2016 年《紐約時報》把它買下納入數位平臺。由於 Wirecutter 的聯盟廣告效益模式，帶進源源的非廣告相關營收——若有人點進該網站推薦的任何商品，它就抽取佣金。

「何時」以及「如何」採用聯盟模式

　　此模式有兩項前提，分別是「健全的生態環境」和「滿懷熱忱的消費者」。未來幾年內，某些顧客旅程（customer journey）的生態系統的重要性將水漲船高。麥肯錫預測，到了 2025 年全球 30% 的營業額，將隨著顧客旅程重新分配到其他產業。與夥伴聯盟，讓企業能為顧客提供

更優質的聯合價值主張。

聯盟之所以成功，就在能讓各方皆贏——商家獲得流量，交易未成不發生成本；消費者或其他仲介商家則有金錢回饋。如果確知你想瞄準的顧客類型，聯盟會是合適手法。若你無以負荷成立直銷團隊，聯盟更是絕佳選擇。

深思題

- 我們可有辦法從新顧客身上賺錢，且讓他們成為長期顧客？
- 如何為我們的聯盟平臺找到最理想的夥伴？
- 我們能提供哪些能力給企業夥伴，創造出更優質的聯合價值主張？
- 如何為我們的生態系統打造顧客忠誠度？
- 萬一結盟夥伴對顧客失信，我們如何處理消費者的反彈？

3

合氣道
Aikido
化對手的強項為弱項

模式

合氣道是一種日本武術,透過借力使力、四兩撥千斤的方式,化解攻擊者之勢。用於商業模式時,意指與業界標準大異其趣的商品或服務(什麼?);就公司而言,則意味著尋覓迥異於對手的定位,以避免正面交鋒(價值?)。對手往往埋首於眼前問題而無暇理睬此另類做法,待驚覺時,其原有優勢,比如:較好的品質、較低的售價,多半已不敵後起之秀。

我們或可說,合氣道原則也是一種差異化,非常挑釁的一種:業界習以為常的差異化因子全被摒除,代之以全新做法。

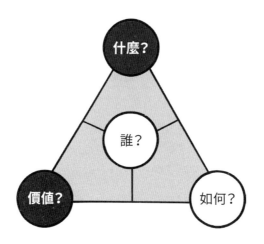

起源

採完全相反攻勢,以子之矛攻子之盾,古時其來有自,例如在《聖

經》中，牧羊人大衛（David）僅憑一副彈弓，就撂倒了可怖巨人歌利亞（Goliath）。大衛手無寸鐵，身形相對微不足道，想要制勝，非得出奇。歌利亞的弱點（相對即大衛之優勢）在於不懂得如何躲逃彈弓進擊，因為他根本不熟悉這種武器。

在商場上使用此模式的先驅之一，是美國的六旗集團（Six Flags），它旗下 21 家遊樂園遍布美加及墨西哥。六旗聚焦區域訴求，採低門檻的親民定價與迪士尼樂園（Disneyland）等全國性主題樂園的策略截然不同。地理位置之便利，帶動在地顧客一再回流，無需太多行銷便有漂亮營收。此外還有一個好處，就是即便在淡季，仍能吸引相當數量的當地居民持續光顧。

創新者

合氣道模式也延伸到其他產業。現屬萊雅（L'Oreal）集團、成立於1976 年的美體小鋪（The Body Shop）是化妝品連鎖店，但其經營手法卻完全另類，符合合氣道模式。創辦人安妮塔・羅迪克（Anita Roddick）扼要說明其策略：「我先觀察化妝品業走向，然後背道而馳。」美體小鋪一大特色在鮮少名模、活動，行銷費用不到業界平均五分之一。此外，他們主張環保，瓶罐盡可能回收再利用；採天然原料，強調其產品不經動物實驗的道德途徑。這一切皆凸顯其化妝品界異類形象，卻也助其走出一條全新大道。

創於 1983 年的 Swatch 是走獨特設計的瑞士手錶，以親民價格讓計時器搖身成為時尚配件。循著合氣道模式，Swatch 操作迥然異於瑞士錶業。後者依循昂貴精品的傳統路線，Swatch 則是以平價搭高品質衝出市

場。成功觸及掌握潮流趨勢的消費者之後，它灌輸消費者擁有多錶意識，不斷擴充版圖。獨樹一幟的定位為 Swatch 帶來廣大客群，創造豐厚營收與獲利。

合氣道　美體小鋪如何轉變主流市場邏輯

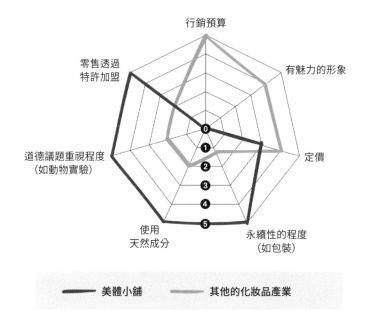

太陽劇團（Cirque du Soleil）也是成功的合氣道模式操刀者。太陽劇團脫胎於馬戲團概念，而且可說是在某些重要環節全然脫胎換骨的文化現象，它著力避開所費不貲的傳統馬戲臺柱，如：動物表演、明星藝人，注入歌劇、芭蕾、戲劇、街頭表演藝術因子，打造出前所未見的娛樂饗宴。此種特殊風格不僅為它省下龐大成本，更吸引了完全不同的全新客層，包括成年人與企業。

「何時」以及「如何」採用合氣道模式

　　合氣道模式相當誘人，卻也需要極大勇氣。若想借敵手之力將其一軍，那麼不出人意表不行。這招放諸四海無不可用，但須隨時警戒是否出現差錯，畢竟對手之所以有不敗地位，自有其道理。掌握市場變動向來重要，採用合氣道時，更當如此。

深思題

- 如果採用合氣道模式，會有顧客率先跟我們走嗎？
- 該領頭顧客是我們的目標客群，還是識見過人、一般人不會跟進的一枝獨秀？
- 我們能否一一擊破各個阻礙，成功改寫遊戲規則？

4

拍賣
Auction
一次、兩次……得標！

模式

　　拍賣模式的基礎，在於參與式定價；換言之，服務或商品的價格並非賣家說了算，買家也扮演了積極角色。某個有興趣的買方根據自己的拿捏喊價，由此開啟拍賣模式的叫價過程；待拍賣落槌定音，喊價最高者就贏下購買權。

　　拍賣的最大優點，從買方角度來看是不會超出預算（什麼？）；對賣方來說，則是更能有效地把商品放到市場（價值？）。某些罕見稀少的東西，不易找到定價基準，需求也難以拿捏，此時，拍賣這種形式格外可貴。而為保障賣方不致割喉拍賣，「保留價格」的設定也見諸某些狀況（價值？）；不到拍賣終了，賣出價格不見分曉。

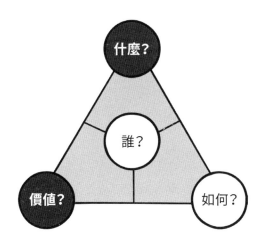

起源

　　拍賣是當今市場仍舊使用的古老模式，比如動物拍賣，如今，拍賣

行的發跡則炒熱了這項模式，其中最悠久之一的是蘇富比（Sotheby's）。這是由書商山繆・貝克（Samuel Baker）於 1744 年創立於倫敦，該年 3 月 11 日的首椿拍賣會即由貝克主持，旨在出脫數百本珍藏書籍獲利。爾後，拍賣內容迅即擴至獎章、銀幣、版畫等。

　　網路又為此模式展開重大新紀元——空間不再受限，參與者大為增加。先驅之一為 eBay，全球許多個人、企業由此售出種種商品；賣家於網站描述拍賣標的，有意者開始競標。2019 年 eBay 的活躍用戶超過 1 億 8,300 萬人，使它成為當代最大拍賣行。

拍賣模式的發展進程

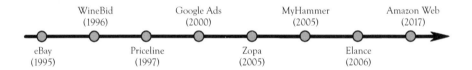

創新者

　　這些年間，eBay 之外，拍賣概念陸續以其他創新方式應用於商業模式，例如：Auctionmaxx 是加拿大網路清算商，專門處理無人認領、無主或受損的貨物、零售盈餘及保險索賠。這家拍賣網站於 2012 年推出，引入一個簡便的概念，為顧客提供綜合的好處：24/7 的線上購物平臺，一切拍賣項目的單一取貨場所；而且想要的話，還有清算師提供建議。拍賣物品毋須底價、買家佣金或取貨費，替用戶省下額外費用。

　　成立於 1997 年，聚焦旅遊相關服務的 Priceline 也是成功典範。計畫

旅遊的顧客詳列整趟旅程各個環節的目標（諸如航班、飯店、租車等），也許還會加上最高預算，而 Priceline 則是從其平臺夥伴中搜尋競標條件符合者加以媒合，同時，消費者買了不能反悔。雖說買家必須承擔一些風險，這項模式無論如何扶搖直上：2018 年，就在 The Priceline Group 更名為 Booking Holdings 後不久，公司員工總計 24,500 名，全球營業額達 145 億美元。

將拍賣成功融入經營模式的還有 MyHammer，其創於 2005 年，從事雜工與建設方面的逆向拍賣。如同 Priceline，MyHammer 的顧客陳述需求，小至簡單修繕、搬遷，大至整個營建案。靠此拍賣模式，它在短短幾年就躋身雜工及建設供需雙方最大交易平臺之一，經手總值估計超出 1 億歐元。

Google 的專有廣告 Google Ads，可說把拍賣手法用到極致。每一則廣告能否上架、排序位置，都經過理論上的拍賣程序：（1）廣告主出價：願意為廣告每次點擊支付的最高金額；（2）廣告品質：取決於它及背後代表的網站，之於搜尋顧客的關聯與助益；（3）廣告預期效力：來自額外資訊，像是相關關鍵詞等。Google Ads 在搜尋引擎廣告界位居準壟斷地位，2018 年，Google 的廣告營收就超過 1,160 億美元。

「何時」以及「如何」採用拍賣模式

應用彈性與無限可能，使得拍賣模式充滿魅力。單純賣東西也好，或為買賣雙方打造交易平臺也行——交易的也許是特殊物件，也許包羅萬象（好比 eBay）。拍賣模式的規模可觀，隨時服務幾百萬人不是問題，此等效應可為使用者提高利益。若能帶來透明度，拍賣即有最好發展契

機;基本零件或原物料等標準化產品即絕佳範例。若流量充沛,拍賣甚至也頗適合高度專業化產品。

深思題

- 如何擁有獨特的銷售主張,才能搶走 eBay、阿里巴巴這類大咖的顧客?
- 我們能為廠商們衝開觸及率(reach)嗎?
- 在激烈競爭中,我們如何維持優勢?
- 如何才能快速有效地誘使更多廠商加入?
- 如何提高聲譽,保證一切交易都能完美執行?

5

以物易物
Barter

你投桃，我報李

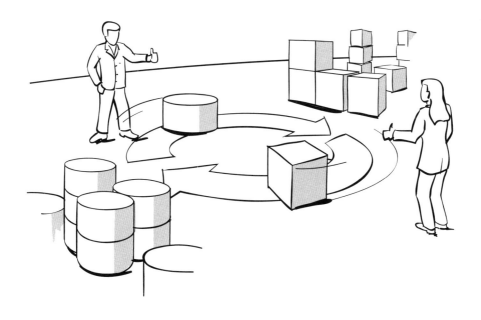

模式

在以物易物這種商業模式中，人們或企業僅憑著商品或服務相互交易（價值？），沒有金錢往來。乍看之下與贊助相似，卻又超出其純粹促銷、財務支援的行銷性質，更進一步參與到價值創造。Google 以免費工商目錄來改進自家語音辨識技術，即為一例。同樣的，藥廠習於免費提供藥品給醫院及醫師，藉其對患者的臨床試驗，讓自己扮演了極有價值的仲介角色。

以物易物也可有效地為某些產品吸引更多潛在顧客（什麼？），例如嬰兒食品。多數新手父母是在寶寶出生之後才首次接觸這類產品，此時，以物易物就是極好的招募手段，藉著贈送寶寶食品，讓新手爸媽認識自家品牌。

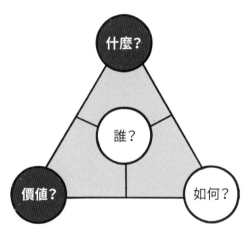

起源

「以物易物」根源可溯及古代，古羅馬即常見以金錢之外的手段，

來培養特定文化與族群；很多人相信，是由奧古斯都（Augustus）皇帝的謀臣梅賽納斯（Gaius Cilnius Maecenas）開始的。他鼓吹「保護人」（patronage）觀念，不求回報地支持某些人或機構。不過梅賽納斯也並非毫無私心，必要時，他會利用這些對象拓展自己的政經勢力。由此，逐步發展為以物易物模式，1960 年代起已是商場普遍現象，主要在支持某些組織和運動團體；到了 21 世紀，則成熟演化成一種營運模式，成為許多公司價值創造邏輯中的一項要素。

創新者

消費性產品巨擘寶僑，堪稱此商業模式最有名的推手之一。這家總部坐落於美國俄亥俄州的跨國企業，產品包括：個人保養、清潔用品、寵物食品。當初它聯手娛樂事業（廣播與電視）促銷自家品牌的手法，就是一種以物易物。寶僑不僅贊助，也出資製作廣播電視節目（「肥皂劇」一詞，便在描繪這家也生產肥皂的廠商其幕後的角色），寶僑知名度大開，廣電媒體則省下巨額製作成本。以熱門的閱聽節目換取廣告時段，寶僑成功觸及了廣大觀眾，讓消費者欣然接受其主流商品，進而為寶僑賺進可觀盈利。時至今日，寶僑旗下的娛樂事業群（Procter & Gamble Entertainment division，簡稱 PGE）仍將此手法發揚光大。幫寶適（Pampers）也非常借重此一營運模式。消費者往往在寶寶出世才開始留意到尿布這東西，於是，寶僑到各個產房免費贈送幫寶適，大幅提高它吸引新手父母成忠實顧客的機會。

德國漢莎是全球數一數二的航空公司，2018 年乘客人數超過 14 萬。1990 年代，該公司擁有紐約一大片空著的昂貴商業空間（2,000 平方

呎），眼看租賃到期還有好幾年，轉租進帳難以彌補不斷累積的龐大成本，於是漢莎想出了以物易物的好辦法——以閒置的不動產，換取廣告時間與航空燃油，讓單憑租金勢必造成的巨額損失，因此得以順利化解。

總部在美國科羅拉多州丹佛市的白玉蘭大酒店（Magnolia Hotel）走精品行旅路線，旗下多間旅館遍布達拉斯、休士頓、丹佛、奧馬哈等地。它將此概念用於諸多營運功能，以住房與各公司交換平面電視、平板電腦、禮品等實體產品；它也接受無形服務，像是用廣告或營建工程換取使用某些旅館設施。這通常利用淡季進行，以免損及來自一般客人的收入。白玉蘭因此省下不少改建或重新裝潢、購買新電器的費用；而不同地點的旅館，也可透過這種換取資源的手法降低費用，提高獲利率。

以物易物　「推文買單」之商業模式邏輯

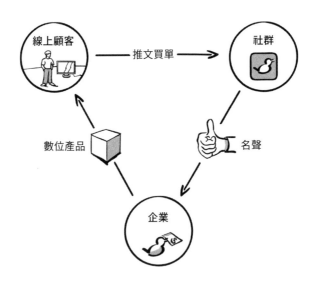

網路更是風行以物易物，「推文買單」（Pay with a Tweet）就是極有創意之舉，充分利用了社群媒體的網路效應來行銷產品。企業將促銷品登錄在推特（Twitter，X 平臺前身），推特用戶只要推文介紹這家公司和產品，即可獲得一份免費樣品。透過推文買單，有機會得到每月約 3 億 3,000 萬名活躍推特用戶的支持，無疑是藉以物易物行銷產品的線上利器。

「何時」以及「如何」採用以物易物模式

以物易物這個模式非常適合那些擁有互補夥伴的企業。所謂的夥伴，不僅包括供應商或顧客，也包括競爭對手，且不見得必須是已經共事合作者。我們也建議你盡量天馬行空，思考極端夥伴的可能性，例如，把訂閱 Blacksocks 與漢莎航空里程累積相結合，或訂閱 Blacksocks 與訂閱某報。

深思題

- 這樣的關係對彼此都有好處嗎？可為雙方帶來更多顧客，卻又不會造成相互競爭嗎？
- 有哪些產品或服務可以與我們的產品互補？
- 新夥伴可否為我們的品牌帶來外溢效果？
- 我們能以合理的成本架構達成以物易物的協議嗎？
- 企業文化是否重要？彼此的企業文化是否契合？

6

自動提款機
Cash Machine
利用負營運資金製造貨幣

模式

　　自動提款機的營運模式是憑藉負現金轉換週期，如下方程式所示，企業的現金轉換週期，即現金支付與收到的時間差。更確切地說，它指出平均倉儲時間，包括：原物料、在製品、製成品，與顧客及供應商的延遲付款：

現金轉換週期＝存貨轉換期間
　　　　　　　　＋應收帳款轉換期間
　　　　　　　　－應付帳款轉換期間

　　企業想拿到負現金轉換週期，就得設法在支付廠商貨款前拿到營收。消費者通常對這模式無感，但它對營運的影響卻相當深遠；由此滋生的高流動性可做許多用途，像是：償還負債或再做投資（價值？）、降低利息費用或加快成長腳步（價值？）。

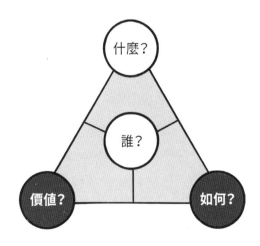

　　然而，在嘗試達到負現金轉換週期目標時，務必留意兩根槓桿：第一，確保能與供應廠商談到優渥的付款條件；第二，確保顧客迅速付款（如何？）。此外，採用接單生產（build-toorder）或極短庫存期，好讓商品倉儲時間降到最低，也有助企業實現負轉換週期的理想（如何？）。

起源

　　自動提款機模式存在已久，是以支票形態存在於金融業——憑一紙文件，就能要求銀行從自己帳戶提錢支付給指定對象。銀行居中扮演發票人（drawer）與收款人（payee）界面；先由發票人收得款項，待收款人前來兌現支票時再予以支付。

　　這項工具為銀行製造了負現金轉換週期，因為它在付款前已獲得收入。14 世紀初，歐洲經濟蓬勃，生意人愈來愈需要非現金的支付方式，自此支票開始蔚為風行。旅行支票正是植基於此的一種商業模式，由美國運通（American Express，簡稱 AmEx）創於 1891 年，該公司一名職員出差海外常苦於難以換到現金，遂萌生發行旅行支票的想法。

　　史上第一位兌現旅行支票者，名為威廉・法格（William C. Fargo），他是美國運通創始者之一威廉・法格（William G. Fargo）的外甥；該歷史時刻為 1891 年（與旅行支票發明同年）的 8 月 5 日，地點在德國的萊比錫（Leipzig）。

創新者

　　1980 年代，資訊科技業的戴爾電腦是首家採用接單訂製的企業，戴

爾因此達成高度負現金轉換週期目標；發展初期靠著自動提款機模式，順利獲得成長動能。麥可・戴爾在 1984 年創辦該公司時，其種子資金（seed capital）不過區區 1,000 美元；若得巨額投資，或面臨龐大昂貴的庫存，勢必導致破產局面。為此，戴爾的基礎在於低庫存、標準化商品、接單後生產流程。

自動提款機　戴爾電腦的商業模式

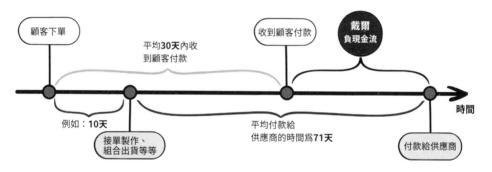

資料來源：「戴爾─變錢高手」（Dell-Der Geldjongleur），德國《商報》（*Handelsblatt*），2003 年 1 月 13 日。

　　線上零售業者亞馬遜也是靈活運用自動提款機模式的高手，其負現金轉換週期大致為 28.6 天。亞馬遜主要透過高速的存貨迴轉，以及面對供應夥伴的強大議價能力，總能談到極好的付款條件。換言之，亞馬遜在收到消費者款項之前，完全毋須付費給廠商。

　　美商 PayPal 是提供線上支付與資金移轉的平臺，其服務對象包括商業與個人賣家，根據付款方式、貨幣別、付款人（收款人）所在國家，收取不同費用。PayPal 活用此一模式，收取貨款前端費，或讓原本沒機

會處理信用卡等付款方式的個人或微型賣家拿到生意。PayPal 既可透過前端費獲得收入，也能從使用者帳戶資金賺取利息，由此不斷注入的流動性，讓 PayPal 能以更具競爭力的條件，為逐日攀升的廣大用戶提供更吸引人的服務。

「何時」以及「如何」採用自動提款機模式

這種模式特別適合接單生產，或與廠商談到很好付款條件的企業。它能帶來很好的流動性——及早收到顧客端的付款，很晚才須付費給供應商，這些流動資金就有很大的發揮空間。然而這種情況的前提，是消費者高度認可你的商品價值，例如，線上接單生產。另外，也可考慮結合自動提款機和訂閱模式（#48），讓顧客付款在先，拿到商品在後。

深思題

- 我們真有辦法在收到顧客貨款後，才付款給廠商嗎？
- 若要打造接單生產流程，我們能為顧客創造哪些好處？
- 我們有辦法與廠商重談合約嗎？
- 我們有辦法等到顧客付款之後，才開始生產製作嗎？

7

交叉銷售
Cross-Selling
加油站成為有賺頭的雜貨店

模式

　　所謂的交叉銷售，是在公司主力產品之外提供互補商品，善用既有顧客以提高業績；此舉也能充分發揮公司的現有資源，如：業務與行銷（如何？價值？）。

　　對消費者而言，交叉銷售的最大好處，是能透過單一管道取得更多價值，省略尋覓其他商品的心力成本（什麼？）。另外安全感也是重點，可以繼續和往來愉快的商家交易，毋須承受陌生賣家可能帶來的風險（什麼？）。然而企業在提供額外商品的同時，千萬得做好顧客滿意，以免因小失大，造成核心業務跟著流失。公司整個產品組合的審慎規劃執行非常重要。

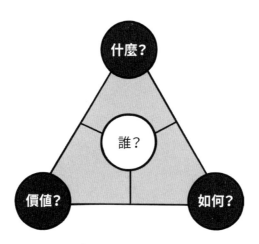

起源

　　交叉銷售早已見於古時的中東商賈，現代範本可以皇家荷蘭殼牌石油為例。殼牌在其綿密的加油站販賣日常雜貨等無關本業的商品；據說，最早是某個聰明的肯德基炸雞（KFC）加盟商，想到在殼牌加油站旁開店，結果立竿見影，顧客不僅上門給愛車加油，也順道餵飽自己，於是給了殼牌交叉銷售的靈感，隨即推廣至其他領域。

交叉銷售模式

地點、便利性、24小時營運等等

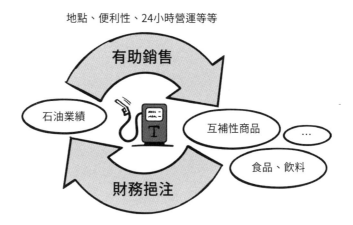

創新者

　　瑞典宜家家居穩坐全球最大家具零售業寶座，生產可自行組合的家具、電器、家中配件等。為了刺激主要的家具業績，宜家提供額外服務與產品，像是：各項室內配備、家飾、店內餐廳、租車服務。透過這些交叉銷售，使公司獲利大幅提高。

食品折扣店 Aldi，也是採用交叉銷售模式的成功案例。對許多顧客來說，Aldi 不再只是購買便宜貨的地方，還是許多日常需求的媒合中心。Aldi 更透過限期促銷，每週推出種種新品，例如：筆記型電腦、服飾、運動或園藝用品、休閒旅遊等，把交叉銷售發揮的淋漓盡致。

購物平臺 Zalando，證明了交叉銷售用於線上交易的潛力。創設於 2008 年的 Zalando，是歐洲生活與時尚網路平臺的龍頭，把全身的時尚帶到 17 個市場、2,600 多萬名顧客面前，提供服飾、鞋子、飾品、美妝，品牌約 2,000 種。交叉銷售在其商業模式扮演核心角色：每當顧客在願望清單增加一項產品，就會看見「搭配選項」這一提示行動的按鈕。例如，顧客先挑了件洋裝然後按了這個鈕，Zalando 就會跳出建議搭配的鞋子、包包及耳環，「以完成裝扮」。Zalando 還打算交叉銷售給還沒有註冊帳戶的人——只要有人正在考慮這平臺上某個商品，Zalando 會立刻以「搭配品 OO 你可能會喜歡」來推薦飾品。2018 年，Zalando 的業績達 54 億歐元，較前一年高出兩成。

同樣地，線上平臺 Booking.com 也採用了交叉銷售，每當顧客訂了飯店，該網站隨即建議合適的機場轉機、租車或特定的旅程與活動。

「何時」以及「如何」採用交叉銷售模式

當某種能滿足基本需求的低利潤簡單商品，可以與高利潤商品結合販賣時，交叉銷售即有很大的表現空間。消費性產品就很常見顧客因方便而順手多帶些東西的情形，好比，在加油站買食物就是一例。另外，該模式在 B2B 領域也有廣泛應用，許多極為特殊的品項可與其他東西組合銷售，例如，大樓高層電梯搭配低層商用電梯及手扶梯，或電梯裝設

搭配維修，這些組合往往能滿足顧客一次購足的需求。就 B2B 而言，交叉銷售又往往會與「解決方案供應者」（#47）模式互相搭配。

深思題

• 我們的產品能做什麼樣的組合，以滿足消費者需求？

• 就消費者而言，交叉銷售帶來的顧客價值夠高嗎？

• 從顧客角度出發，哪些產品適合搭配在一起？

• 我們有辦法為這些產品訂出合理一致的價位嗎？

• 阻止競爭對手跟進的進入障礙夠高嗎？

---

8 群眾募資
Crowdfunding
四面集款，八方融資

模式

所謂的「群眾募資」是把一件計畫的融資對象朝向大眾，以減低專業投資人的影響力（如何？）。第一步是做出聲明，讓眾人知道該計畫的存在（如何？）。通常會用 Kickstarter、Seedrs、Indiegogo 等線上平臺，連接群眾投資人與群眾募資案。所謂的群眾資助者（crowdfunder），大多數為私有性質的個人或集合體，投資額度自行決定，相對獲得與計畫有關的報償——也許像是由此研發出來的成品（如影音光碟）或是額外的贈品（如何？）。

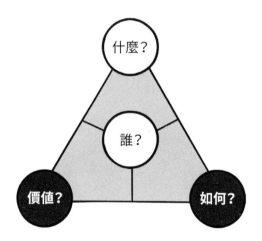

一般而言，這類募資屬於全拿或全無（all-or-nothing），亦即：唯有達到最低籌資目標門檻時，計畫才可進行，以免必須半途而廢。

參與此種募資形態的大眾，不像典型金融業者斤斤計較於回收，而較在意幫助一個夢想成真。為鼓勵這樣的動機，通常會限制資助人在一

項計畫上的投資額度,而在過去十年的金融危機之下,這也演變成一項法規。對計畫發起人而言,群眾募資讓他們得以擴大投資人範圍,獲得最有利的融資條件(價值?)。另一方面,及早將計畫公諸於世,無異也是一種免費宣傳,可能有助於催生產品(價值?)。

起源

群眾募資成為一種商業模式,古時就有跡可循,事實上,諸多廟堂的建造基金便由大眾集資而來。到了今日,網路出現加上群募平臺興起,更助長其聲勢。英國搖滾樂團海獅(Marillion)可謂領銜使用者之一。1997 年,隸屬於一家小唱片公司的海獅推出最新唱片之後,沒錢進軍美國巡迴演唱,於是,粉絲主動在網路發起募資,為他們籌足款項。從此,這便成為海獅製作行銷其音樂的模式。

創新者

獨立製片卡薩瓦影業(Cassava Films)是首家透過線上群眾募資(部分)融資拍片的公司。創辦人馬克・基恩斯(Mark Tapio Kines)當初沒錢為自己執導的影片《海外特派員》(Foreign Correspondents,直譯)完成後製,遂成立網站,邀請有意願的人挹注資金。「群眾」得以協助其認同的計畫實現,基恩斯的公司則免於仰賴大型投資者之無奈。卡薩瓦由後續發片、版稅獲得營收,投資者拿到利潤,捐款者則從投入中得到單純的滿足。

另一個典範,為非營利組織 diaspora,該組織提供不屬於任何單位

的分散化（decentralized）社服網絡，免除來自任何組織、廣告商或被接收的壓力，從而可以有效保護使用者隱私。它也在 Kickstarter 推動軟體計畫，募到了 20 萬美元（是原本目標 1 萬元的 20 倍）。來自各方捐款與販賣 T 恤持續帶來了收入，這清楚點出，群眾募資模式可為打動人心類型的產品，於創業初期帶來何等好處。

群眾募資　Kickstarter 營運模式

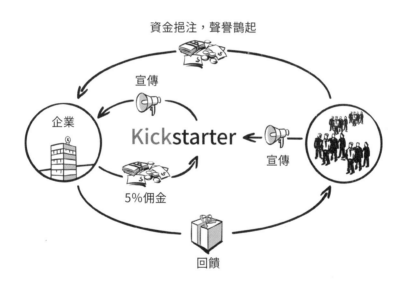

由群眾募資而成的德國新創公司 Sono Motors，旨在成為全球移動與能源服務供應商，協助改善地球的碳足跡。它正致力發展第一輛靠太陽能充電的量產車——所謂的「Sion」車，預訂在 2020 年下半年生產。2018 年 10 月，Sono Motors 在 Seedrs 平臺成功募得 600 萬歐元，以及超過 760 位投資人，一同參與這群資平臺歷來最大的歐洲群募案。

群眾募資另一個成功案例，是 Modern Dayfarer。創辦人大衛・杭得馬（David Hundertmark）找不到可以滿足自身所需的理想背包——白天可以帶著筆記型電腦穿梭各處開會，其間則隨時運動。既然找不到理想背包，他乾脆自己設計。為了實現這個新創點子，他運用群眾來募資。潛在顧客可在群募平臺 Kickstarter 以最低 119 美元起預購這款背包，但唯有當預購人數來到一定的量，才會開始投產。

這個計畫成功打動了 448 名支持者，總共募集 58,227 歐元；理想成真，Dayfarer 背包於 2018 年 7 月開始生產。現在這個背包可在一般零售通路和 Dayfarer 網站買到，建議價格為 149 歐元。類似的例子比比皆是，許多人靠群眾募資實現產品創新，不必一人設法融資。

「何時」以及「如何」採用群眾募資模式

這種模式對個人及公司都相當有吸引力。首先，它提供一條零利率的融資管道；計畫發想人可藉此一窺發展潛能，並由感興趣的大眾獲得改良的具體建言，省下打造原型或測試產品的時間和金錢。如果你相信自己的點子能獲得眾人樂於掏腰包支持的肯定，就試試群眾募資吧！

深思題

- 這個點子是否精彩到能募集足夠的資金？
- 我們是否應以金錢或類似形式回饋投資者？如何確保不抵觸相關法規？
- 如何保護我們的智慧財產？
- 是否能讓這些群眾資助者成為我們的新顧客，甚至忠實粉絲？

9

群眾外包
Crowdsourcing
善用群體智能

模式

所謂的「群眾外包」是將某種任務交給外部成員,而後者通常是透過公開訊息得知有此機會(如何?)。這個模式的目標,在擴大企業創新與知識層面,探索能開發更經濟有效的解決方案的任何可能(價值?)。外包任務包羅萬象,像是蒐集創新點子或解決特定問題等。

群眾外包這種模式也頗適合用來挖掘顧客對未來產品的期待或偏好(價值?)。「群眾」出於外在刺激或自發動機,產生接下挑戰的興趣。有些公司會提供獎金,有些則仰賴大眾對它的忠誠度,或依靠個人被特定任務激起的雄心。

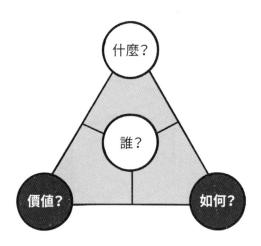

起源

　　雖說「群眾外包」一詞是到了 2006 年才由《連線》（Wired）雜誌的特約編輯郝傑夫（Jeff Howe）提出，但實際上這種商業模式存在已久。翻開歷史，1714 年的〈經度法案〉（Longitude Act）即為一例——英國政府提供 2 萬英鎊獎金給能替船隻定位找出解決之道的人。彼時，羅盤針可測知緯度，卻無法拿捏經度，因此航海充滿風險，水手要不就是得繞道遠洋，要不就是九死一生。這筆獎金直到 60 年後的 1773 年才終於發了出去，由英國的約翰・哈里森（John Harrison）以其貢獻厥偉的航海天文鐘拿下。

群眾外包　群眾外包的邏輯

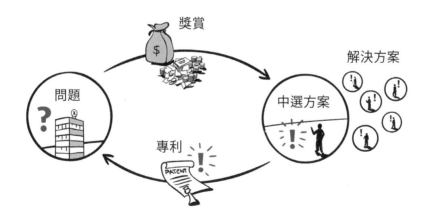

創新者

總部設在美國的思科（Cisco），其近二十五年幾乎都是靠著併購其他公司、壯大創新而保持成長，且研發成果超越之前穩坐世界第一的貝爾實驗室（Bell Labs）。其擷取新點子的「開放創新」（Open Innovation）策略，就大致反映著群眾外包精神。

2007 年起，思科針對年輕發明家設置「I 獎」（I-Prize），邀請眾人上傳創新提案與簡報，再由思科高層決選出第一名，且除了授獎之外，更予以落實。冠軍可拿到十分豐厚的獎金，做為智慧財產權的代價。透過這項比賽，思科廣泛獵取全球金頭腦的創意，由成功發明及智財權源源獲得收入；相對的，頂尖發明者則名利雙收。

群眾外包模式也成功運用於行銷。2014 年，麥當勞決定讓顧客有機會投書，列出他們希望在此能享用什麼樣的漢堡。於是某些人在網上發想出他們的夢想漢堡，全美國民眾從中票選心目中的第一。德國的麥當勞甚至鼓勵發想者推出自己的行銷方式，包括網路爆紅影片及各種可貴的內容行銷，以上這些基本上等於免費幫麥當勞做廣告。中選者出爐後，麥當勞每週推出新口味漢堡，連帶介紹發想人的照片與簡歷。

旅遊網站 Airbnb 同樣利用群眾外包打造行銷內容。2015 年，它與群眾外包平臺 eYeka 合推一個案子，邀請全世界的人，為他們稱為「家」的地方創作富有娛樂性的原創影片。影片長度需有 60 秒，而參與者有機會分享 2 萬歐元的總獎金。如此這般，Airbnb 得以從「群眾」獲得龐大的行銷題材。這家旅遊網站最早在 2013 年就用此概念；當時它邀請用戶透過推特，上傳以 Vine 拍成的短片，隨後它整合眾多短片製成名為「Hollywood & Vines」的影片，當作電視廣告。

InnoCentive 是美國藥廠禮來（Eli Lilly）推出的群眾外包平臺，致力為各項課題找出解答，領域跨及工程、科學、商業等。碰到研發困難的公司（「解決方案尋求者」）將其需求詳列於 InnoCentive 網路平臺上，提供獎金吸引全球回應，並換取中選項目的智慧產權。「群眾」免費獻策，多為業界翹楚。InnoCentive 平均向尋求解決方案的企業收取 2,000 ～ 20,000 美元費用，相對也拿出高達 100 萬美元的獎金。此一平臺讓許多公司既可省下研發預算，又可獲得世界級對策，而提出辦法者則獲取高額獎金。InnoCentive 因此成為群眾外包先驅，也穩坐最大平臺之一。

NineSigma 是類似的平臺，但以科技為主；其他的還有許多專門平臺，包括：設計方面（99designs.co.uk）、提供廉價勞工（freelancer.com）或純粹新點子（atizo.com）。透過從網路連結參與者的全新途徑，使得近年來群眾外包模式展現龐大的吸引力，因此，更多公司也開始成立自屬平臺，以吸引潛在使用者、顧客、供應商或約聘人員。

不過成立這種私有平臺的前提是，要具備足夠的吸引力，如：知名品牌或可靠商譽。

「何時」以及「如何」採用群眾外包

任何公司在構思階段，皆可採取群眾外包手法，但根據我們的經驗，缺乏想像力的公司恐怕不大適合。如果你們本來就頗有創新能力，群眾外包肯定加分；也許因此激發更大的創新潛力，也許藉著邀請消費者一起構思來強化顧客關係——這也是群眾外包一項額外福利，讓顧客更有向心力。群眾外包平臺這個市場似乎遼闊無邊；愈來愈多平臺供應者不斷湧入各個領域，但能保持優勢者卻寥寥無幾。

深思題

- 我們可有辦法培育一個有意願為我們提供新點子的社群？

- 我們能否把問題定義清楚，好讓群眾線上回應？

- 我們是否有訂出選擇最佳點子的明確標準？

- 我們能否明確定義整個過程並清楚說明？

- 我們可有具備管理社群媒體動能的要件？像是評估流程團體動力學（group dynamics）？

做為社群外包平臺供應者：

- 此特定議題真的有市場或社群嗎？

- 我們有辦法吸引各企業與相關群眾嗎？

- 我們仔細檢驗過獲利模式了嗎？

10 顧客忠誠
Customer Loyalty
以獎勵換取天長地久

模式

　　所謂的顧客忠誠模式，是指提供超出基本價值的產品或服務給顧客（如透過獎勵方案），以謀求顧客忠誠度，目的在與客人建立深厚關係，並以特殊優惠回饋。如此能增強顧客黏著度，以降低其對競爭者的興趣，確保自家的營收。

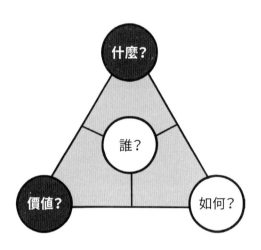

　　目前最常見的忠誠專案以會員卡為主，該卡會記錄消費者每筆購買並計算紅利，而紅利可換商品或未來購買折抵。以折扣價優惠忠實顧客，是希望誘使他們經常光顧（什麼？）。毫無疑義，這種辦法確實能影響消費者的理性購買決策，但更重要的，在於對其心理上的影響力。消費者常受到「找便宜」的本能驅使，這也是他們加入忠誠方案的主要動機。說到底，消費者頗在意這種方案帶來的好處——即便平均來講，其實只

為他們省下 1% 的消費金。

無論如何，這個模式為商家帶來獨一無二的營收途徑（價值？），紅利兌現是新的收入來源，因為顧客只有回到發行店家或特定合作賣場才能有效使用，而這些點數相對也能刺激消費者額外購買，因為通常只能用來折抵某些新產品（價值？）。

此模式還有一項優點：可以蒐集重要的顧客資訊。儘管採用系統有別，但基本上能獲得相當完整的個別消費行為紀錄，可作未來商品最佳配置的分析基礎（什麼？），以強化廣告效應，提高額外業績（參見 #25「顧客資料效益極大化」）。從事電子商務的企業，甚至可將折扣直接連到顧客帳號，例如：當消費者再度下單，該筆折扣自動生效。網路缺乏與顧客的人際互動，使得顧客忠誠模式更顯重要。另一則應用為現金回饋方案，與前述的忠誠辦法大致相同，唯一差別在於顧客將領到獎勵現金，而非點數或折扣。

起源

顧客忠誠模式發展至今已超過兩百年。遠在 18 世紀尾聲的美國，商人已經懂得贈送代幣，消費者累積到一定數量，即可換取商品。19 世紀時，零售業者開始分發集點券，集滿可得商品兌換券。美國的 Sperry & Hutchinson 公司是首波第三方提供忠誠方案的企業之一，它發行的「綠色盾牌郵票」廣被各零售通路採用，民眾只要在超市或加油站等處消費即可拿到該郵票；將其貼在專用本子，等集到一定數量，就可從綠色盾牌郵票門市或型錄兌換商品。零售業者向 Sperry & Hutchinson 買綠色盾牌郵票，再發給顧客，由此省下自行製作票券的成本，取得更高營收。

這個模式深受歡迎，各方皆大歡喜，而郵票銷量無疑為 Sperry & Hutchinson 賺進大把鈔票。

創新者

美國航空的常客方案 AAdvantage，是民航業者祭出這類辦法的先驅之一。美國航空透過其訂位系統 Sabre 過濾出常客名單，邀他們加入 AAdvantage 最佳忠誠會員計畫，每次訂位即可獲贈飛行里程，累積點數則可換得機位升等、下次訂位等優惠。其顧客忠誠方案的巨大成功，引起各家航空公司起而效尤，「Miles & More」是至今最成功之一，參與者約 2,900 萬人，有機會贏得並兌換約 300 家合夥公司所提供點數，業別橫跨航空、金融或汽車租賃等。

Payback 積分卡由德國麥德龍集團（Metro）推出，據稱，僅在德國使用者人數就已超出 3,100 萬人；顧客每消費 1 分錢，其 Payback 帳戶便累積積分可兌換現金，而這個現金可在 Payback 或合夥企業網站兌換商品，也可捐做公益。Payback 與合夥企業皆可由此追蹤顧客消費行為，而多數民眾顯然並不介意，有八成顧客同意讓 Payback 保存個人資訊。

透過大數據分析，Payback 和合夥企業得以不斷提高獲利，並藉目標行銷改善廣告效益；這些企業營收及銷量得以節節高升，顧客資料居功厥偉。

另外，顧客只要透過星巴克應用程式付款，即可獲得星巴克忠誠點數。今天這已成為零售業常態，但 2010 年率先把紅利辦法融入行動應用程式的星巴克，卻是先驅之一。它不僅幫顧客累積點數，也讓客人可以隨時下單，省去排隊或登入麻煩，星巴克更因此得以集中管理顧客與交

易資料。

B2B 也經常運用顧客忠誠概念——買愈多，年終累積紅利愈多。憑此簡單策略，可省下推銷成本並提高客戶忠誠。更廣義地看，供應商生命週期管理也常衍生更強的忠誠度，例如，汽車業中一線供應商與代工廠的策略聯盟。

顧客忠誠 Miles & More 飛常里程匯

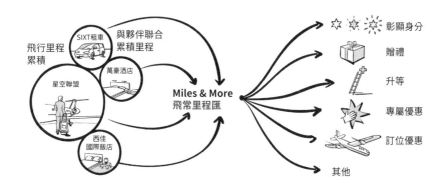

「何時」以及「如何」採用顧客忠誠模式

此模式應用範圍廣泛，甚至已成不可或缺；企業若想長治久安，幾乎都須以顧客為本。當你凡事以顧客角度出發又兼有忠誠計畫，就有了與顧客對話的橋梁，此舉不僅能提高顧客黏著度，同時他們也會對你的品牌產生更大的認同感。

競爭日益激烈，如何贏得新客戶及抓住既有客戶，已成為任何產業必須融會貫通的一大學問。

深思題

• 什麼通路最適合用來抓住顧客,並建立忠誠度?我們該如何與顧客溝通,效果最佳?

• 該如何與顧客交流,洞悉其需求?

• 什麼樣的回饋是顧客在乎的?

• 如何讓顧客成為我們的粉絲?我們有辦法營造出如職業球隊與支持者之間的那種關係嗎?

11 數位化
Digitisation
實體商品數位化

模式

數位化模式是把既有的商品或服務，轉化為數位形態，其適用領域十分寬廣，像是：紙本雜誌提供線上版本、影視出租店提供線上串流服務。近年蓬勃發展的高科技與社經變化，為此商業模式提供了最佳成長動能。由於自動化，虛擬商品不僅日益繁多，且更迅速可靠，相對強化了網路對商業模式的影響。理想情況下，商品的數位化不會對價值主張產生負面影響。

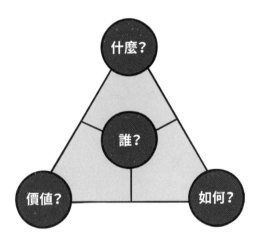

數位化不僅讓既有業務「重生」於網路，將部分商業流程與功能搬到線上（如何？），還能創造出全新產品。網路世紀前不可能誕生的東西，現在也許不費吹灰之力就能送到消費者面前（什麼？）。此外，營收邏輯也受到數位化的影響，包括明顯的（如：替代支付方法）與不明顯的（如：廣告），皆因數位基礎建設導致新的價值捕獲機制（價值？）。

另外，更快速的升級，和更容易接觸新顧客群（誰？），也是這種轉型模式的附帶效用。

愈來愈多實體商品日益仰仗無體行銷，且能展現更多優點。今天我們能購買線上音樂，且絲毫不受時空限制，但這股發展卻有其黑暗面，比如：版權、數位版權管理議題叢生，盜版情形更是嚴重。保障智慧財產、重新思考商業模式的收入邏輯，都需要大家投注更多的時間與心力。

即便電子產品，也可透過數位化更上一層。消費電子產品便因互動功能獲得巨大突破，隨選視訊讓消費者在任何時間都能看到想看的電視節目，甚至在此送出投票或意見。

數位化與其他商業模式關係密切——群眾募資（#8）也好，顧客資料效益極大化（#25）也罷，若非藉著數位化，都不可能有當前穩定獲利的局面。

起源

重度仰賴當代電腦及溝通科技的數位化模式，仍屬一種新興現象。最初發展動機是將企業內部重複標準流程自動化，後來則漸漸用以滿足顧客需求。

剛開始，是想藉著數位化，在數字邏輯領域打造數位產品或服務，由此可證，1980 年代是銀行率先推出電子服務也就不足為奇了。當時這類服務是透過電話線使用終端界面與資料傳輸，到了 90 年代寬頻出現，使數位化急劇擴張到可以服務個別消費者；接下來，再隨著圖形使用者界面、瀏覽器、加密等發展，各式各樣的網路服務也應運而生。

創新者

　　1990 年代起，許多公司開始運用網路傳送商品及服務。登記在美國北卡羅來納州教堂山（Chapel Hill）的 WXYC，是全年度、全天候廣播的美國大學電臺，內容除了音樂，談話性節目、針對北卡居民與學生內容、運動轉播等也無所不有。它是充分展現數位化潛力的電臺先驅之一，在調頻之外也透過網路播出，成功將聽眾市場擴大至美國東北與英國。

　　目前屬於微軟旗下、包含在 Outlook.com 服務中的 Hotmail，是採用數位化模式的電郵業者先驅。它免費提供一定的電郵容量；若顧客想獲得更大容量、免除廣告干擾（參見 #18「免費及付費雙級制」）等進階服務，就得另行付費。Hotmail 用戶透過瀏覽器進入信箱，最近則改由 POP 連上第三方軟體，讓用戶可在線上設定通訊錄，經用戶端介面傳送儲存郵件。對微軟而言，免費提供 Hotmail 信箱的成本，早就被高階用戶所帶來的收益抵消，甚至足足有餘。

數位化　圖書產業數位化模式

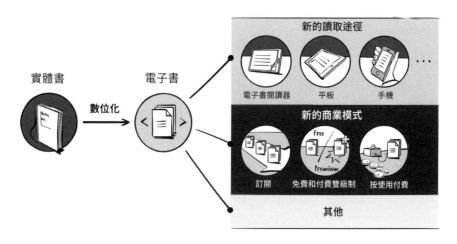

亞馬遜 Kindle 是另外一例。站在顛覆產業的數位閱讀趨勢浪頭，亞馬遜 Kindle 讓讀者能藉著與 Kindle 商店無線連結，隨時瀏覽、購買、下載、閱讀電子書與報刊雜誌。亞馬遜已推出包括 Kindle Paperwhite 或 Kindle Oasis 在內的第十代閱讀器，同時將書本數位化；2015 年以超過一半的市占率獨步天下。亞馬遜讓 Kindle 顧客能在此購買書籍內容，就類似刮鬍刀組模式，Kindle 誠然是電子書火速加溫的主要推手。

「何時」以及「如何」採用數位化模式

數位化可用於以數據與知識為本的一切商品，特別是有時間性的，如新聞，什麼都比不上將其數位化、同步利用網路平臺，最能使之價值主張最大化。當前實體與數位的界線逐步消融，讓截然不同的價值主張有更大的發展潛能。以往純粹實體的商品，如今靠著 3D 列印也能夠數位化。在朝著數位化前進時，務必記得把互補產品與夥伴企業放進生態系統，才有辦法在日新月異的數位時代保持價值主張於不墜之地。

深思題

- 我們的產品有哪些環節可透過軟體應用來提高價值？
- 我們的價值主張有哪個環節可以數位化？
- 我們是否能透過數位化來創造與獲得價值？
- 如果上述可行，那麼應用時機呢？應用範圍呢？
- 在我們的產業或相近業界中，有哪些數位化的相關發展？

12

直銷
Direct Selling
跳過中間人

模式

在直銷模式中，產品直接來自廠商，而非透過零售通路等中間商（如何？），使企業因此省下零售利潤等成本，可以回饋給消費者（價值？）。此一模式也有利於更深入的銷售體驗，有助公司了解顧客需求，從而改善產品及服務（什麼？）。

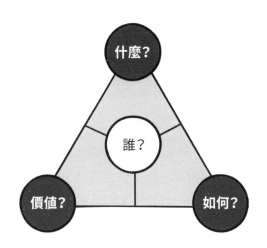

此外，直銷可讓企業精準掌握銷售資訊，確保鋪貨模式的一致性（如何？價值？）。消費者則可享受企業提供的良好服務，這在消費者對產品發生疑義時，意義格外重大（什麼？）。

起源

不用說，直銷是最古老的物流形式之一，中世紀的商賈農人，幾乎

都以此手法在市場街邊兜售。到了現代，出現許多改良於此的方式，衍生出各式令人叫好的創新模式。

　　Vorwerk 是採用這種模式創新的範例。這家德國企業於 1930 年代，為其「Kobold Model 30」吸塵器找出了直銷手法。他們成立業務顧問隊伍，準備直接登門拜訪推銷這個產品。所謂的「大門業務」（front-door business）於焉而生。多虧這項策略，Vorwerk 的業績扶搖直上，產品上市才七年，就已銷售超過 50 萬臺。該公司認定直銷為核心能力之一，並將這項模式保留至今。目前，全球有 50 多萬名 Vorwerk 顧客顧問在推銷公司產品。

創新者

　　特百惠（Tupperware）祭出一種有別於以往的直銷手法，在既有顧客或潛在客戶家中展售家用品，如：塑料容器、碗盤、冷藏保鮮盒等；這所謂的「特百惠派對」，由特百惠業務代表與顧問主持，主人則廣邀親友鄰居前來共襄盛舉，公司視活動規模派出不同層級的業務代表前往。透過直銷，特百惠省下零售通路與廣告費用。據說，這個派對點子出自布朗妮・懷絲（Brownie Wise，1913-1992），住在佛羅里達州的她，1940 年代末到 50 年代期間，經常趁著宴請親友時推銷一大堆特百惠產品。特百惠老闆厄爾・塔珀（Earl Tupper）把她請去當業務總監，懷絲便推出「特百惠派對」一詞，一舉將此概念推廣至全美各地，而她也因此成為首位榮登美國《商業週刊》（BusinessWeek）的女性。

　　總部位在列支敦斯登（Liechtenstein），專精營建錨固系統的喜利得企業，是營建業最屬害的 B2B 直營商之一，公司有 29,000 名員工，幾乎

都背著業績，每天要個別與專業客戶打交道。頂尖商譽是喜利得令對手難以望其項背的優勢，「喜利得中心」（Hilti Centres）及最專業的業務顧問尤其令人稱道。前董事長麥可‧喜利得（Michael Hilti）指出，公司之所以能持續繁榮，應歸功其直銷原則；緊靠市場固然代價不低，卻是了解客戶真正需求的有效途徑。

直銷的商業模式創新

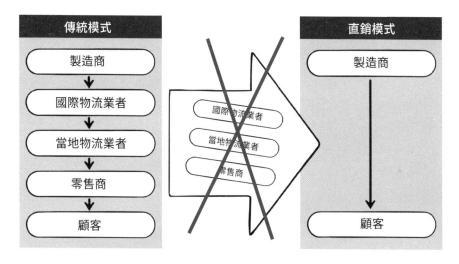

「何時」以及「如何」採用直銷模式

直銷的發展非常成熟，它能去掉中間商，讓你跟顧客直接打交道。精確掌握整個銷售流程有兩個好處：首先，能密切追蹤顧客動態，抓住其難測需求；第二，就內部配合而言，業務部與行銷、製造等其他部門，可有最無縫的銜接。

深思題

- 提升顧客親近度（customer intimacy）的價值何在？

- 我們能否戰勝現有的零售商？

- 我們能否創造價值並加以掌控，以彌補高昂的銷售成本？

- 怎樣的訓練才能確保業務團隊精準執行銷售步驟？

13

電子商務

E-commerce

透明省錢的線上業務

模式

在電子商務（簡稱電商）模式裡，傳統商品勞務透過線上通路遞送，省下經營實體分店的成本。消費者從網路搜尋，能貨比三家，節省時間與來回成本，拿到較為低廉的價格；公司則將產品推到線上，跳過中間盤商、零售點及傳統亂槍打鳥式的廣告。

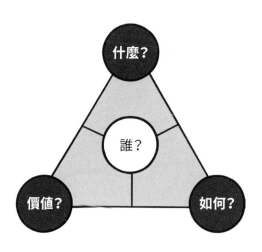

電商隨著電腦的發展普及而起，經由電子系統買賣商品勞務（如何？）。相關企業、資訊科技持續進展，電商範圍究竟如何，此刻還很難說。根據《電子商務國際期刊》（*International Journal of Electronic Commerce*）主編瓦德米爾・茲瓦思（Vladimir Zwass）的看法，電商是「藉由電訊傳播網絡來進行企業資訊分享、商業關係維繫、交易往來等事項」。另外，除了商品勞務的買賣，顧客服務支援也涵蓋在電商之下

（什麼？如何？）。

與販賣實體商品對照，銷售虛擬商品最大的問題在於，消費者無法先實際感受。這項缺點必須以其他各種顯著優點蓋過（像是商品永遠沒有缺貨問題，且不受時空局限）。消費者對市場透明度的要求也愈來愈高，因此要能提供其他使用者經驗。另一方面，不用擔心太多商品會讓消費者迷失，因為他們可輕易在線上搜尋過濾（什麼？）。

電商模式影響所及深至公司每個環節，如業務部可運用資料探勘（data mining）等分析手法，輕鬆達成銷售策略。消費者收到量身打造的廣告或推薦，企業不需投入什麼額外成本，便可觸及廣大顧客群——網路所及，沒有國界（價值？）。

電商也可以單獨做為一條銷售通路，將數位產品的特性淋漓展現（如何？）；當消費者下載數位音樂、影片或軟體時，整個交易程序精簡整合，幾乎無需等候時間。最後，電商也成為許多企業採購部門的重心——愈來愈多商業採購來到 B2B 的網路平臺，強化透明度，降低交易成本。

起源

電商存在六十多年，1948 ～ 1949 年間柏林封鎖時期的電子傳訊是一大推力，其後發展起來的電子數據交換（EDI），則可謂電商前身。60 年代，諸多產業合作打造一般電子數據標準，最初只用於採購、運輸、金融資訊，且幾乎僅限於產業之間往來，零售業、汽車、國防與重工業是幾個先行者。全球性的數據標準則發展於 70 ～ 90 年代間。

當初的電子數據交換系統十分昂貴，使用範圍不脫企業範疇，待網

際網路興起後，才推波助瀾地改寫電商面貌。如今，傳統的電商通路逐步且穩定地汲取網路一切優點，也讓一般消費者充分受惠。

創新者

　　亞馬遜無疑是將電商模式發揮得最徹底的企業之一。傑夫・貝佐斯（Jeff Bezos）在 1994 年成立這家書店，一年後透過旗下網站與電商平臺賣出第一本書。相對於實體書店，亞馬遜幾乎不受物流限制，書籍銷量狂飆。隨著可觀成長及全球性的擴點，產品線也不斷拓寬。電商模式讓亞馬遜打造整合式的訂單處理和鋪貨系統，也讓在此線上平臺的零售商成為這些系統的受惠者。亞馬遜稱霸電商世界，在歐洲與北美享有 42 ～ 50% 的市占率。

電子商務　零售天王亞馬遜

關於亞馬遜

→ **1994年**由貝佐斯成立。

→ **2018年業績達2,330億美元**，較前年成長30.9%。

→ 根據WPP旗下研究公司Kantar於2019年所做的全球前百大最有價值品牌（BrandZ Top 100 Most Valuable Global Brand Ranking），**亞馬遜以3,155億美元身價，名列首席**。

→ 亞馬遜商標有個從字母A拉到Z的微笑，展現該公司**將所有物品送達全球所有消費者手中之雄心**。

→ **2018年，亞馬遜全球員工數來到65萬人左右**，較2010年（3萬人）高出20倍以上。

資料來源：明鏡網（Spiegel Online, www.spiegel.de/spiegel/print/d-123826489.html）、亞馬遜（amazon.com）

英國購物網 Asos 販售時尚美妝品與自家服飾系列，提供簡潔便利的網購體驗。省下實體門市的營運成本，讓 Asos 得以低廉價格提供絕佳顧客服務。網站的驚人效率加上全球推廣，使這家企業成功吸引 160 多國的活躍顧客。

電商讓公司穿越地理藩籬，接觸到新客戶群。例如，中國的阿里巴巴集團，就把促進並簡化全球貿易視為己任。創立於 1999 年，該公司推出全球與境內的 B2B 平臺，進入電商。多年下來，其業務不斷擴展，衍生出各項服務，從 B2C 電商平臺，到行銷技術、銷售培訓，以至自己的支付服務——支付寶（Alipay）。現在，阿里巴巴是一個獨立的生態系統，為所有銷售相關的業者（特別是小型企業）提供全面的解決方案。

虛擬實境（VR）及擴增實境（AR）等新技術，讓電商不斷翻新。想像自己踏入虛擬百貨透過替身試衣，或線上擺設家具等這類電商創舉，無不旨在為顧客將網購提升至獨特經歷。借助虛擬實境來強化電商體驗的企業不少，例如，德國的貿易暨服務集團 Otto，就在 2018 年透過應用程式「你家」（YourHome）推出虛擬室內規劃服務。透過虛擬實境，顧客可在線上調整自家擺設或壁面裝飾——購買前可幫忙確定比例，下單後可協助裝潢規劃。

「何時」以及「如何」採用電子商務模式

電商和數位化一樣充滿發展潛能，它改寫了採購形態，幾乎所有 B2C 交易都可於線上進行。傳統網路行銷及交易管理的優點毋庸置疑，電商的潛在好處還不止於此，其他諸如大數據與搜尋、交易的資訊，都是寶藏。

儘管（西方）社會對資訊分享的顧慮提高，但只要有助於創造顧客價值，資訊商業化乃無可避免的趨勢。就專業 B2B 來說，電商無疑不斷促進成本效益，減少交易費用。

深思題

- 採取電商模式是否能讓我們為客戶創造價值或降低成本？
- 我們能否把與顧客有關的資訊系統化、網路化？
- 網路化是擴大我們的銷售利基，還是反倒會消滅我們的競爭優勢？

---

14 體驗行銷
Experience Selling
激發感官的產品

模式

在體驗行銷模式中,產品或勞務的價值因附加體驗而提高。以書店為例,也許藉著附設咖啡空間、辦名人簽書會及講座等,創造更美好的體驗。並非僅提供又一個無甚特色的商品於成熟市場,這種商業模式與行銷環環相扣,締造經驗印象在產品設計之外,還能讓消費者感受功能外的全體驗(什麼?)。此模式讓企業積極形塑顧客周遭環境,設法與對手產生差異化。成功的體驗行銷,能讓消費者甘願掏出更多錢,並更為忠誠(價值?)。

體驗行銷必須協調所有影響顧客感受的活動,包括:促銷、零售點設計、業務人員、產品功能、現貨充足、商品包裝(如何?)。另外,要確保任何銷售點都能帶給顧客同樣的完美體驗(如何?)。

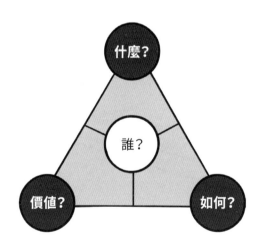

起源

在 1998 年出版的《體驗經濟時代》（*The Experience Economy*）一書中，作者約瑟夫‧派恩（B. Joseph Pine II）與詹姆斯‧吉爾摩（James H. Gilmore）對體驗行銷模式有深刻的著墨。他們引申美國未來學家艾文‧托佛勒（Alvin Toffler）其出版於 1970 年冷戰時期的《未來的衝擊》（*Future Shock*，直譯），認為未來「體驗產業」的消費者，將更願意花錢在讓他們感覺愉快且非凡的事物上。

德國社會學家傑哈德‧舒茲（Gerhard Schulze）在 1992 年拋出「Erlebnisgesellschaft」（追求感官刺激的社會）一詞，其後，羅夫‧簡森（Rolf Jensen）談及「夢想社會」，都為體驗行銷奠定了理論基礎。

成立於 1903 年的美國哈雷機車，徹底發揮這個概念，藉著電影《逍遙騎士》（*Easy Rider*，1969），將哈雷與不羈、自由劃上等號。菲利普莫里斯國際（Phillip Morris）旗下的萬寶路（Marlboro）香菸，也藉著「萬寶路男」那名吸菸牛仔傳達自由與冒險的精神。

美國家具品牌 Restoration Hardware 是體驗行銷先行者之一。這個創立於 1980 年的連鎖業者，專賣融合歷史與當代的經典家具及居家飾品。消費者置身店內，即陷入其間的舒適典雅，在紛擾人世中，簡單生活的渴望油然而生。

創新者

總部設在美國華盛頓州西雅圖的星巴克咖啡，目前在世界各地的門市超過 3 萬家。全球的星巴克都供應咖啡、酥餅甜點、茶飲、三明治與

包裝食品，其咖啡產品還包含更多「高級」飲品，像拿鐵、冰咖啡。此外，星巴克還提供一系列特色、產品、服務，打造出獨一無二的星巴克體驗（如：WiFi、放鬆音樂、迷人氛圍、舒適座椅）。藉著體驗行銷模式，供應咖啡之外的諸多特色，使星巴克備受歡迎，持續締造佳績。

體驗行銷　讓喝咖啡成為一種生活風尚

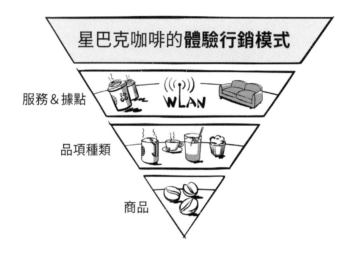

另一典範為紅牛（Red Bull），這家奧地利企業創立於 1987 年，旗下同名機能性飲料最為知名，也是全球銷售第一。紅牛機能性飲料在全世界積極行銷，瞄準年輕男性，砸重金於極限運動等活動，如：一級方程式賽車、摩托車越野賽、風浪板、極限單車、單板滑雪。紅牛更史無前例地贊助極限飛行活動，如：特技演員菲利克斯・保加拿（Felix Baumgartner）的平流層縱躍，或是肥皂盒自製車競逐（boxcar races）這

類特殊賽事。這些關聯性湊成一種紅牛「體驗」，鼓舞人們投身積極生活、擁抱象徵此種精神的紅牛機能飲料。紅牛定價高，因為消費者買的不只是單純飲料，而是整個感受。

體驗行銷的潛力也逐漸受到網路零售商注意，他們開始設立實體店面，而這類商店有別於一般，常會提供數位服務。2015 年末，亞馬遜在美國開設第一間實體書店，又在 2018 年設立首間超商 Amazon Go。與傳統超商不同，亞馬遜強調無需實體支付，在閘口掃瞄手機即可離去。整個支付過程透過虛擬的數位購物車，記錄顧客的取貨與放回。顧客日益希望企業更重視消費者體驗而非銷售管道，能整合數位與模擬購物，提供更完整的消費歷程。

蔚來（NIO）成立於 2014 年，是電動汽車業的新秀，秉持著體驗行銷原則，募得資金超過美金 40 億。身為專注於生產電動車的中國企業，蔚來掌握顧客的手法獨樹一幟。BMW 這類車廠強調製造能力，蔚來則圍著產品打造出整個生活的生態系統，包括：雨傘等日常用品、頂級私有咖啡廳、人工智慧系統 NOMI。只要是蔚來電動車買主，即自動成為此專屬社群的「會員」，得享用一切設施和終身維修服務。在所謂的「蔚來中心」，車主可參加會議、享受咖啡時光、使用會議室或圖書館與安親設施、送車進行保養或升級。已推出三款電動休旅車的蔚來只聚焦中國，但在 2018 年秋開始生產之後，2019 年 7 月便已售出 2 萬輛左右。

「何時」以及「如何」採用體驗行銷模式

零售業是運用此道的高手。零售商不再只賣商品，而是置身一個爭奪消費者芳心的激烈戰場，其中，體驗行銷正是達此目標的重要手法。

讓消費者在你這裡享受全經驗，就有機會殺出競爭重圍，與顧客建立深刻關係，讓他們願意花更多時間金錢在你這裡，且經常上門。

深思題

- 如何為顧客打造出一種能確實反映我們品牌精神的體驗？
- 如何驅動公司上下加入體驗行銷的列車？
- 如何在消費者的購買歷程中，建立情感連結？
- 如何明確定義出我們產品所提供的體驗？
- 如何打造出消費者愉悅感受，進而讓他們掏出荷包？

15

固定費率
Flat Rate

「吃到飽」：
一個價位，無限供應

模式

　　在這種商業模式中，消費者支付一筆額度後就可盡情享用。對他們來說，完全掌控花費成本，同時能無限使用，這是主要優點（什麼？）。另一方面，超出一般用量的顧客能被使用量少的顧客抵消掉，企業也是穩賺不賠（價值？）。在少數情況下，商家可能會設置使用上限，以避免超支，這固然有違無限使用原則，但不如此則無法維持獲利。

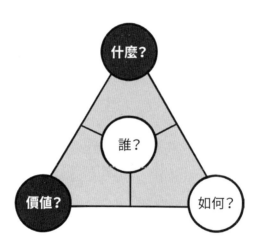

起源

　　巴克魯自助餐（Buckaroo Buffet）從拉斯維加斯賭場發跡，是首家運用「由你吃到飽」概念的餐館，客人付一筆定額，即可無限享用食物。一個人一餐能吃的量畢竟有限，定價便依平均算出；吃不到平均量的客

人很多,而這就是獲利來源。

固定費率模式究竟起於何時,我們所知有限,但它存在已久則毋庸置疑。1898 年,瑞士國鐵公司瑞士聯邦鐵路(SBB)依此概念推出年度季節套票,而一個世紀過去,至今依然沿用。乘客以固定費率買票(周遊券),該年度即可無限次搭車(不限時間、車種、路線)。這套手法大幅提高了火車交通魅力,輕度使用者分攤重度使用者的成本,帶來穩定可靠的收入,瑞士聯邦鐵路也因此創舉知名度大增。

1980 年代,旅遊業大舉採行此種商業模式——「全包」(all-inclusive)一詞,意指涵蓋所有飲食之包裝行程。推出這項創舉的戈登·史都華(Gordon Stewart),其旗下所屬牙買加 Sandals Resorts 度假飯店於 1981 年開張,就是首家全包式酒店,以提高因牙買加政局不穩所影響的旅人前往的意願。時至今日,史都華因這間度假飯店,成為加勒比海最具影響力的飯店業者。

創新者

除了上述幾例,固定費率模式也在其他領域掀起可觀創舉。1990 年代的電信業者就體認到此模式用在行動電話的潛力——消費者以每月固定費率,可與預定成員無限制通話。此種方案現在已成平常,然而在電信市場剛剛開放的當年,卻是業者拿來與對手區隔的重要手法。

創於 1999 年的 Netflix 是首家隨選網路串流媒體,也將固定費率模式做了精彩應用。消費者只要月付 10 美元,即可任意享受超過 10 萬部電影及電視節目。Netflix 全球用戶之所以能超過 1 億 5,000 萬人,實因其打造了極其成功的商業模式。

固定費率　電信業的「任你吃到飽哲學」

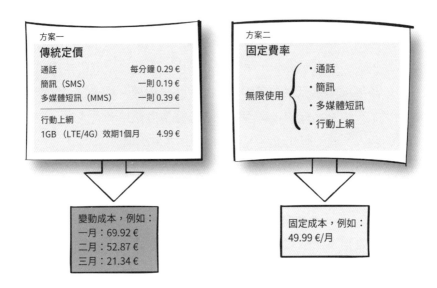

　　瑞典商 Spotify 的商業模式，則混合了免費及付費的雙級制（#18）與固定費率，其提供來自音樂大廠包括：索尼、EMI、華納（Warner Music Group）、環球（Universal Music Group）的音樂串流服務，內容受數位版權管理規範。Spotify 創於 2006 年，到了 2010 年用戶便達 1,000 萬之譜，其中四分之一屬月訂戶；2018 年使用人數衝至 2 億 700 萬，付費者超出 9,600 萬人，為公司帶來廣告外收入。用戶註冊登入或以臉書帳號首次登入後，免費音樂串流服務將被啟動，可任意收聽由廣播和視覺廣告贊助的音樂；由於其免費訂閱計畫，Spotify 能夠與蘋果的付費產品 Apple Music 媲美。

　　Sony 於 2014 年推出的 PlayStation Now，又把固定費率模式推陳出新——付月費，玩遊戲。會員月付美金 $19.99 或年繳 $99.99，就可享用超

過 800 種遊戲，不限次數。想要下載就用自己的 Play Station 4 或電腦直接串流，聽憑玩家自選。蘋果於 2019 年推出的 Apple Arcade 也很類似，訂閱者月付 $4.99 美元即可盡情享用 100 多款遊戲，不受廣告干擾。

「何時」以及「如何」採用固定費率模式

若符合下列條件至少一項，或許就適合採用此手法。首先，要具備成本效益，例如，邊際成本極低的網路企業；其次，你的顧客處於邊際效用遞減，意謂他每多吃一塊餅，對下一塊的興趣隨之降低；第三，比起向顧客論件收費，向他們收取固定費率的帳單處理費用，對你更加划算。

深思題

- 我們的平均客單價仍屬獲利範圍嗎？

- 我們打算冒著利潤下降的風險來擴大市占率嗎？

- 萬一顧客濫用服務，我們有辦法自我保護嗎？

- 我們檢驗過需求的彈性價格了嗎？

- 我們是否考慮把價格差異化的損失也視為一種潛在資產？

16

共同持分
Fractional Ownership
分時享用提高使用效率

模式

在共同持分模式中，消費者僅購買部分資產，而非整體；由於只需負擔部分價格，他們遂得以買到原本無法企及的東西（什麼？）。共同持分通常依照擁有比例，決定每名持有人的使用權，一般會由一家公司專責維護，並訂定管理規則（如何？），這類公司從共同持分獲利，由於分攤後的可親價位能吸引更多顧客，而收進銀庫的總額，也較直銷能帶進的數目要大（誰？價值？）。這樣的成本分攤，就資本密集的資產而言格外有價值，因為這類商品的潛在顧客較少。

共同持分的另一項重要優點，是資產運用效能因使用者增加而提高（什麼？）。

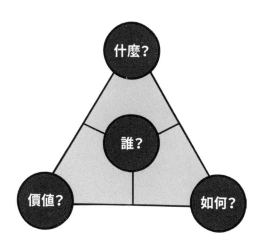

起源

共同持分源自 20 世紀初的蘇俄共產主義與集體耕作，NetJets 則是第一個將它用於民間私有部門的企業之一，它在 1960 年代建立了民航機的共同持分。

顧客買下飛機持分，分配到一定的飛行時數，且不限特定機型，可使用該公司遍布於全球超過 800 架的機隊。NetJets 保證，顧客需要用機時，24 小時內一定備妥，這與擁有私人飛機不相上下。這個商業模式，讓 NetJets 在私人航空界打造出全新的市場區隔。

共同持分　分享和擁有

創新者

共同持分成為商業模式之後，很快就受到各種業態歡迎，好比旅遊業隨即推出「分時度假屋」——顧客買下度假公寓使用權，每年可享特定時數。瑞士的 Hapimag 在這方面別有創意，該公司成立於 1963 年，如

今已成全球分時度假公寓領頭羊。購買 Hapimag 分時權者，可使用其分布 16 個國家、56 個度假飯店任何一間。Hapimag 負責維護管理，相對收取年費。分時度假的誕生，創造出旅遊業最蓬勃發展的市場。

另外，群眾投資房地產，是從共同持分衍生而來的創新模式，其背後邏輯是：管理公司購置不動產，將股份賣給眾股東。簡單來說，就是小型投資人集合資金，成為大型、厚利之建物的部分持有者，藉此分得一杯羹。瑞士領銜的不動產群眾投資平臺 Crowdhouse，讓投資人以不到 10 萬美元便能直接投資地產。而其他同類平臺，甚至已接受僅 100 英鎊的資金，英國平臺 Yielders 即為一例。

Masterworks 於 2017 年推出另一個促進共同持分的投資模式——讓投資人共同擁有藝術品。類似證券市場的投資，該平臺讓投資人有機會投資名家傑作，像是：畢卡索、莫內或安迪·沃荷。目前該公司正在促銷沃荷於 1979 年完成的「反轉系列」作品，當初它以 180 萬美元購入。為投資人賣畫獲利是該平臺的積極目標，它向投資人強調，與此「類似」的作品曾有 11.25% 的內部報酬率。截至目前，參加首次募股的投資人尚不得出脫持股；換言之，在 Masterworks 未來某個時間點賣出沃荷此作以前，投資人無利可圖。

製造業也可見共同持分模式的應用。在講求規模經濟、市場不大或高度專業之處，某些機器雖不常用到卻又不可或缺，於是共同投資應運而起，然而由於缺乏既定準則可循，就靠彼此之間的互信運作了。

「何時」以及「如何」採用共同持分模式

在人們樂於共享資產的領域中，共同持分有很大的發揮空間。隨著

資產價值提高，此種商業模式也更具吸引力，飛機和房地產是極為經典的例子。你若採行這種模式，將能觸及更廣泛的顧客群，讓原本無力購買你產品的人成為新買家。

深思題

- 我們能否設計出妥善的持分方法，讓顧客共享資產的風險降到最低？
- 拆解擁有權是否可以讓消費者比較能負擔我們的產品？
- 就合約與交易來說，如何拆解我們的產品使用權最好？
- 當顧客想出脫持分時，我們可有簡單可靠的退出條款？

---

17 特許加盟
Franchising
我為人人，人人為我

類型

　　在特許加盟模式中，授權方將其營運模式賣給經銷商。前者藉此可快速擴張，卻免除自行負擔各種資源及風險（如何？價值？），這些皆由經銷商扛起，後者則在此體系中為獨立企業，承擔責任自是無可旁貸，但好處是可套用成功的營運模式，直接應用各項特色，如：產品、商標、器具、流程（什麼？）。

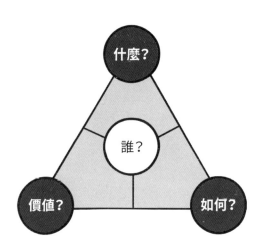

　　比起自行開發模式，這種創業風險小很多（什麼？）。經銷商受惠於授權方知識，享受開發專業、流程知識、品牌外溢效果等（什麼？如何？）。最佳情況下，此種模式可以創造雙贏——授權方快速擴張，經銷商分得利潤。

起源

　　特許加盟源於中古時期的法國，國王准許第三方以王室之名製造特定產品；其後隨著工業時代，普及到私有經濟。1851 年創立的美國縫紉機廠商勝家公司（Singer Corporation）為先驅之一。勝家授權特定地區的零售商販賣其商品，也提供財務支援；相對的，零售商得負責訓練員工使用這些縫紉機。勝家的營收多了這筆特許費，版圖更擴及至不可能自行負擔的廣大地區。

特許加盟模式的運作之道

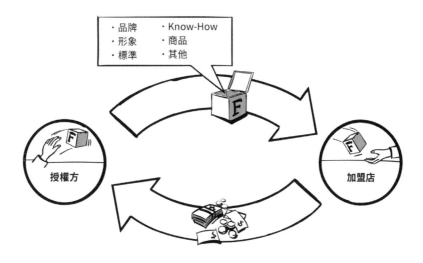

　　速食業巨人麥當勞也是透過特許經營，使其自助餐廳走遍天下。背後的推手是雷・克洛克（Ray Kroc）這名推銷員，他說服了麥當勞兄弟理查和毛里斯（Richard and Maurice McDonald）讓他將餐廳擴及全美，

幾年下來經營得極其成功。1961 年，克洛克以 270 萬美元買下品牌使用權，將麥當勞提升為全球最大的連鎖餐廳，自己也成全美最富有的人之一。

如今，麥當勞遍布全球，而申請加盟成功的創業族，可獲麥當勞提供展店資訊、設備、家具，透過標準化販售完整概念，提供一致的流程與產品。做為授權方的麥當勞，由全球無數加盟店賺進加盟金，而它致力於提供價格親民的速食，降低服務人員等間接成本，吸引更多顧客，創造更大利潤。

創新者

這套模式於餐飲業大行其道，應用者包括：Subway、必勝客（Pizza Hut）、肯德基等知名連鎖餐廳。以 Subway 來說，這家美國連鎖速食店，以「潛艇堡」三明治與沙拉聞名，各地加盟店採用 Subway 概念，菜單可因地制宜做不同變化，總公司提供資訊、店面、支援，確保各市場有一致的品牌呈現。全球超過 4 萬家，且仍不斷成長的加盟店，持續帶給 Subway 權利金收入。其他類似的成功跨國企業，包括星巴克與 7-11。

在旅館業也多有案例，如萬豪酒店（Marriott International）就是率先運用此一模式的業者之一。這家於 1993 年成立的美國企業長於經營度假酒店，在全球廣泛據點自營兼加盟，該酒店以企業客戶為主，另有休閒度假設施。特許加盟模式讓萬豪得以將其品牌、概念廣被全球，而它則提供資訊、物業、必要援助給加盟主，確保品牌標準與服務品質。萬豪總部收取加盟金與權利金，另外，各加盟店尚需支付全國行銷專案與萬豪訂位系統的費用。加盟體系成功奠定萬豪全球龍頭旅館之一的地

位，可見度達 130 餘國。

Natur House 是西班牙最大加盟企業之一，在全球有 1,890 間門市，提供消費者飲食建議、規劃與長期諮詢，並販售營養補給、健康食品、美妝保養等商品。它讓加盟主以 Natur House 招牌開店，提供營養、飲食方面的商品與指導，總公司則收取加盟金與年度權利金。Natur House 因此知名度大開，顧客與收入也水漲船高。

另一個成功典範是霍爾希姆（Holcim），它是全球最大水泥混凝廠之一，產品尚有預拌混凝土、瀝青等。2006 年，印尼的霍爾希姆推出極具創意的加盟模式「房屋解決方案」（Solusi Rumah）。就像專案副標所示：「您帶著夢想前來，我們讓您帶著解決方案回去。」（Datang bawa mimpi, pulang bawa solusi），這為印尼建商開發出一次到位的蓋屋方案，提供營造服務、建材、抵押貸款協助或微型貸款、營建工程及財產保險——一切服務，一間門市即可完成。這樣的門市老闆，便是霍爾希姆加盟主；他們原本也許是製造商，也許是沒有實際生產的零售通路。

「房屋解決方案」讓霍爾希姆迅速打開印尼市場，也讓加盟店因該案高品質的品牌定位，勝出當地對手一截。這項商業模式成果驚人，不出幾年，180 間房屋解決方案門市陸續於爪哇、峇里島、蘇門答臘南邊展店——全是印尼人口最密島嶼。

「何時」以及「如何」採用特許加盟模式

若你已建立起經營竅門或品牌強度這類重要資產，並想藉其快速擴展並承擔最低風險，就可考慮採用特許加盟模式。

深思題

- 我們可有夠強的專業及資產,讓潛在加盟主願意照我們的規定走?

- 我們該如何以最低風險拓展業務,發揮成長力道?

- 我們是否具備相當程度的標準流程與資訊系統,以充分支援營運模式,並協助合作夥伴?

- 法律或技術上,我們能否防範外顯技術(codified knowledge)遭到模仿?

- 如何確保加盟主與我們長期合作?

18

免費及付費雙級制
Freemium
要免費的基本款，
還是付費的尊榮款？

模式

　　免費及付費雙級制的原文 freemium，結合了兩個英文單字：free（免費）以及 premium（優質）。意思是，在此模式之下既有提供免費的基本款，也有額外付費的尊榮款（什麼？）。利用免費款吸引廣大的體驗顧客，希望之後有相當比例進階使用尊榮款（價值？）。

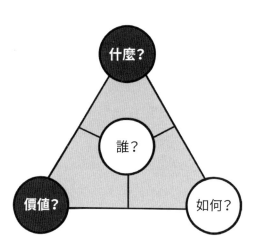

　　衡量此模式成果的重要指標，俗稱「轉換率」（conversion rate）──付費顧客對非付費顧客之比。該百分比會因個別模式而有所不同，但往往不脫個位數。免費版要由尊榮顧客補貼，絕大多數顧客又止步於免費款，免費款供應成本就必須壓得極低，甚至為零；不僅如此，「免費」使用者難再維繫，營運模式也難以獲利（價值？）。

起源

創投家佛萊德・威爾森（Fred Wilson）是第一個描述這種商業模式的人，他在 2006 年如此形容：「免費提供你的服務，不管有沒有廣告贊助。透過口碑、網路推薦、自然搜尋（organic search）等行銷手段，迅速擴大顧客群，然後再提供額外付費的尊榮、優化服務。」接著，威爾森又在部落格貼文尋求這種模式的適當名稱──「freemium」雀屏中選，從此廣為人知。

此商業模式蓬勃發展，網路與勞務數位化是背後兩大助力，兩者實現了「數位經濟」，讓無數商品近乎零成本地線上再製。1990 年代出現的電子郵件可謂最早現身者之一，以微軟的 Outlook.com（前身為 Hotmail）為例，就是提供使用者免費基本帳號，若要使用無限存量等額外服務，則另行收費。

創新者

隨著網路風起雲湧，免費及付費雙級制出現在各種品類，成立於 2003 年的電信業者 Skype，便是藉此成功創新營運模式的企業之一。

Skype 提供網際協議通話技術（VoIP），全球用戶皆能透過網路撥打電話，而需要的話，可另外購買點數撥打手機及市內電話。現屬微軟旗下的 Skype，號稱有超過 5 億的用戶；因用戶可免費通話，打擊到許多傳統業者來自市內電話和手機的通話業務。

音樂串流業者 Spotify 是另一個以此發展出的商業模式；免費使用者經常暴露在廣告中，而一旦升級，即可免去這類廣告干擾。YouTube 在

2014 年推出的 YouTube Premium 也很類似；月付 12 美元，YouTube 這個付費版讓訂閱者無上限地觀賞影片，沒有廣告，還能享受別種功能，例如：下載內容供離線觀看、使用 YouTube Music 等。

其他知名案例，還包括 Dropbox 與 LinkedIn。Dropbox 為用戶提供定量的免費雲端儲存空間，容量可隨月繳金額擴大。LinkedIn 訂戶若購買「進階徽章」即享用進階版，在此社群的搜尋權限提高，或能匿名瀏覽其他會員的背景輪廓。

免費及付費雙級制模式的發展歷程

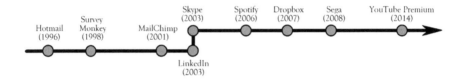

電玩遊戲公司也愈好此道，尤其在行動應用程式。近年來，日本遊戲商世嘉（Sega）日漸採用這種模式，例如，策略遊戲「全軍破敵：王國」（Total War Battles-Kingdom），可在 App Store 免費下載，而在遊戲後期，若玩家想要避免遊戲中過長的等待時間，就必須在所謂的「應用程式內購買」（in-app purchases）來另外付費。其他很多遊戲也以類似手法來吸引青少年。

「何時」以及「如何」
採用免費及付費雙級制模式

此模式深受線上為主的企業歡迎，因為其邊際生產成本趨近於零，

且享有網絡外部效益（external network effect）。根據經驗，這類公司善用此模式測試消費者對新軟體或商業模式的接受程度。若能配合足夠的「以消費者為尊」意識，此模式的運作效果奇佳。

深思題

- 我們的顧客需要怎樣的基礎產品或服務？
- 我們如何以有價值的升級來提升顧客體驗？
- 我們可有辦法牢牢綁住顧客？
- 哪些功能可提高附加價值，讓顧客甘心掏錢購買額外加值的產品或服務？

---

19 從推到拉
From Push to Pull
由顧客創造價值漩渦

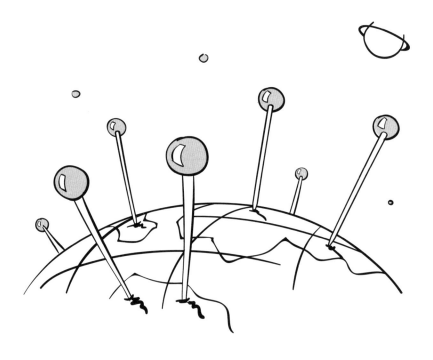

模式

多數人都了解，市場主導權已由賣方轉向買方，是以有必要根據需求調整銷售方法，但是究竟怎樣的商業模式適合，仍是一大問號。「從推到拉」的核心是「以客為尊」，企業一切決策由此出發——調查創新、新品研發、生產製造、物流鋪貨，無不如此（什麼？如何？）。

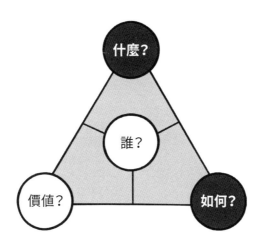

打個比方，這就好比顧客拉著一條長長的繩索，公司整個流程隨之牽動，價值主張也由此決定。與推式策略的「備貨式生產」（make to stock）相反，若打算改「推」為「拉」，價值鏈必須擁有極佳彈性，能夠及時回應（如何？）；發展下去，庫存成本下滑，效益不足的環節將一一淘汰。拉的哲學，要逐步貫穿整條價值鏈。以生產流程來說，將改由分歧點（decoupling point）定奪方向，一過此點，便實施拉式策略，以需求決定生產。換言之，分歧點即是從推到拉的分水嶺。影響所及，

公司將只生產顧客想要的商品，並以最具效率的手法為之。

拉式策略也可應用至公司其他面向，像是產品研發（如何？）。開放式創新（open innovation）、按訂單設計（engineer-to-order）即兩種在研發初期就直接納入消費者意見的做法。

當消費者主動詢問特定商品時，也可算是一種拉式策略。你可透過特殊行銷之類的手法，激起消費者主動探詢的興趣。消費性用品商就常使用這種手段，直接向大眾做廣告，促使零售通路增加進貨；反過來說，零售商會比較願意給這些商品多些陳列空間。要成功運用此種模式，務必仔細檢驗價值鏈的每個環節，建立與顧客直接對話的最佳點，以激發他們對商品產生興趣。

起源

「推」、「拉」之說，源自物流業與供應鏈管理，其中「豐田汽車」幾乎已成拉式策略用於生產及物流的同義詞。二次大戰結束，它發展出一套日後使其竄升為世界頂尖車廠的生產系統。當時日本經濟疲弱，內需不振，資源嚴重不足，製造商無不致力提升效率和降低成本。豐田生產系統（Toyota Production System，簡稱 TPS）借用「超級市場」（#49）以需求決定生產的模式，把庫存降至最低。推出這套系統後，整個價值鏈也隨之調整，減低了浪費與成本，更明確聚焦在客戶身上。這樣以顧客為主的生產體系又稱「全面品質管理」（total quality management，簡稱 TQM），其涵蓋幾項重要策略，如：及時生產（just-in-time，簡稱 JIT）、組裝時間極小化、以看板（kanban）管理減少庫存，因此，豐田能迅速回應瞬息萬變的顧客口味及市場狀況。由於生產完全跟著訂單

走，每道步驟直接繫於前一道，換言之，整個流程由顧客訂單啟動。除了減低庫存成本，也可避免產能過剩，讓資金做更有效的運用。這套生產體系如此成功，至今仍深受推崇。

豐田這個揉合諸多手段與方法的模式，仍不斷影響後來的企業，例如，博世生產系統——甚至連系統名稱也只差一字（Bosch Production System，簡稱 BPS）或更後來的 BMW。

從推到拉　豐田汽車的生產系統概念

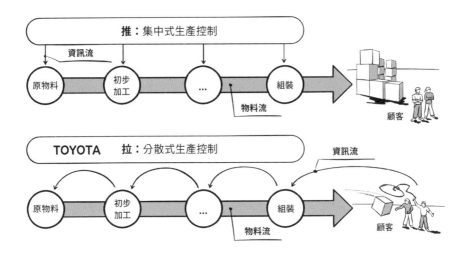

創新者

總部設在瑞士的跨國衛浴企業吉博力，於 1874 年成立後，始終仰賴批發商及五金行業務。1990 年代末它面臨嚴峻挑戰，多數商品幾無創新突破空間，需求停滯，造成降價壓力。2000 年，它終於成功掙脫業界主

流思維，不再一味依靠中間商，打造出全新商業模式。吉博力開始建立與顧客直接往來的管道，致力去中間商，換言之，即打造一種從推到拉的模式。同時吉博力也意識到一點：五金行、大盤商、甚至衛浴設施的終端消費者，其實都不是它的客戶；它要瞄準的是營建業的決策者——建築師、建商、水管業者。此一改變大幅減輕了中間物流的比重。此外，吉博力採用許多工具來蒐集客戶意見，將其融入新品研發，手法包括：免費訓練、顧客支援管理、軟體支援，甚至是裝配階段與客戶更加密切的互動。這種以去中間商為主軸的模式，讓吉博力整個脫胎換骨，從昔日的「推」產品到五金行架上，如今反由優質客戶來主動「拉」貨。

西班牙時尚業者 Zara 是此一模式的大力擁護者。Zara 通路包括自己的店面與網路，其快速推出最新流行服飾的能力最為人津津樂道。Zara 雇有 200 多位設計師及遍布全球的流行觀察家，隨時掌握時尚趨勢，及時推出最新系列，並由自家工廠生產製作，第一時間鋪貨到各家門市及網站商城。Zara 門市多設在城市中心，不僅吸引大量過路客，櫥窗做為現成展示臺，更為公司省下大筆廣告預算。事實上，班尼頓（Benetton）更早就把這個模式帶到時尚圈，但 Zara 精準到位的執行才真正讓它一砲而紅。靠這個「以客為尊」的完美手法，2006 年，Zara 從對手 H&M（Mennes & Mauritz）手中奪下全球第一大時尚零售商寶座。

另一家把業界邏輯主流從推變拉的是亞馬遜。藉著 CreateSpace 的推出，結合 Kindle 自助出版（Kindle Direct Publishing，簡稱 KDP），亞馬遜整個顛覆出版印刷業。不再事先印好某個數量而造成囤積，亞馬遜憑藉隨需求而定的印刷平臺 CreateSpace，推出新的「拉」策略——顧客下單，才開始印書。這麼一來，前期成本沒了、庫存成本降低。而 Kindle 自助出版又助一臂之力，讓作者在此平臺免費出版數位與紙本書，再於

亞馬遜上賣給數百萬名讀者。

「何時」以及「如何」採用從推到拉模式

此一模式將挑戰你的整個價值鏈,以消除浪費。無論何種產業,都適合採用這種以顧客為中心的手法。若生產品項有限,銷售平穩,倉儲成本高,那麼,最佳應用效應會出現在價值鏈前端的生產及物流。

深思題

- 我們的生產、物流體系需要更有彈性嗎?

- 我們目前可有過多庫存?

- 我們有辦法在每個環節都把顧客放在第一位嗎?

- 我們的供應商能配合及時生產嗎?

- 供應商有能力應付「拉式」生產嗎?

- 這個模式能讓我們更有彈性嗎?

- 應從價值鏈哪個環節開始著手?

- 中央集權規劃是否限制了我們的發展?

20

供應保證
Guaranteed Availability
一定讓你拿到貨

模式

供應保證模式的主要目標，是藉著幾乎零停工期（zero downtime）的承諾，以減低設施故障引發的成本（什麼？）。通常是以一紙固定費率的合約，保證將傾全力讓顧客「拿到貨」，一般是指機械設施的替換，往往也涉及維修服務（如何？）。這種穩定性能讓顧客非常安心，也讓企業得以與其建立長久關係（價值？）。

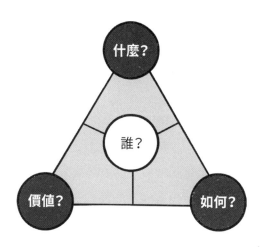

起源

此模式起於何時很難說，不過應該是存在已久。古時候的中國，人們請醫師主要是為了保健，不是治病；所謂名醫，根據的是他手中顧著的健康人數。在中國有種說法：「名醫保健，良醫防病，庸醫治病。」

這種供應保證模式透過車隊管理概念，逐漸受到民間經濟的歡迎。

所謂的車隊管理，指的是卡車、汽車、商船、火車整個隊伍的規劃、管理及統籌。美國 PHH 集團是採用車隊管理的先驅之一，它根據供應保證模式，提供 58 萬部車輛的租賃及車隊管理。隨時能調到車，又可把龐大車隊外包給專業處理，這概念深受客戶歡迎。如今，車隊管理已成為運輸物流業的必要環節。

創新者

　　近年許多企業也都採用供應保證手法。如生產電腦硬體的美國大廠 IBM，專擅資訊科技發明與企業創新，在傳播科技領域提供無數產品服務。1990 年代，電腦價格快速滑落使它面臨財務危機，到了 1992 年，損失達到歷史頂點的 81 億美元。為尋生機，當時的執行長路・葛斯納（Lou Gerstner）決定帶領公司從製造商轉型，成為提供解決方案的服務業。這意味著放棄硬體生意，轉而提供保證式的解決方案。IBM 開始負責替銀行等大型機構維護電腦設備，這項轉型讓 IBM 在高度競爭的電腦市場獲得獨立與空間，如今再度成為高獲利企業，但其中硬體銷售僅占總營收一成。

　　總部位於列支敦士登的喜利得是另一個典範。十多年前，喜利得針對鑿岩機推出車隊管理方案（亦可譯為「工具管家服務」）。喜利得負責管理客戶全套工具，一切維修全包；任何工具損壞，喜利得立刻修好或更換。這對客戶自然充滿吸引力，營建業最怕停工，有了這種保證，至少可將工具故障造成的停工機率降到最低。

　　美國 MachineryLink 提供農耕機具（如：聯合收割機）與獨家資料租賃辦法。承租機具的客戶可進入 FarmLink 資料庫，掌握天氣、市場價

格及趨勢、穀物狀況等相關即時資訊。透過機具租賃，顧客可把購買資金轉用於其他業務。種種好處吸引更多顧客與營收。懂得活用供應保證概念，讓 MachineryLink 晉身全美最大收割機供應商之一。

客戶向電梯業者，如：奧的斯（Otis）、三菱電機（Mitsubishi）、迅達（Schindler）購買全套服務契約，可得到電梯系統正常運作一定比例的保障。這對辦公大樓極其重要，以芝加哥威利斯大廈（Willis Tower，昔日的西爾斯大廈〔Sears Tower〕）來說，每日迎接 12,000 名上班族的建築物萬一電梯出狀況，一週成本可達數百萬美元。這種商業模式提供的保障，讓顧客（高枕無憂）及電梯業者（多了賺頭）無不竭誠歡迎。

供應保證　迅達的商業模式

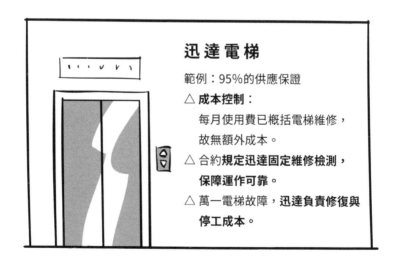

迅達電梯

範例：95% 的供應保證

△ **成本控制：**
　每月使用費已概括電梯維修，
　故無額外成本。

△ 合約**規定迅達固定維修檢測，**
　保障運作可靠。

△ 萬一電梯故障，**迅達負責修復與**
　停工成本。

「何時」以及「如何」採用供應保證模式

　　如果停工或當機對你所處的行業是不可承受之重，不妨就考慮這種模式；其中，B2B 更是格外適合。上述兩點若都符合，便有機會藉此模式贏得大客戶的長期合約，並可制定利潤豐厚的價格。掌握此模式的前提是，要能洞悉顧客面臨的潛藏危機。

深思題

- 我們有能力採行這套模式嗎？隨時有充分存貨或多餘設備，以應付客戶機動性的需求嗎？
- 我們如何將技術性產品的故障風險降至最低？
- 如何加快維修作業？
- 我們要怎樣訂定產品故障所導致停工損失的賠償？
- 萬一我們無法做到承諾，可有辦法承擔可能面臨的財務與商譽危機？

21

隱性營收
Hidden Revenue
尋找替代資源

模式

　　隱性營收模式揚棄了業績全憑商品出售的邏輯，改靠第三方資金挹注，提供低價甚至免費的產品來吸引顧客（什麼？如何？價值？）。最常見的作法，就是在商品中夾帶廣告，讓顧客因此注意到這些廣告主（誰？）。

　　這種模式最大的好處，在於它引出另一條財源，讓商家甚至根本毋須仰仗商品銷售業績（什麼？價值？）。從廣告融資，也有助價值定位，當顧客發現他們可因此拿到折扣，多半都不介意多看看幾則廣告（什麼？）。

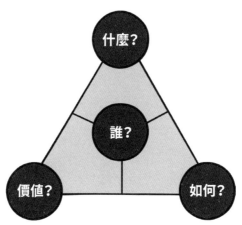

起源

　　儘管古埃及看似已有打廣告做生意之實，但真正將此做為營收主流，仍屬近代演變。最初，大約出現在 17 世紀，隨印刷技術而起、所謂的「新聞簡報」（bulletin），其大致內容不脫公共訊息、法院公聽會時

間表、訃聞,以及付費的民間商業廣告。廣告資金幾乎一手撐起這類新聞報的營運。演變至今,即成為信箱與電腦常收到的廣告。

創新者

慢慢地,靠著廣告帶來的隱形營收有了各種創舉,1964 年成立的 JCDecaux 便是一例。它以公共「街頭家具」打造充滿新意的廣告系統,這些家具包括:公車站、自助單車、電子告示板、自動公廁,以及報攤。JCDecaux 免費或低價提供這類「街頭家具」給市府與大眾運輸業者,以換取獨家廣告代理權。廣告主付錢給 JCDecaux 購買最佳位置與移動媒體,市府得到低廉或免費的公共服務與創新的廣告設計,JCDecaux 則扮演居中橋梁。以腳踏車共享 Cyclocity 來說,民眾租借費又是一筆收入。這個自助單車系統為市區帶來滿意的使用大眾與改善的交通,而當地企業也獲得更有效的廣告運作。隱性營收模式為 JCDecaux 創造超過 20 億歐元年收,成為全球最大戶外廣告公司。

隱性營收模式的發展歷程

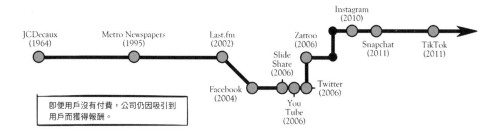

由此發展而出的另一個成功典範是免費日報。這種全靠廣告支撐的報紙，流量往往極為可觀，相對保障了廣告收入。媒體企業都市國際集團（Metro International）是箇中翹楚，其同名免費報流量全球數一數二。首份《都市報》是 1995 年發行於斯德哥爾摩，現在有 20 餘國，每週讀者人數約在 3,500 萬之譜。

「目標式廣告」（targeted advertising）是隱性營收模式配合網路衍生的版本，亦即：廣告針對特殊族群調整，避免無謂覆蓋，更能有效溝通。Google 可謂此中高手，1998 年成立時純粹做為搜尋引擎，如今 Google 更以各項免費服務雄踞市場，諸如：網路搜尋引擎、個人行事曆、電子信箱、地圖，以至雲端運算和種種軟體。這一切也使得 Google 成為線上廣告最大媒體之一。

Google 藉著 AdWords 廣告收入繼續提供各項免費服務，商家在此購買的目標式廣告，將隨著用戶在 Google 鍵入的搜尋項目出現，Google 按照每千人曝光成本（即廣告出現次數）或每次點擊成本（用戶點擊該廣告次數）收取費用。此舉讓 Google 吸引更多顧客，創造驚人的廣告收入。這個模式為 Google 每年帶來數十億美元營收，在線上廣告市場的市占率超過 35%。

「何時」以及「如何」採用隱性營收模式

在此新經濟之初，這個模式的潛力一直被過度看好，太多被高估市值的新創公司紛紛以失敗收場。這個問題持續存在，臉書以 160 億美元的天價購買 WhatsApp 簡訊服務即為一例。為此，人們開始有所提防，德國民眾便格外憂慮敏感資訊遭到濫用。WhatsApp 遭臉書併購消息一

出，每三名用戶中即有一人開始考慮退出。不過另一方面，此種模式在
廣告與顧客資訊交易上仍深受歡迎。

深思題

- 我們可有辦法將顧客與收入來源分開？
- 我們能否用其他手段展現資產的商業價值？
- 若採用隱性營收模式，我們能否維持既有顧客與業務關係？

---

22 要素品牌
Ingredient Branding
品牌中另藏品牌

模式

　　所謂的要素品牌模式，是指把只能做為另一項產品要素的產品品牌化，也就是說，這個要素產品本身不單獨販售，但在行銷上卻是最終成品為其特徵——消費者看到的最終成品，便是「品牌中另藏品牌」（如何？）。生產這類要素品的廠商，著重強調其品牌功能，以吸引終端用戶。成功的品牌認知，賦予該廠商面對成品製造商的談判優勢，從而減低自己被其他要素廠替代的風險（如何？）。

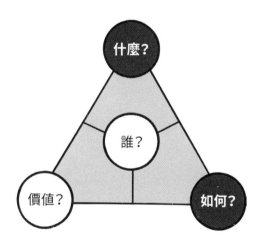

　　理想情況上，這將帶來雙贏局面，亦即：具備要素品的優點，而該成品在消費者眼中將更具魅力（什麼？）。要能成功施展這項原則，要素品必須位居成品的核心功能，且遙遙領先競爭對手，否則難以讓顧客認可這項要素不可或缺。

起源

20 世紀中葉起,眾家老闆就開始採用這套戰略,其中,化工業尤其了解其價值。美國化工企業杜邦(DuPont de Nemours)成立於 1802 年,研發出俗稱「鐵氟龍」(Teflon)的聚四氟乙烯。基於其本身低摩擦係數及絕緣特性,鐵氟龍這個合成物用途極廣,而杜邦成功為它塑造出實用、高品質的形象,讓任何採用鐵氟龍成分的成品更能夠吸引消費者。經典範例就是鐵氟龍不沾鍋,生產鍋具的廠商與杜邦同時受惠,儘管杜邦根本不製造鍋子。目前貼有鐵氟龍的鍋具比比皆是,其品牌辨識度穩居 98%。

創新者

直接承襲鐵氟龍技術的戈爾公司(W.L. Gore & Associates,由前杜邦員工比爾‧戈爾〔Bill Gore〕於 1958 年創立),以要素品牌模式讓 Gore-Tex 薄膜一砲而紅。Gore-Tex 非常透氣,防風防水,1976 年進入市場,然而,雖是革命性產品,當時消費者卻還未能理解其優點。戈爾公司秉持要素品牌戰略,大舉推廣,化薄膜為金雞。此後戈爾至少與 85 家知名成衣廠合作,包括:愛迪達(Adidas)、巴塔哥尼亞(Patagonia),以及推崇 Gore-Tex 的軍方供應商。

總部位於美國的半導體晶片製造商英特爾(Intel),是要素品牌另一名先行者。在 90 年代,英特爾推出「內建英特爾」(Intel Inside)活動來提高知名度。眾家個人電腦廠商同意在電腦上標示英特爾處理器,英特爾則分攤廣告成本。此外,英特爾也自行打出許多廣告,使消費

者認識微處理器的重要性，此策略成功提高了終端消費者的需求，使它成為全球第一大微處理器。該活動問世僅二十五年，英特爾就已榮登Interbrand 所列世界 15 個最有價值的品牌之一。

要素品牌模式　以英特爾為例

另一個成功典範是禧瑪諾（Shimano）。這家創立 1921 年的日本跨國企業，其自行車零件在某些區隔市場中，穩坐至少八成的占有率。很長一段時間，消費者認為變速腳踏車太貴又太複雜，因此單車換檔業沒人能成功建立天下。禧瑪諾體認到要素品牌對自行車零件市場的潛能，成功打造出響亮名號。後續複製禧瑪諾的腳步並藉此成功者，尚有摩托車排氣管廠 Remus。

總部位於德國的電子工程跨國企業博世，是全球最大的汽車零件供應商之一，也是將此理念導入汽車業的創新者。博世的品質精良，眾所皆知，創新能力更是一流，如防止汽車打滑的電子穩定系統（Electronic Stability Program）。如此聲名引來諸多車廠客戶，除了使用博世的零件

於製造流程，也特別凸顯博世品牌於成品行銷。博世無須涉足汽車製造，就輕鬆獲取更多車廠訂單。博世的電動自行車電池也應用了類似策略，它生產市場最好的鋰電池之一，本身卻不製造自行車。自博世的電動自行車驅動系統於 2010 年問世後，電動自行車大量普及——以德國為例，2010 至 2018 年之間就成長了 390%。作為電池製造商龍頭之一，它自是受惠不淺。2020 年初便宣布，另外成立電動單車部門。

　　至於近期的成功案例，則有宜家家居聯手音響專家 Sonos。以高品質設計音響系統著稱的美國消費電子產品商 Sonos，同意為宜家新推出的 Symfonisk Wi-Fi 音響提供喇叭。據宜家的說法，這些顏值、音質不同凡響的家具讓室內氣象一新，使得美聲裝潢成為一種可能。另外，這些喇叭也可結合 Sonos 受歡迎的多房間系統，讓悠揚樂聲同時迴盪各個房間。在這則要素品牌的例子中，因為 Sonos，消費者對宜家新推出的 Symfonisk 喇叭深具信心。

「何時」以及「如何」採用要素品牌模式

　　品牌知名度高、品質精良的產品，非常適合這種模式。若該要素與成品彼此相輔相成，成功機率更大。

深思題

- 我們如何避免要素品牌的光芒，讓成品相形失色？
- 我們如何防止對手生產一模一樣的要素產品，導致我們失去利基？
- 我們如何與組裝代工廠明確區隔？

23

整合者
Integrator
一環緊扣一環

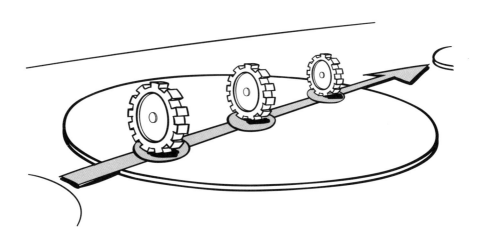

模式

在整合者模式中，企業控制整個或大多數供應鏈（如何？），像是從生產流程的搜尋原物料到製造再到物流。公司有了這樣的掌控，能使得規模經濟與效率明顯提升，同時避免了其他供應商所帶來的延宕，讓成本可以縮減（如何？）。再者，公司的價值鏈可以針對產業需求及流程，從而降低交易成本（價值？），進而獲得來自兩方面的受益——更有效的價值創造（如：運輸時間縮短或中間產品靈活配合），以及，更機動快速的市場反應（如何？價值？）。

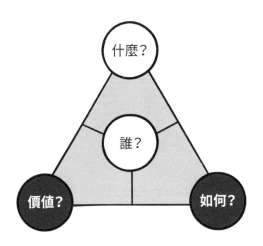

然而，整合模式的缺點，則是無法處理特殊產品，不過這可外包給專門供應商（如何？）。

起源

　　整合者模式起於 19 世紀初工業化時期，第一波大型國際企業興起之際。這些企業採取整合，主要是為擴大市場勢力，鞏固重要資源及物流通路。美國卡內基鋼鐵公司（Carnegie Steel）即為早期一例，這家由安德魯・卡內基（Andrew Carnegie）於 1870 年創立的企業，因充分掌握重要鐵礦與整個產業的價值鏈，成為世界第二大煉鋼廠。它除了買下生產不可或缺的煤礦及鎔爐，甚至還建造整個專屬鐵路網來壯大公司營運。1901 年，同樣有著高度垂直整合之價值鏈的美國鋼鐵公司（United States Steel Corporation），以 4 億美元（在 2019 年約 120 億美元）吃下卡內基鋼鐵公司，晉身全球市場領頭羊。

創新者

　　這個模式隨後普及至其他產業，比如，石油業中許多公司便不僅擁有油田及鑽油平臺，也擁有煉油廠，甚至加油站。跨國企業艾克森美孚（Exxon Mobil）就展現了高度整合的價值鏈。這家成立於 1999 年的石油天然氣公司，從生產石油到處理、精煉，無一不包。除了供應石油與天然氣，它旗下尚有數百家子公司，像是：埃索（Esso）、海河海事公司（SeaRiver Maritime）、帝國石油公司（Imperial Oil Ltd）。

　　福特汽車（Ford Motor）將整合模式用於汽車業。20 世紀初，福特就開始自行生產許多之前外包的零件，以期有效提高產能；其中，它收購了一間鋼鐵廠，把鋼鐵生產直接整合進來。另一個汽車界整合典範是比亞迪（BYD——Build Your Dreams〔打造你的夢想〕）。這家中國汽車

製造廠成立於 2003 年，主要市場為中國內需，但也出口至其他地區，包括：巴林王國、非洲、南美洲、多明尼加共和國等。所產汽車涵蓋中小型，例如：小型汽車、多功能休旅車、轎車、油電混合車，還有電動車。製造汽車的每樣重要零件，比亞迪都有自行生產，這使它加速創新，提高效能，成為中國最大汽車製造商之一。

　　西班牙快速時尚公司 Zara 也是採取整合模式。不像多數同業對手把生產外包給亞洲等新興市場的供應商，Zara 自行設計並幾乎負責所有的生產，其自有工廠設於西班牙及其他歐洲國家，這讓它能快速應付瞬息萬變的時尚品味——從草圖到櫥窗，Zara 兩週內就可推出全新系列。儘管生產線遠在中國的對手成本較低，速度卻緩不濟急，光是船運把貨送到世界各點，就要花上幾個星期。相對地，若市場對某系列反應不佳，Zara 可立即調整甚至乾脆停產。這種模式使 Zara 成為時尚界最具新意，也最成功的企業之一。

整合者模式範例　以 ZARA 為例

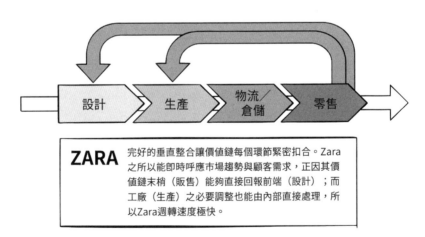

設計　生產　物流／倉儲　零售

ZARA 完好的垂直整合讓價值鏈每個環節緊密扣合。Zara 之所以能即時呼應市場趨勢與顧客需求，正因其價值鏈末梢（販售）能夠直接回報前端（設計）；而工廠（生產）之必要調整也能由內部直接處理，所以Zara週轉速度極快。

　　全球最受歡迎的資訊娛樂平臺，如：YouTube、Netflix、Instagram，都由許多不同角色所開發，中國卻有一個平臺開發者，似乎能提供中國人數位生活所需的一切應用程式：騰訊。騰訊是集中式的科技公司，深受整合者模式帶來的利益，端出一個中國選項來應對任何網路平臺和應用程式。舉例來說，WhatsApp 是國際知名溝通平臺，用戶眾多，而在中國，騰訊的微信（WeChat）雄霸天下。將各種網路平臺的開發推廣整合到供應鏈者，騰訊實為一則突出範例。

「何時」以及「如何」採用整合者模式

　　此模式瞄準下游價值鏈，具備兩項優點：利潤率高，更抓得住整個價值鏈。顧客對一站購足的需求日增，也許你也該跟隨 3M 的腳步，整合不同供應商來創造你的產品。但別忘了，想成功整合，知識必須廣博，而代價則是可能失去深度和特殊性。

深思題

- 垂直整合能讓我們利潤更高、企業更永續嗎？
- 整合其他業務，能讓我們在複雜性管理、資訊系統、技術能力方面，更上層樓嗎？
- 整合帶來的好處，是否足以彌補特殊性的損失？

24

獨門玩家
Layer Player
得利自專業技能

模式

　　採用這種模式的公司，往往只聚焦價值鏈的一小部分（如何？），服務幾種產業裡的幾個市場區隔（什麼？）。一般來說，它的客戶會是「指揮家」（#34）——擅長拆解價值鏈，把多數活動外包給專業包商。獨門玩家企業的強項是效能高，專業技能與智慧財產豐沛，有辦法影響其專業領域的通行準則（如何？）。

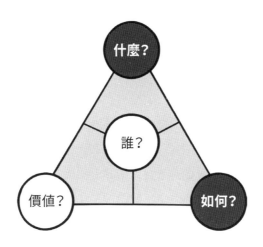

　　這種模式僅聚焦於產業價值鏈的特定環節，並努力擴大規模經濟，藉專業能力謀利。這類公司常能跨足其他領域，好比亞馬遜最初只賣書，後來則賣起影音光碟與各式商品。

起源

1970 年代，許多產業開始設法提高效能和成本優勢，導致全面性的價值鏈精簡（更多資訊可參考 #34「指揮家」模式），進而使勞工也做出新的調整。種種發展，產生了印度的資訊服務公司，像是專精 IT 外包及相關諮詢的威普羅科技（Wipro Technologies），目前是印度與全球資訊科技龍頭之一，著重客戶應對流程，為業界客戶提供專門 IT 方案。

創新者

此種模式在其他領域也有精彩發揮，總部設在美國的 TRUSTe 即是一例，它專精資訊隱私權管理，建立隱私權標章制度並發給客戶認證，來提高其網站可信度。此外，它還提供相關服務，諸如：聲譽管理、供應商評等、資訊隱私權爭議。做為線上資訊隱私權保護領導者，TRUSTe 的客戶名單包括：臉書、微軟、蘋果、IBM 及 eBay。

另一個成功典範是總部設在盧森堡的 Dennemeyer，它專攻智慧財產權的管理與保障，提供法律諮商、軟體解決方案、顧問、資產組合管理等服務，吸引大企業將這些業務整個外包過來。乍看之下，Dennemeyer 似乎項目不少，實際上這些都與智財管理息息相關，互為表裡。其數千名客戶遍布全球，縱橫各個產業。

國際運輸公司 DHL 又是一例。負責遞送及物流，它是網路零售業者價值鏈中價值附加的一道步驟。該公司在 1969 年於舊金山創立，2002 年成為德國物流業者德國郵政 DHL（Deutsche Post DHL），業務遍及 220 餘國，是全球最大的物流企業。

PayPal更是此中高手，它鎖定線上付款，提供多種服務，廣為電商與各行各業所用。蘋果的支付服務Apple Pay和阿里巴巴的行動支付平臺支付寶，也都採用類似手法。2018年，使用支付寶的人數達8億7,000萬。下一波獨門玩家，預計將出現在金融業，當中某些領域標準未明、分工有限。這批新玩家的客戶，通常會是有高度垂直整合企業在其中的成熟產業。

獨門玩家　聚焦的優勢

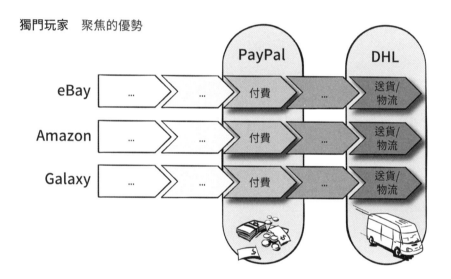

「何時」以及「如何」採用獨門玩家模式

你若是獨門玩家，可將專長發揮到極致，成為獨門領域的領頭羊。如此一來，你可以同時服務不同產業，隨時能把經驗值從一處擴散到另一處。如果你處於高度競爭環境，獨門專業化或許是條出路，它能讓你聚焦重要核心，錘鍊出一身本領。

深思題

- 我們是否有足夠的知識,能掌握趨勢變化,並迅速調整因應?
- 就我們這個專業領域而言,範疇經濟(economies of scope)重要嗎?

25 顧客資料效益極大化
Leverage Customer Data
善用已知

模式

　　顧客資料效益極大化，乃拜當今科技發展所賜，資料蒐集處理也因而變得無比強大。專攻數據取得及分析的企業（如何？）正趁勢崛起，展現出這塊領域的強勁需求。「數據等於新石油」，類似的說法愈來愈多，也反映了這股現象。事實上，早在 2006 年，麥可·帕默（Michael Palmer）即在其部落格文章中指出，未經分析的龐大數據就好比原油，用途不大，兩者要發揮商業價值，都必須經過提煉。

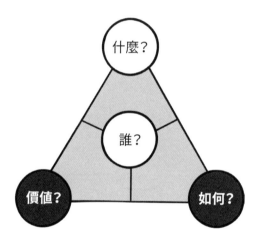

　　數據與石油的相似性還不止於市場潛力，它們的價值鏈也十分雷同，這種價值創造流程正是顧客資料效益極大化模式的核心；顧客資料是利潤豐厚的重要資源，需要適當的開發工具（如何？價值？）。

　　另外，蒐集來的顧客資料是為了整理出人們的輪廓（profile），每種輪廓可能有上千個屬性（attributes）（如何？）。試想資料增長速度

（按目前估計，每五年翻十倍）即可明白，為何有些大型資料池被命名為「大數據」；我們以此名稱，形容無法用傳統資料庫及管理系統評估的佑大資料集。今天許多資料分析法屬於資料探勘，我們能辦到如此大規模的數據分析，要感謝突飛猛進的計算能力。說到這裡，應提及人工智慧（AI）對於資料分析運用的重要性，尤其是涉及機器學習及深度神經網路（deep neural networks）的工具技術。就商業層面來說，未來幾十年將可看見人工智慧的許多進階應用。

談到應用範圍，產業別不是什麼問題，無論是製造業、能源、金融、保健，全都有在使用大數據。顧客資料效益極大化有助於保持競爭優勢、找出成本控制出路、進行市場即時分析、提高廣告效能、察覺各種相關性。簡言之，它是個幫助決策的強大工具（如何？價值？）。

起源

1980 年代，資訊管理提高了人們對數據價值的意識，隨之發展出的個人化廣告，更使大家競相投入。最早主要是瞄準企業客戶，業務服務團隊希冀能透過數據滿足個別客戶需求，建立個人關係。90 年代出現這樣的資料庫，企業得以較精確地抓住小型顧客群，後來即演變為當今常見的電子顧客關係管理（CRM）系統。顧客忠誠模式（#10）則是另一個突破，尤其對那些和信用卡合作者而言，消費者購買行為就在隨手可得的數據流中。

隨著網路普及，消費者留下愈來愈多的數位痕跡，企業（零售商尤然）同時也愈來愈知道如何蒐集這類資訊，好用來仔細描繪消費者的個別輪廓。然而，這些資料更進一步的用途，則開始受到大眾質疑，資訊

隱私權意識也同時高漲。

創新者

零售業中，亞馬遜遙遙領先群倫。亞馬遜如此熱切分析資訊、打造顧客關係是有原因的：虜獲新顧客的成本，是維持滿意客戶的五倍。因此亞馬遜從銷售資料判斷產品之間的關聯、哪些交易帶來後續購買。它發現，只要起碼的基本資訊，即可正確預測顧客的未來行為，進而發展出針對個人提出的建議，甚或完全量身打造的網頁，好誘發衝動性購買——這是亞馬遜成功的一大支柱。

身為個人化廣告商的 Google，資料蒐集對其營收的影響就更為直接。Google 搜尋引擎問世不過兩年，它便又成功地推出廣告贊助的商業模式 AdWords，不動聲色地把客製化廣告置入搜尋結果。2004 年，AdWords 強化版 AdSense 出現，能將廣告直接整合進客戶網站。翌年，Google 買下的 Urchin Software，讓它更能將顧客資料效益發揮到淋漓盡致；這項叫做 Google Analytics 的網站分析工具十分強大，Google 免費提供給網站擁有者。Google 九成營收來自廣告，而它藉著各項免費服務獲得資料，這些服務包羅萬象，像是：搜尋引擎、個人行事曆、電子信箱、地圖和評比系統等。

線上社群網路的營運模式，完全仰使用戶資料分析。臉書、推特利用這類資料，有效地在社群網站以量身打造形式呈現第三方廣告，兩者目前都免費提供，所以我們可以將用戶提供的資料視為一種付費替代品。臉書仍以此模式發展，推特則開始另闢蹊徑——企業用戶可選購進階方案，則其推文就會成為跟隨者回饋中的上選，相當於另一種形式的

廣告。此外，他們也和第三方資料分析公司合作，讓後者盡情由推特資料庫寶山採礦，用作市場研究、廣告、研發之途。

　　23andMe 是美國一家基因組學生技公司，成立於 2006 年，主要業務是透過網路提供快速基因檢測。公司藉此搜羅研究所需的基因資料，同時也回饋個人資訊給用戶。用戶上 23andMe 網站登錄即收到測試工具，再把樣本寄回，經過臨床實驗改進法（CLIA）認證的實驗室檢測後，用戶可自行登錄網站讀取報告。用戶樂於付費了解自己的健康與家族資訊，23andMe 則獲得研發新藥及治療的資訊，進而賺取收入。

顧客資料效益極大化模式　以 PatientsLikeMe 為例

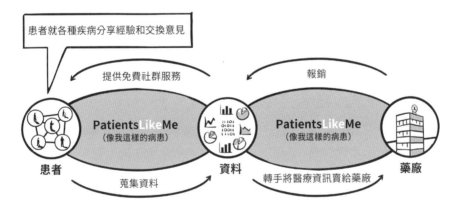

　　社群網站 PatientsLikeMe（像我這樣的病患）瞄準健康或醫療出狀況者，讓用戶與境況類似者交流、分享經驗和交換心得。無數珍貴資訊由此累積，PatientsLikeMe 將這些匿名匯總數據賣給第三方醫療單位，也許是研究單位，也許是藥廠、醫療儀器製造商，最終，PatientsLikeMe 賺得營收，後者則獲得未來研發所需的資料。

　　柏林的新創公司 ADA Health，是另一家採用此模式的保健業者。該公司研發出一款連結醫療知識與智慧科技的應用程式：虛擬的健康顧問 ADA 能協助用戶分析症狀，其根據資料結合人工智慧，做出正確評估。2016 年問世以來，ADA 輔助做出 350 萬多份健康評估，等於每 5 秒一份。

「何時」以及「如何」
採用顧客資料效益極大化模式

　　這種模式與「隱性營收」（#21）搭配，常有極佳效果。顧客行為與交易留下的數位足跡，可從不同面向加以分析；不同業務的交錯，常可將顧客資料效益發揮到最大，像是使用 Google 搜尋引擎的智慧住宅。然而，消費者對透露敏感資料的風險意識逐日提高，這將影響你的業務，千萬不可掉以輕心。顧客保有隱私的願望常限制了這個模式的空間。2018 年起，歐盟一般資料保護規定（EU General Data Protection Regulation）便對此模式的效益產生限縮，影響所及，從保健到金融無一倖免。要動用用戶資訊，前提必須是顧客明確放棄了隱私權。

深思題

- 我們有無可能從顧客資料創造價值，而不至於失去他們或危及我們的核心業務？
- 可有其他手法，能讓我們透過顧客關係，來賺錢？
- 如果我們藉由顧客資料獲利，是否還能維繫顧客和業務關係？
- 我們是否得到顧客同意使用其資料？若是，代價是什麼？

26

授權經營
Licensing
讓智慧財幫你生財

模式

　　此種模式涉及智慧財產（簡稱智財），由第三方授權使用，重點在如何藉此權利賺錢（如何？），不在於繼續發展該項智財。主要好處是可以把權利賣給多方，等於為公司多闢財源，分散風險（價值？）。再者，產品隨著授權迅速擴散，品牌名氣打響，消費者更加捧場（價值？）。就負面看，比起直接賣掉智財，特許費相對低廉；從正面看，產品散播相對迅速，可激勵營收成長（價值？）。

　　另一個好處是，授權方可專心投入研發，不必擔心應用面的生產或行銷問題（如何？價值？），那些麻煩事由被授權方負責即可；相對的，被授權方則毋須承擔研發所需成本、時間與不確定性。

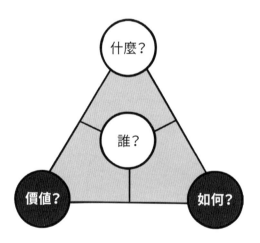

起源

授權的概念可溯及中古時期，當時教皇授權予地方稅吏，使其正式隸屬於教堂。此種以權利換特許費的行徑延續到 18 世紀，英國兩位貴族女子同意以抽成方式，讓一家美妝業者以她們的名字當做品牌。

以百威啤酒（Budweiser）著稱的美國安海斯─布希英博啤酒集團（Anheuser-Busch），於 1852 年由兩位德國商人阿道福斯・布希（Adolphus Busch）和艾柏哈德・安海斯（Eberhard Anheuser）所創立。布希將自己和公司名稱授權給許多廠商，用來生產月曆、開瓶器、小刀等多項產品，其響亮名號讓這些廠商沾光，這些特許費雖然沒帶給安海斯─布希英博多少收入，卻幫助這個品牌深植人心，讓消費者更樂於買他們的啤酒與其他產品，間接推升營收與利潤。

授權的商業模式

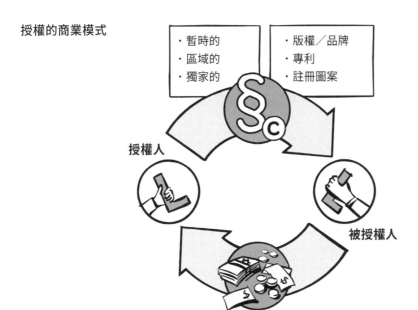

　　米老鼠是迪士尼（Walt Disney）於 1928 年所創造的卡通角色，也是授權模式中最有代表性的案例之一。迪士尼在 1930 年授權給一家公司，該公司開始生產米老鼠書包、電影、電動遊戲等無數商品。這個模式讓迪士尼打造出史上超強品牌，也賺進大筆財富。

創新者

　　採取此模式最知名的企業，可能莫過於 IBM。1911 年成立於美國的 IBM 很早就跨足國際，也比對手都早開始將智財授權出去。由於研發出來的技術不盡然能在內部產品派上用場，於是 IBM 就將部分授權給其他公司，由此賺進的營收約 11 億美元之譜。實際上，IBM 研發部有個明文目標：授權的關鍵前提是要有強有力的專利——這正是 IBM 如此重視專利戰略的原因。

　　總部設在英國劍橋的 ARM 是家軟體及半導體設計公司，從事微處理器系統架構與規格的研發，但它本身並不生產微處理器，僅做研發，再將晶片設計授權給製造廠。這使它擁有微處理器的研發優勢，並從授權費獲得可觀收入。

　　德國蔡司（Carl Zeiss Vision）提供了另一個典範。儘管擁有大型工廠，蔡司卻選擇授權小實驗室去生產，自己則專注製造先進技術的個人化鏡片。做為世界光學鏡片大廠，蔡司率先走出這種營運模式，它研發出的「自由成型技術」，至今已超過十年。

　　授權模式也常見於各類活動的電視轉播，包括：演唱會、表演、運動賽事等。例如，國際足總（FIFA）、歐洲足總（UEFA）作主 FIFA 世界盃、歐洲冠軍聯賽的轉播授權，各廣播公司若想轉播，就得付權利金，

於是歐足冠軍聯賽幾乎只能透過少數付費頻道觀看。歐足聯這個向付費頻道賺取高權利金的策略爭議性極高，一來它讓許多球迷無法享受觀戰樂趣，二來它得平衡從行銷潛力（或觀眾總數）相對授權而來的收益。

「何時」以及「如何」採用授權經營模式

這一模式最適合以知識與技術為主的品項，有些自己不大用得上的東西，卻能透過授權模式活化賺錢方法。你若有這類產品技術，不妨利用授權為公司開闢穩定財源，但別忘了，專利權一定要周延。此外，授權也可做為提高品牌知名度、加速全球布局的手段。

深思題

- 我們有哪些非核心品項或解決方案，可授權給其他公司？
- 把我們的技術提供給競爭對手，可以產生什麼策略效果？
- 我們的專利權是否足以防堵合夥公司發展出自己的方案？
- 我們的產品或品牌知名度，是否能經由授權而提高？
- 授權範圍是什麼？例如：獨家或者區域？付款方式為何？例如：營業額的百分比、每件售出商品的費用，或者固定費率？

27

套牢

Lock-in

拉高轉換成本，忠誠強迫取分

模式

　　在此模式中，消費者被「套牢」在特定賣方的商品圈，若想換用其他家，將面臨罰則或高額成本。這個「成本」不盡然是金錢，另外挑選或學習使用所需的時間，可能也是消費者十分在意的。

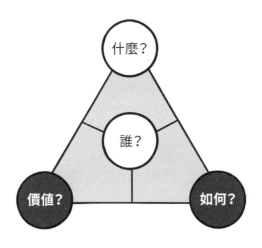

　　消費者走不開有多種原因，例如：他們還得再花錢投資新的技術（如新的操作系統），或不好意思離開長期配合、熟如親友的保險業務（如何？）。對商家來說，最重要的是消弭與對手之間的互相替代性，讓顧客仰賴自己的公司、品牌、供應商，有效強化顧客忠誠，提高將來的重複購買（價值？）。

　　消費者過去的購買，會限制未來的決策與彈性。儘管了解轉換成本這個概念，但如何正確地評估管理，卻始終讓企業頭疼。想抓住顧客的持續購買，不妨把套牢概念與其他模式搭配，像是「刮鬍刀組」（#39）。

套牢有多種變化形式，合約上指定供應商就是一種常見版本（如何？）。另外，還有已投資財產必須搭配特定物件使用（如何？）。通常會透過技術限制（如相容性）甚至專利權，來設計這類黏著度，其中又以專利權的影響為大（如何？）。當消費者已投資某個產品，就幾乎確保了配件的持續銷售，因為消費者如果想改用別家產品，投下的金錢可是覆水難收。

再次強調，對消費者而言，廠商提供的訓練課程也會是可觀的轉換成本（如何？）。

起源

由於變化形式太多，很難指出這種模式的確切起源為何時。早在 6 世紀的羅馬帝國，明訂合法義務的合約即相當普遍；其他如訓練條件、技術限制等模式，想必也存在已久。

過去幾百年來，專利權的日益普及加上技術層面的複雜化，大幅促使企業採用套牢模式。始於 19 世紀末的科技進展，讓這概念在電腦與軟體界尤其發達。

創新者

生產安全刮鬍刀及個人保養品的美國吉列公司，首創拋棄式安全刮鬍刀，也是最早以套牢模式飛黃騰達的企業之一。1904 年，它賣出第一副拋棄刀組。照此模式原則，只有吉列牌拋棄式刀片能與原來的刮鬍刀刀柄搭配，消費者別無選擇，刀片則為公司帶來較高的利潤率。同時，

吉列申請多項專利，防堵對手以同樣產品進入市場。低價出售刀柄的損失，很快就由源源不絕、利潤高的拋棄式刀片（消耗品）彌補了。

丹麥的樂高（Lego）生產組合積木玩具，一樣是根據套牢模式，將產品、配件設計成只與自家專利產品相容。別家積木無法搭配，顧客就不斷回流，營收穩定成長。

雀巢曾是應用套牢手法的專家。1976 年，一名員工發明了 Nespresso 膠囊咖啡機組，包含煮咖啡機，以及獲得專利權保護的咖啡膠囊，但兩者分開販售。買了雀巢咖啡機器的消費者，必須再買雀巢膠囊，才符合機器規格；如果去買別家膠囊，手上這部機器等於廢物，消費者只有繼續購買。

適當的產品創新，頗有助於套牢模式。雀巢發現，其顧客忠誠的最大威脅就是咖啡機損壞時，而內建的襯墊則是影響機器壽命的最重要因子。如今，雀巢改將襯墊和膠囊放在一起，以延長機器使用年限，延緩顧客的換機決定（下一臺 Nespresso 或競爭品牌的）。儘管這樣處理襯墊的成本比安裝在機器裡高出許多，但這方法著實延長了機器壽命，相對加強了套牢效應。

然而近年來，雀巢輸掉一些法律訴訟，無法獨占與 Nespresso 機器相容的膠囊市場，一些對手開始販售可用於其咖啡機的替代品。有趣的是，因多年來與顧客建立的強大品牌關係，雀巢原本的膠囊仍有套牢效果。儘管如此，它在 2014 年推出一款新機型，有獨家的膠囊辨識功能——透過 QR 行動條碼，機器能判別每顆膠囊，提供調理咖啡的最佳參數（壓力、溫度、時間）。這創造了顧客價值，連帶引發套牢作用。

另一家憑藉套牢蓬勃發展的公司是蘋果。蘋果的各種裝置都使用相同的作業系統，並可透過 iCloud 互相連結；這不僅讓用戶能在不同的蘋

果裝置上無縫分享媒體，也造成與安卓等第三方系統的同步相當不便，提高了轉換到非蘋果裝置的成本。其他如蘋果電視的 Airplay（透過 Wi-Fi 即可輕鬆分享 iPhone 或 iPad 的影音）等諸多功能，也加強了顧客留在其生態系統，甚至繼續擴大使用範圍的意願。

套牢模式的應用　以雀巢 Nespresso 為例

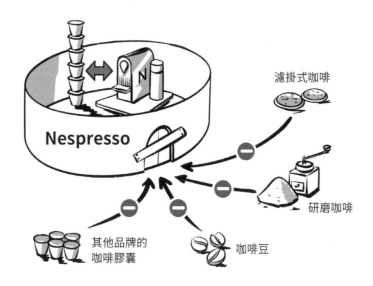

「何時」以及「如何」採用套牢模式

　　「維繫現有客戶比開發新客戶要划得來。」這句行銷俗諺，說明了套牢模式的基礎。實務上，有三種途徑：第一種是法律層面，以合約明訂嚴格的中止條款，但這恐怕最讓顧客反感，多少顯得有欠考慮。第二種是技術層面，藉著產品或流程製造黏著效應，防堵顧客輕易轉換，這

經常與維修搭配。第三種是經濟層面,以強烈誘因促使有意跳槽的顧客深思。買愈多即可獲得現金回饋,是常見的套牢手法;若能搭配「刮鬍刀組」(#39)或「固定費率」(#15)模式,更可創造出高明的套牢機制。

　　另外,有幾個影響套牢策略能否成功的要素,得謹記在心。產品壽命很重要——愈短,轉換成本愈低。其他值得考慮的門檻,還包括轉售或提供各式配件的能力。究竟該不該採取套牢手法,還是要看有意願且有能力這麼做的對手有多少。

深思題

- 就法律、技術、經濟層面來看,我們有哪些維繫顧客的手段?
- 我們能否順利採用套牢手法,且不致影響公司聲譽、損失潛在顧客?
- 我們是否有任何軟性、間接機制可用來套牢顧客?例如:為顧客打造附加價值?

28

長尾
Long Tail
積少成多，聚沙成塔

模式

　　一般來說，長尾模式鎖定以小量販賣各式商品，與高銷量、種類有限的「高票房」模式恰恰相反（什麼？）。雖然每樣東西賣得不多、利潤率偏低，但長久下來各種產品累積起來的獲利，也相當可觀（價值？）。常說企業八成利潤來自兩成商品，長尾模式則違背此 80/20 定律──大眾商品和特殊商品貢獻的營收相當，有時甚至後者超越前者（價值？）。採用這個模式的公司可憑著出售特殊商品，來與一般以熱銷品為主力的商家區隔，開闢另一種財源（價值？），消費者則因此有了更多選項，得以發掘自己想要的寶物（什麼？）。

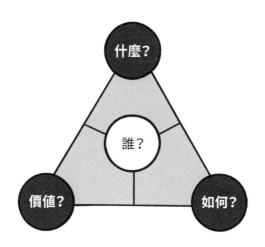

　　想以長尾模式發跡，一定要有辦法控制物流成本；更精確地說，特殊商品的銷售成本絕對不能超出熱銷品太多（如何？）。再者，要讓消費者輕鬆找到他想要的特殊商品；如果能依據他們過去搜尋及購買足跡

提供建議，這樣的聰明系統就非常有用（如何？）。另一種降低搜尋成本的手法，是讓消費者自行設計他們想要的東西（如何？）。「大量客製化」（#30）與「使用者設計」（#54）這兩種模式就是採用這種概念，讓消費者根據個人需求進行產品調整，甚至從頭開始設計。

起源

　　「長尾」一詞，是 2006 年由當時《連線》雜誌主編克里斯·安德森（Chris Anderson）所提出，而網際網路是此一模式興起的重要推進器；有了它，商家終於可擺脫距離限制，也不見得非要開個實體店面，特殊產品更獲得前所未有的商機。數位化讓商家可將產品存放在「數位倉庫」，代價接近零；僅僅二十年間，商品物流的成本效益驚人的提高，尤其是特殊商品。

長尾模式　複雜性管理是必要前提

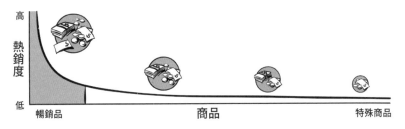

　　1994 年成立的亞馬遜，與次年出現的拍賣網 eBay，是長尾模式的兩大先驅。據某些估計，亞馬遜有四成營收來自傳統書店買不到的書籍。對亞馬遜而言，這些特殊商品不僅是條可貴財源，更是讓它有別於一般

書商之處。

　　eBay 的長尾現象，則由人們將物品放上網站拍賣所形成，其中比較稀奇的包括：教宗本篤十六世（Pope Benedict XVI）的座車福斯 Golf，以及與股神巴菲特（Warren Buffett）的午餐之約。

創新者

　　網路持續發燒，更多創新者循著亞馬遜與 eBay 的腳步而來，例如，影音串流媒體 Netflix 就將長尾概念帶入租片業，用戶可選擇電影、電視劇與綜藝節目多達 10 萬部以上，約為一家傳統店的 100 倍，傳統業者在其驚人產品之下顯得黯淡無光。Netflix 用戶數超過 1 億 5,000 萬，從任何角度衡量都是成就不凡。

　　長尾模式也被用在銀行業。為強化競爭力，一些機構開始瞄準特殊市場，設法抓住成長中的顧客。立基於長尾的銀行商業模式，最劇烈的轉變來自新式的微型金融（microfinance）。微型金融旨在提供極小額信貸給低層及財務困窘的人，他們一直被傳統銀行業務拒於門外。其中，孟加拉的鄉村銀行就是成功典範。它扭轉了要求抵押品的傳統，打造出以互信、負責、參與為基礎的銀行體系。鄉村銀行相信，信貸是打擊貧窮的有效武器，而融資給數百萬貧困民眾，亦可促進新興市場之發展。截至 2018 年 12 月，鄉村銀行計有 908 萬名會員，97% 為婦女，遍布 81,677 個村落的 2,568 間分行，覆蓋了孟加拉全部村落的 93%。

　　再以 YouTube 做個總結。這家在 2005 年創於美國的公司，是全球最大的線上影片分享網站。2006 年，Google 以 16 億 5,000 萬美元的代價將它買下。任何人都可上傳影片，不用花錢，幾乎沒什麼限制，從個人

影片、電影、電視剪輯、短片、教育影片到影像網誌，什麼都有。儲存成本低廉，內容無所不包，搜尋引擎加上瀏覽目錄能幫你快速進入數百萬支短片，也可分享到其他網站或社群媒體平臺。

「何時」以及「如何」採用長尾模式

　　也許你也認為，什麼都賣倒是簡單多了，不用傷腦筋主打哪些產品，但實際上，許多老公司之所以載浮載沉，就是因為他們無法抓對主力產品與相應能力。反之，如果你確實懂得複雜性管理，包括：產品、技術、市場，就能將複雜成本控制在對手之下，那麼，長尾將助你蒸蒸日上，尤其當你經手的，是極為特殊或個人化的產品。

深思題

- 顧客如果能從我們這裡找到所有東西，對他們會是更高的價值嗎？
- 我們比對手更懂得複雜性管理嗎？
- 我們的流程與資訊系統，能處理龐雜大量的商品嗎？
- 我們有足夠能力應付後端流程，像是：採購、叫貨、物流、資訊嗎？
- 我們是否確認了產品多樣化的複雜性驅動因素，並能穩定永續地加以管控？

---

29 物盡其用
Make More of It
拓展更多技能來滋養核心業務

IDEAS $½
PATENTS $1

模式

在這個模式之下，公司把知識技能或其他資源，以一種服務形態賣給外界其他公司，於是「寬裕」的資源為公司帶來額外收入（什麼？如何？）。日積月累的專業知識、閒置的能力，都能定價售出（價值？），並從中培養出新的專業技能，這些可以進一步改善內部流程、提升核心業務（如何？）。

善用此模式的公司，往往是外界眼中的創新領袖，這種形象將為公司營收帶來長期效益（價值？）。

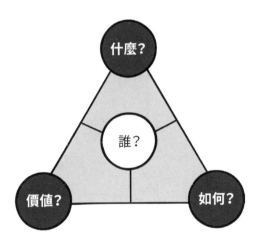

起源

1931 年由一位奧地利出生的工程師所創立的保時捷（Poesche），是隸屬德國福斯集團、以跑車聞名的汽車製造商，其卓越的研發能力及強大的客戶開發策略眾所週知。它透過子公司「保時捷工程公司」（Porsche

Engineering Group）把這些專業賣給第三方，將核心能力發揮了最大效益。保時捷工程在客戶製造汽車與零組件的過程中，提供多年經驗與研發設備，逐步奠定業界創新領袖的地位，從而吸引了更多企業客戶，也帶來更多營業收入。保時捷未被福斯集團收購以前，本身產品量不足支撐研發充分運作，便在內部使用率低時出售工程技術。保時捷工程協助哈雷機車現代化，並推出最先進的 V-Rod 車款，也幫迅達電梯發展驅動模組。目前，保時捷工程有七成業務來自福斯家族之外。

瑞士 Sulzer 透過 Sulzer Innotec 來行銷其工程專業時，也是採用類似模式，出售專業技能，以更多收入再精進研發能力。另外，渦輪製造廠 MTU 亦然，其透過 MTU Engineering 公司執行相同的策略。

創新者

專精自動化的飛斯妥集團（Festo Group）十分靈活的發揮這套模式。早在 1970 年代，飛斯妥就開始發展有關自動化的學習系統與訓練課程。由於深受客戶歡迎，因此它成立子公司「飛斯妥學院」（Festo Didactic），成為業界極具威望的教育及諮詢機構。1980 ～ 1990 年間，該學院訓練出不計其數未來的自動化技師，特別是在發展中國家，其中，部分是由政府出資。其結果，幾乎一整代的年輕工程師、技師都在此受過訓練，與此同時，他們也將成為飛斯妥的未來客戶，對其核心業務有深遠效益。

現在，飛斯妥學院是全球工業訓練與在職教育領導者，每年計有 24,000 位專家在此受訓，36,000 所技術學校及大學採用其產品。

物盡其用　以飛斯妥學院爲師，複製核心

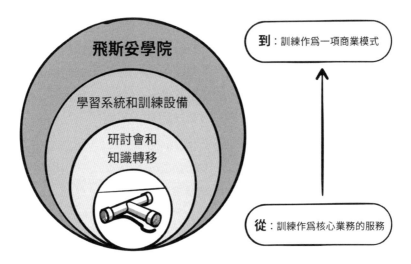

巴斯夫是德國化工大廠，其產品包括：化學製品、塑膠、工業用合成原料等。各個生產工廠，透過巴斯夫的網絡現場（Verbund）密切互聯，原物料能有效運用，一個階段的副產品能無縫整合到另一個階段。在這些網絡現場，巴斯夫或與子公司，或與外部夥伴共事，後者則自然成為各項副產品的客戶，也為巴斯夫帶來額外收入。

森海塞爾（Sennheiser Electronic GmbH & Co. KG）是德國高端音響廠商，產品包括：耳機、麥克風、立體聲收音機，服務企業與一般客戶。它也從此一模式中，看到將其蘊藏豐富的專業知識化為黃金的商機。除了生產高端音響，也設有森海塞爾聲音學院（Sennheiser Sound Academy），提供完整的訓練及專業知識給員工、通路商與顧客。此舉，更提高了森海塞爾在音響科技界的權威性。

西門子的內部諮商單位西門子管理諮詢（Siemens Management

Consulting，簡稱 SMC），是另一個物盡其用模式的範例。數十年來，擁有 450 多名不同層級專家的 SMC，是西門子生態系統裡相當活躍的專業資源。秉著對能源、製造、保健等技術領域的廣泛知識，它也對外界提供諮詢。眾人對它在生產流程自動化及物聯網方面的專業十分信服，因其背後有專注執行的工程師、西門子一百七十餘年的商譽，以及在世界各地的實務經驗。

「何時」以及「如何」採用物盡其用模式

　　這種模式並非僅將專業能力當做一種外包口號，而是以更有意義的角度來看待。你應該視你的核心能力為嶄新商機的入口。獨一無二、不易模仿的專業，是通往新市場的道路，例如，汽車領域中不少精密儀器公司，已藉此進入醫療儀器市場。為此，你在標示航線之前，要先確認自己的核心能力是由哪些技術、流程、專業構成，繼而檢視哪些市場可讓這些能力以全然不同的創新手法充分發揮。

深思題

- 我們是否了解自己的核心能力？

- 這些能力是否獨一無二，難以被模仿？

- 我們能否找到可以發揮我們核心能力的其他產業？

- 我們可曾找新目標市場中的創新專家，一起來評估我們核心能力的潛能？

- 我們可曾仔細檢驗我們對目標市場的假設？有沒有從事實層面及外部專門
  知識層面，清楚檢視該市場的特性與魅力？

---

30 大量客製化
Mass Customisation
現成的獨特性

模式

　　嚴格說來，「大量客製化」是個矛盾修辭，因為它把「大量生產」和「客製化」這兩個相互抵觸的概念擺在一起。在商業模式中，這指的是根據顧客需求量身打造，同時盡量保持一般大量生產的高效率（什麼？價值？）。模組化生產使它成為可能（如何？），個別模組可合組為各種成品，滿足消費者不同品味。消費者能夠以相對低廉的價格買到訂製品（什麼？），企業則可以此與傳統大量生產的對手做出區隔（價值？）。這種模式也可帶來更密切的顧客關係，因為顧客在客製化的過程中會有參與感，而這種對產品的情感連結，很容易投射到背後的整家公司（價值？）。

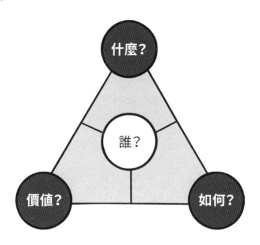

起源

　　大量客製模式中顯而易見的衝突，已在求財務平衡的苦苦奮鬥中露出端倪——有規模經濟效益的相同產品和客製化生產，兩者究竟是否可

能融為一體？答案在 1990 年代浮現，有了電腦輔助製造（CAM），模組化生產的效能大為提升；另一方面，市場不斷細分，也給了發展這個模式的動能。大量製造的商品難再滿足今天的消費者，他們對量身打造的胃口愈來愈大。

　　個人電腦廠商戴爾，是掌握到這波時代浪潮的企業之一。對手賣的都是組裝好的產品，戴爾則根據顧客指定規格出貨，以大量客製化模式竄升為業界巨擘。

創新者

　　此模式也廣泛用於汽車業，尤其是高級車，早已提供各種選項給顧客，諸如：底盤（轎車、旅行車、敞篷車等）、動力化、自動或手動變速箱、外觀顏色、內裝顏色、鋼圈等。另一方面，便宜車款趨向簡化，額外零件不是成套選購就是屬於特定型號，既減低車廠製造項目，也讓顧客易做決定。大量客製化使汽車業的營業利益率提高了 5%。

大量客製化　從標準化到個人化

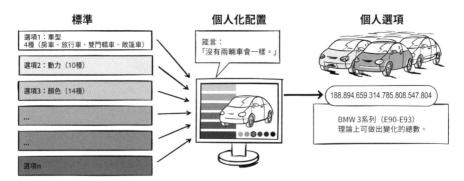

「我的愛迪達」（Miadidas）是運動服飾大廠愛迪達的一項專案，消費者可上 Miadidas 網站購買個人化的足球鞋、足球上衣、配件等，透過先進的圖形界面指定顏色等設計，放上個人圖案也可以；線上完成訂購之後，即可等待客製成品郵遞過來。對那些厭倦標準運動用品設計的消費群來說，這項專案很有吸引力。愛迪達的主要對手 Nike，也以「Nike by you」如法炮製。

成立於 2007 年的「我的專屬穀物」（mymuesli）也是這類公司。顧客可以自行打造最愛的早餐穀物，有超過 5,660 種選項！這種夢幻選擇，豈是一般超市所能比擬。該公司因這種營運模式，2018 年業績成長至 6,000 萬歐元。

其他成功應用大量客製的領域，還有「就是我的茶」（allmyTea）的茶、「我獨一無二的包包」（My Unique Bag）的手提袋，以及「121 工廠」（Factory121）的手錶等。

「何時」以及「如何」採用大量客製模式

消費者對個人化專屬產品的需求日益提高，這種模式正是一條出路。如果你有辦法提供量身打造的商品，就能贏得顧客效忠與更多生意。任何產業都適用，產品、勞務也都行。成功的前提是，擁有能應付相關複雜度的後端系統。

如果你本來就是工業自動化用戶，這種模式可能格外適合你；你的價值創造過程（包括線上訂單、電腦輔助製造和機器人組裝）愈聰明，就愈容易把個人化與大規模生產的規模經濟結合在一起。其中，3D 列印是大量客製化的最佳技術搭擋，它讓「以可接受的單位成本生產極小數

量」這件事成為可能，這項技術可以處理各種素材，包括金屬、塑膠或食品成分。

深思題

- 面對顧客不同的品味和期待，可以如何客製化我們的商品？
- 我們如何提升整個價值鏈的彈性？
- 在我們這塊業務領域中，顧客會最期待怎樣的客製化服務？
- 為了有效處理大量客製，我們能調整出必要的後端系統嗎？
- 我們能把流程自動化嗎？

31

最陽春
No Frills
怎樣都行，便宜就好

模式

　　最陽春模式很簡單：將一般的價值主張削減到最基本（什麼？），而省下的成本，就以相當低廉的價格回饋給消費者（什麼？）。基本目標是盡量拉大顧客群，以能接觸到最大眾為理想（誰？）。雖說這類顧客通常對價格比較敏感，但只要成功引起大眾市場迴響，這將是利潤頗豐的商業模式（價值？）。當然，前提是不斷壓低每個環節的成本，唯有如此，才能祭出真正誘人的價格，進而吸引到廣大群眾（如何？）。

　　其中一種有效壓低成本的做法，是提供標準化產品，充分利用產能達到規模經濟（如何？）。另一種是提高物流效能，例如，採用自助式服務（如何？）。若一切運作得宜，極簡價值主張和成本精簡自會發揮效益，但請注意，價值主張要挑對地方縮減，以產生最大的成本精簡。

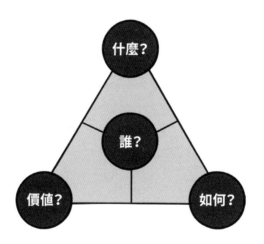

起源

當 T 型車（Model T）於 1908 年問世時，亨利‧福特便成為著名的陽春模式先驅。該車上市價格僅區區 850 美元，大約是其他汽車售價的一半。福特的低價，是靠大規模製造與生產線達成。消費者雖失去挑選配備的空間，但價格預告了銷量。福特當年的俏皮回應「顏色任你挑，只要是黑色的」流傳青史。價格之所以能壓到這麼低，主因是這款車的簡單結構：T 型車使用樸素的 20 匹馬力引擎，鋼質底盤相當簡單。福特大獲成功，到了 1918 年，美國每兩輛車當中就有一輛是 T 型車。直至 1927 年停產時，銷量已衝破 1,500 萬輛。

創新者

T 型車開啟了其他各領域對此模式的靈活運用，當今一個近似案例，為航空業的廉價航空。在美國起家的西南航空（Southwest Airlines）於 1970 年代率先推出，其不再提供餐點、座位保留、旅行社代訂位等服務，但票價非常便宜。另外，一般航空公司多停在主要機場，廉航反其道而行，選擇郊區小型機場，雖然沒那麼方便，機場稅卻便宜不少。廉航模式為航空業帶來天翻地覆的轉變，據估計，歐洲每兩架航班中就有一架是廉航。

低價販售雜貨的折扣超市又是一例。他們達到低價的手法是不賣名牌，並大幅壓縮架上品項。通常貨物週轉率極高，換言之，這類超市不僅省下庫存成本，更擁有對廠商議價的優勢。另外，折扣超市通常會省去店內一切不必要裝飾（符合最陽春原則），員工數也降至最少。當中

翹楚要數連鎖超市的 Aldi 與 Lidl。

　　速食連鎖餐廳麥當勞也曾採用這種模式。1940 年代，麥當勞得來速餐廳業績很差，於是，老闆理查與莫里斯兩兄弟全面翻新經營──餐點品項減至十項以內、紙盤代替瓷盤、引進新式便宜的漢堡製作方式、裁掉三分之二員工，以及推出自助式服務（#45）。這些措施，讓麥當勞得以大幅降價，一個漢堡只要 15 美分。最陽春概念讓它鹹魚翻生，至今仍是麥當勞經營哲學。重新開張沒多久，每個櫃檯大排長龍。至於其餘故事，都屬老生常談了。

　　小米是把最陽春手法用至化境的中國公司。以極低價格出售規格良好的手機與裝置，它憑著薄利在高度競爭的電子設備市場拚出頭。為了降低管理成本，小米沒有實體店面，全靠網路交易。它也為其他的串連商品（數位的服務、娛樂和「生活風格」）打造交易平臺。與蘋果背道而馳，小米在 2018 年首次公開募股的文件中，自稱是「一家以智慧型手機、智慧硬體和互聯網平臺為核心的互聯網公司」。

最陽春模式的發展歷程

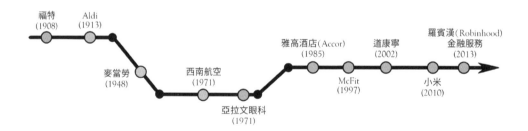

「何時」以及「如何」採用最陽春模式

潛在消費者是以成本考量為主的市場，最適合套用這種模式；對價格極度敏感的消費者，只會在價格極端便宜時出手。對此，如果你能達到規模經濟，並透過產品、流程、服務標準化壓縮成本，最陽春就非常適合你。新興市場與其「儉省的」商品，恰是陽春模式的發展溫床。「精簡至上！」是最陽春的口號。

深思題

- 我們可以把哪些顧客要求綁在一起並標準化，以減少服務選項？

- 我們必須在哪些地方做出區隔？

- 如何跳出過度堆砌的思維框架，轉以極度成本敏感的新興市場為目標？

- 審視價值鏈，我們能在哪些環節去除浪費，以降低成本？

- 就採購、生產、研發、物流面，我們如何能達到規模經濟？

- 我們能否大幅調整流程以精簡成本？

---

32 開放式經營
Open Business
齊心協力，創造價值

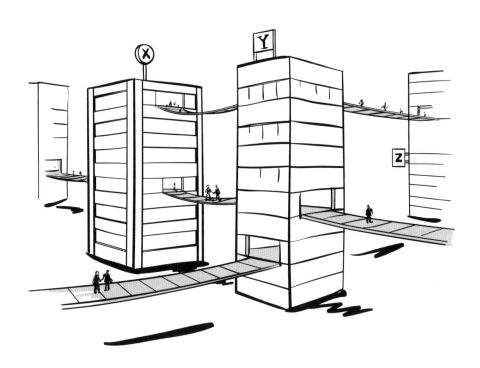

模式

採用開放式經營模式，是徹底將公司經營邏輯進行典範轉移。所謂的「開放」，意味著敞開原本緊閉的價值創造流程，例如研發，邀請外部夥伴進入（如何？）。形式沒有一定，但以合作為基礎的本質，讓它有別於傳統的顧客與供應商的關係。在此模式之下，公司提供利潤，激勵潛在夥伴投入獨立業務（價值？）。

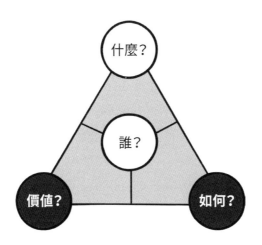

以不同商業模式經營的各家公司能齊心合作，形成健康的營運生態，不是沒有道理的。這種生態，常是圍繞著中心企業的產品（就好比生物界的「關鍵物種」）運行，而一旦這個核心消失，整個生態系統也將崩潰。

此種模式運用之妙，在於系統化地找出價值創造流程中，外部夥伴能做出何種貢獻——也許他們可以直接放進資源，或是將其創新使用。

開放經營的目的，是在提升效能，搶得新市場一杯羹，或鞏固戰略優勢（如何？價值？）。在設計過程中，要特別留意兩個面向：第一，原本的商業模式（尤其是價值鏈）本身必須夠扎實，與未來夥伴的商業模式也要能合拍；第二，要確定由此創造的附加價值能幫助原有的業務，換言之，與夥伴彼此目標若有衝突，必得找出雙贏之道（價值？）。

起源

亨利・崔斯布洛（Henry Chesbrough）是率先研究開放式經營概念的學者之一。2006 年，他在「崔斯布洛的開放式創新」（Chesbrough's Open Innovation）一文中指出，企業應把原本閉門造車的創新對外敞開，促成知識交流，使眾人形成網絡，探索聯合發想的可能。

2000 年推出「連結與開發」計畫的消費性產品巨擘寶僑，正是此概念的實踐者。為了提升創新力，寶僑全力對外尋求產品創意，共同打入市場。「清潔先生魔術擦」（Mr. Clean Magic Eraser）的起源，可溯至巴斯夫化工所生產的工業用高科技海綿，被日本買去做為多用途海綿，受到寶僑一名「探員」注意。寶僑隨即與巴斯夫簽約保障這項技術使用權，清潔先生品牌獲益匪淺，馬上與巴特勒家用品（Butler Home Products）合作開發出一系列清潔用品。

巴特勒負責發想及生產，而寶僑則貢獻品牌名稱與物流網。這類與夥伴互惠的合作故事在寶僑這家公司身上，簡直多如牛毛，公司一半以上的新品都是循此管道開發而出。除了交流技術、點子、生產之外，物流網和品牌都可以分享，而這些正是「開放式創新」走向「開放式經營模式」的最佳典範。

創新者

開放帶給公司的轉變可能不止於研發，對商業模式也會有深遠影響。以 IBM 為例，在其聞名遐邇、由製造商轉型為服務供應商的蛻變過程中，決定停止研發自家操作系統，轉身參與 Linux 開放原始碼的強化。此舉讓它省下八成研發成本，同時伺服器業務，則因與日受歡迎的 Linux 系統無縫接軌而蒸蒸日上。IBM 對 Linux 的瞭若指掌，進一步推動其諮詢業務開花結果。到了 1990 年代末期，該公司營收主要來自其逐步開放的經營模式。

總部設於美國華盛頓州貝爾維尤（Bellevue）的電子遊戲開發商維爾福（Valve Corporation），從這種模式得到雙重收穫。一方面，維爾福在 1998 年推出首支第一人稱的射擊遊戲《戰慄時空》（Half-Life）時，決定要讓這個遊戲的玩家能輕易自製模組。在維爾福的積極帶動下，一個由第一人稱射擊遊戲的開發者所形成的生態系統誕生，同時開發《絕對武力》（Counter-Strike）的團隊也在其中。

《絕對武力》是歷來最成功的網路遊戲之一，催生了風靡亞洲的職業電子競技聯盟。後來，維爾福將此開放經營模式，套用到它的數位遊戲發行平臺「Steam」。過去，業界對手都只發行自家商品，認為發行平臺是必須嚴加守護的核心能力，維爾福卻從 2005 年起，開放 Steam 給全球開發者在此發行遊戲，它再抽營收的 20 到 25%。如今 Steam 上來自各家的遊戲約有兩千種。把它在 Steam 上開發的遊戲跟許多大型工作室及第三方（每月活躍用戶超過 9,000 萬）的內容結合，2018 年初，維爾福在其平臺上同時上線的最高峰人潮達到 1,850 萬。有意思的是，最成功的遊戲是維爾福自己的，之所以如此，是因它最了解自家平臺用戶的行

為偏好。無論如何，因為這種開放式經營模式，私有的維爾福估值超越美金 30 億，一直是微軟在內許多公司的潛在收購標的。

開放式經營　維爾福的商業模式

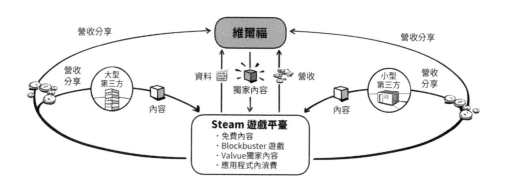

霍爾希姆（Holcim）的哥斯大黎加分公司是另一個成功案例。2010年，霍爾希姆推出一項開放式創新計畫，開始積極找尋與外部夥伴合力為顧客創造價值的機會，成果之一便是「橄欖社區」──該國第一個整合社會資源的永續性社區。為了打造該社區，霍爾希姆成立一平臺，整合來自營建公司、開發商、大學、顧問公司、社會研究者所提供的解決方案。透過這個模式，霍爾希姆奠定了一項為低收入家庭打造住屋的新標準，從而獲得哥斯大黎加國家建設局頒發的永續建設獎。

2015 年，機械工程公司 Trumpf 就以開放式經營模式引起矚目，目標是為工業 4.0 提供標準化的操作系統。直到現在，許多廠商無法跨生產線整合生產機器，因為介面、系統、標準不同。這家新成立的子公

司 Axoom 旨在打造能成為智慧價值鏈的開放操作系統，類似 Google 的 Android。該軟體使生產連續接單成為可能，其中包括對個別生產應用程式的資訊的傳輸、儲存與分析。接著，根據這套系統，Axoom 為製造業提供了類似應用程式商店的開放平臺，例如：評估感應器資訊的程式，可與第三方本身的流程整合，為供貨商與應用程式開發者提供開發環境與銷售管道。

「何時」以及「如何」採用開放式經營模式

開放式經營模式將夥伴納入價值創造流程，而這是未來繼續成長與保持競爭優勢的關鍵要素。世界愈來愈平、產業逐漸靠攏，想維持成功，開放絕對有其必要。對此，不妨試著建立一個經營生態，為顧客打造這生態系統無人能單獨提供的價值；而這種生態系統的發展前提，則是參與者都能因此獲得足夠的營收與利益。

深思題

- 哪些是我們能與別人合夥，進而為顧客帶來更高價值的東西？
- 公司內部中哪些環節會因外部夥伴、外來知識而受惠最多？
- 在這經營生態系統裡，我們自己如何定位？每位夥伴的角色又應如何？
- 營收要怎麼與夥伴們分潤？
- 如何讓大家都從這個商業生態系統中獲益？

33 開放原始碼
Open Source
合力打造免費的解決方案

模式

　　所謂開放原始碼模式，意味著產品是公共社群的研發結晶，而非單一公司的成果（如何？）。社群完全公開，任何人（兼差工匠或專業人士）皆可自由加入，貢獻所長。研發成果不屬於任何公司，而是群眾可自由擷取的公共財（什麼？）。但這並不意謂著這種模式就沒有賺錢機會；機會是有的，但不是直接來自研發成果，而是間接來自過程中產生的商品或服務（價值？）。

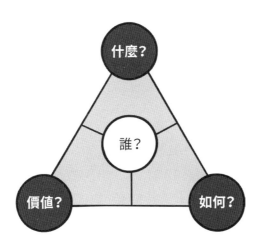

　　有心採取此模式的公司，毋須負擔新品研發的投資成本（價值？），社群眾人會自發完成研發任務。他們之所以會這麼做，往往出於個人動機，像是對目前的解決方案感到不足。支持者普遍相信這比獨家研發更好，因為動員了集體智慧（什麼？）。最後，開放原始碼消弭了對供應商的仰賴（什麼？如何？），這一點極有價值。

起源

　　開放原始碼源自軟體業，1950 年代由 IBM 率先使用。IBM 最早的電腦問世後兩年，使用者自組「分享」（Share）團體，交換程式編寫、操作系統、資料庫。1990 年代，這種模式又被用來改善網景（Netscape）瀏覽器——當時微軟逐漸稱霸瀏覽器軟體市場，逼使網景公司（Netscape Communications Corporation）設法另創價值，由此展開 Mozilla 開放原始碼計畫，從而發展出 Firefox 瀏覽器。開放原始碼軟體（OSS）成為軟體業不可或缺之一塊，紅帽（Red Hat）是公認第一個在此成功建立獲利模式的業者，其主要收入來源，就是 Linux 操作系統的服務與套件安裝。它也成為首家從開放原始碼產品獲得 10 億美元以上營收的企業之一。

創新者

　　此一模式已在過去幾年延伸至其他產業，2001 年成立的線上維基百科（Wikipedia）可能是最著名的範例，如今它已是全世界用量最大的參考工具。維基內容由全球各地用戶編纂，隨時改進。由於免費提供使用，公司財源主要來自捐獻。維基的誕生，迫使許多百科全書出版社放棄沿用經年的商業模式，黯然退出市場。

　　總部設於瑞士的 mondoBIOTECH 也是使用者之一，它自稱是全球首家開放原始碼的生技公司，期許自己找出對抗俗稱「孤兒病」之罕見疾病的解藥。研發過程不在實驗室，而是線上搜尋既有研究成果及相關資訊，這樣可更有效地掌握藥物機制，而且非常便宜。公司成立不過十一年，已生產超過 300 種原料藥，其中 6 種更已晉身罕見疾病用藥，

在傳統藥學研究領域，達成這種成就的機率是萬分之一。

這個模式也促使無數研究計畫順利完成，其中包括「人類基因組」（Human Genome Project）。開放原始碼的最大挑戰並非「創造」價值，而是「享受」價值。設計這種商業模式時，務必確保：千辛萬苦共創出來的價值，至少要保留部分給起頭的自己。

從創投對這類公司的投資，便可窺見此模式的價值。開放原始碼概念，也是分散式帳本技術或區塊鏈的基礎，其主要目標在以去中心化的平臺與安全交易，打擊居主導地位的參與者。分散式帳本技術平臺大多是開放原始碼，像是：Hyperledger、Polkadot 以及 Ethereum。

開放原始碼　開源的各種可能性

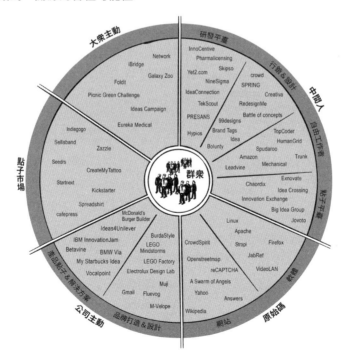

「何時」以及「如何」採用開放原始碼模式

　　開放原始碼模式在軟體設計界的應用空間，極其寬廣。雖然放棄了相當程度的主導權，卻也藉著制定標準、分享資源及風險，建立有可能成為你未來客戶的用戶社群，從而獲得一定的競爭優勢。開放原始碼在1990年代還十分前衛，如今應用程度如野火燎原。年輕的程式編寫員無疑是主力，而生技、藥物領域的企業也對此敞開大門。

深思題

- 相關技術層面（軟體、資訊等）是否適合採用開放原始碼模式？
- 分享研發成果能幫助我們取得競爭優勢嗎？
- 產品與社群真能依照我們的策略方向發展嗎？
- 開放原始碼模式果真能讓我們既創造價值，也享受到價值嗎？

---

34 指揮家
Orchestrator
操控價值鏈

模式

　　指揮家模式的公司，只專注在做好最擅長的部分，落在此核心能力以外的價值鏈活動，全都外包給其他專業（如何？），因此他們需要花相當的時間協調，以確保每個價值創造都能密切配合。這種情況的交易成本較高，但夥伴的專業技術價值可創造更高的收益（價值？）。

　　採用這種模式的重要效益是，可與極富創意的外部夥伴建立密切關係，這些夥伴的創新能力可以為公司的生產帶來好處（如何？價值？）

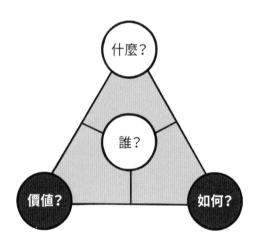

起源

　　指揮家模式源自 1970 年代，當時全球化風潮正起，在愈來愈大的成本壓力之下，企業紛紛將部分價值鏈活動外包到勞工、生產成本低廉的

國家。以出口工業化為主要策略的幾個號稱亞洲之虎的國家，就是最大受益者，時尚產業則是該模式的先驅之一。

運動用品巨擘 Nike 就是以此模式扶搖直上。70 年代初期，在執行長費爾·奈特（Phil Knight）領軍下，Nike 將生產移往中國、印尼、泰國、越南等薪資低廉市場，美國總部則專注研發、產品設計與行銷等強項。外包省下的巨額成本締造了優勢，Nike 旋即登上運動用品銷售龍頭寶座。目前 Nike 的產品約 98% 在亞洲生產，「指揮家」無疑扮演其營運模式的靈魂。

指揮家模式　以 Nike 為例

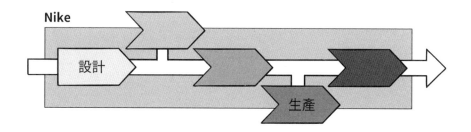

創新者

不少企業以此模式成功扭轉經營，比如，印度電信商 Airtel。Airtel 創於 1995 年，用戶超過 2 億 6,000 萬人，與全球幾大電信業者並駕齊驅，但有一點與對手不同的是，它自己的資產項目很少。Airtel 從 2002 年轉型為指揮家形態，聚焦於行銷、業務、財務，其他如資訊技術支援等，

則外包給愛立信（Ericsson）、諾基亞、西門子、IBM 等公司。它與這些公司協商好，成本依用量而定，遂能夠以非常便宜的價格提供給用戶。這個華麗轉身讓 Airtel 在 2003～2010 年間，營收成長達 1.2 倍，年度淨利 2.8 倍左右。

中國的利豐有限公司（Li & Fung）也因扮演指揮家獲利甚豐。它從客戶接單，負責研發及生產，項目繁多，舉凡玩具、時尚配件、服飾什麼都有，而客戶則包括 Abercrombie & Fitch、沃爾瑪。利豐完全不碰生產，而是交給遍布全球的一萬多家供應商，所以它成為一個全球供應鏈指揮家，憑著串連合作夥伴與流程的核心能力，沒有半家工廠，卻年賺數十億美元。

里希樂（Richelieu）食品公司生產冷凍披薩、沙拉醬、各種醬汁、醃漬醬、調味料、熟食沙拉，再由別家企業在其店內或以白牌（#55）銷售，如此，里希樂就可專注於食品製作，無需費神行銷、打品牌等等。2016 年，里希樂營業額約 3 億 2,500 萬美元，員工人數近 900 人——每人產值約 36 萬美元。

「何時」以及「如何」採用指揮家模式

你必須完全了解公司本身的關鍵能力，才可能演好指揮家。如果你的公司同時從事價值鏈中的好幾個步驟，這點更為重要。欲扮演指揮家，得要把全副心力放在自己最擅長之處，其他則外包出去，藉此消弭成本，提高彈性。處理手法是你的最高機密，否則很容易就有對手竄起。合作夥伴各形各色，要能夠靈活管理，才有辦法當上一位指揮家。

深思題

- 我們的關鍵項目是什麼？

- 我們的特殊長處在哪兒？

- 就我們整個價值主張來說，哪些項目沒那麼重要？能否外包出去？

- 把某些項目外包出去，是否就能減低成本？

- 我們能因此而更有彈性嗎？

- 我們有沒有辦法同時管理各種不同的合作夥伴？

35

按使用付費
Pay Per Use
用多少收多少

模式

在按使用付費模式之下，消費者的使用狀況會受到追蹤，並依此收費。這在消費媒體市場（如：電視、線上服務）最為常見，其彈性頗受消費者歡迎。換言之，消費者是根據實際用度付錢，不是繳固定費率（什麼？）。計費基礎視產品而定，有些是依照使用次數，有些則是時間長度（價值？）。對消費者的一大好處是，成本來源清楚透明（什麼？）且很公平，若用得少，就毋須當冤大頭。（什麼？）。另外，這種模式多用於 B2C 市場。

另一方面，消費者往往隨性使用，以致公司很難預估營收。為了保障穩定進帳，許多公司在合約上會明訂最低用度。

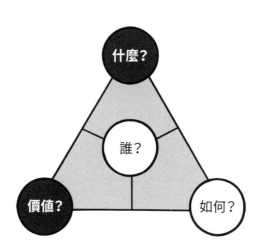

起源

此一模式由來已久，租賃業幾乎一直是根據使用時間按比例收費，新的電費計價也將此手法轉移陣地。數位電視的誕生，給予它在收視媒體發展的契機。現在，消費者毋須訂購頻道，可單次選看中意影片或運動節目，相較於類比電視時代，可選擇頻道大增，讓消費者享有更無比的付費彈性。

按使用付費模式的概念

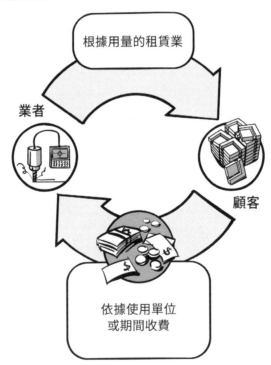

創新者

按使用付費刺激了許多創新的營業模式，如網路廣告的「按點擊付費」（pay per click）——廣告主不再需要事先購買廣告刊登費，而是根據消費者實際點入觀看的次數付錢。

新創公司 GoTo 在 1998 年首次推出這種計價法，堪稱按點擊付費模式的鼻祖，而直至今日，這已成為網路廣告的主流收費手法，好比 Google，其廣告營收超過九成是由此貢獻。

2008 年，戴姆勒汽車推出汽車共享服務 Car2Go，可謂按使用付費的另一種創意變通。一般分享汽車或租賃汽車其計費基礎都是小時或天數，Car2Go 則另闢蹊徑，讓消費者按分鐘租車且毋需講好還車時間，方便時把鑰匙交回即可。此外，還有一點與眾不同，就是別家業者都收基本年費，Car2Go 則只要成為會員時，繳一次註冊費即可。這種類似電信業的依實際使用狀況的計價，為消費者提供相當的彈性及成本控制，也讓這項業務穩定茁壯。2019 年底，它與對手 BMW 的汽車分享 DriveNow 併為 ShareNow，讓這家德國租車公司在全球 14 個國家的 26 座城市服務，計有超過 20,500 輛分享車。此後，電動滑板車與自行車也逐漸採用相同模式。

保險業對此也不陌生，不少業者早有提供取決於個別駕駛的保單，保費計算依據保單所有人的實際風險，包括：駕駛習慣、駕車地點與時間等風險因素，而這些資料會透過衛星定位系統傳回業者手中。總部設在美國的聯合汽車金融服務公司（Ally Financial，前身為通用汽車金融服務〔GMAC〕），自 2004 年開始便提供此種保單。

HOMIE 是荷蘭臺夫特理工大學（TU Delft）的附屬機構，成立宗旨

是要盡量減低家用品對環境造成的影響，其基礎就是按使用付費。最初只提供洗衣機，現在則準備逐步擴充產品線，如為旗下的高品質家電提供免費安裝與保養。顧客依使用付費，機器還附有鼓勵永續行為的功能（如：低溫設定）。訂價根據 HOMIE 進行的消費者調查，結合可行的營運計算，努力刺激永續消費。公司並未自己生產，而是拿現成機器裝配所需科技，來實現按次付費的模式。

「何時」以及「如何」採用按使用付費模式

物聯網時代來臨，其中互聯的智慧物品能感測資訊，而蒐集這些資訊可做未來分析或應變調整。這種建立在產品上的資料取得與分析，將給按使用付費模式提供無比強大的發展潛能。衡量產品使用狀況的科技自是存在已久，但隨著資訊成本不斷下降，我們將看到新的商業應用如滾雪球般展開。

深思題

- 我們可以如何簡化我們的計價流程？
- 如果我們推出按使用付費的費率，消費者會改變行為嗎？
- 有哪些商品資訊是我們能蒐集分析的？
- 若推出智慧型產品，除了記錄使用狀況，還能提供消費者哪些額外價值？
- 此種模式能讓我們了解到怎樣的消費者行為？

36

隨你付
Pay What You Want
看你認為值多少

模式

所謂「隨你付」模式，就是由消費者自訂價格（什麼？），商家即使賠本也得全盤接受。有時旁邊會註明底價做為參考。這種模式頗能吸引廣大消費群，但多半用於競爭極其激烈、邊際成本很低的商品，並配合著心中自有一把尺的消費者。很多人可能以為人性本貪，但實際上並非如此。研究指出，人們在此模式之下付出的價格，遠遠大於零（價值？）。

像公平性這種社會規範，自會產生價格控制功能，消費者也會根據類似產品拿捏價格。隨你付模式讓他們感覺受用，因為它能控制附帶成本（什麼？）；對商家的好處則是，也許能有正面的宣傳效益，從而擴大顧客群（價值？）。

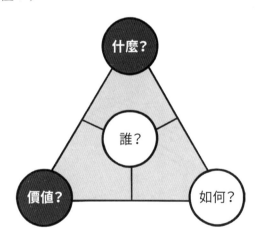

起源

隨你付模式存在多時，給街頭藝人或服務生的小費即為典型；第一個應用到商業模式上的是 One World Everybody Eats 餐廳。自 2003 年開

始，這間位於美國鹽湖城的餐館讓客人自行決定付多少錢，或選擇以某種善行交換這頓餐飲，如：洗碗、園藝。老闆丹尼斯・席瑞塔（Denise Cerreta）說透過隨你付的概念，讓低收入者也能享受高品質的健康美食。

創新者

這些年來，這種模式日受歡迎。2007 年，英國搖滾樂團電臺司令（Radiohead）的新專輯《彩虹裡》（In Rainbows）就加以採用，粉絲可上他們的官網，以任何價格下載這張專輯。雖說眾人平均支付的金額較市場一般專輯定價低，但《彩虹裡》的下載率，卻比該團之前所有專輯銷售總數還高，成功拓展了粉絲群。

作為公司產品線一項特殊類別，講究道德與透明度的布料廠 Everlane，把特定商品的定價權交給客戶。在這一年兩次的優惠活動，顧客可從成本價起自由付款。「我們決定產品，你決定價格。同時。我們公布每一毛錢的流向。」

2010 年，Humble Bundle 也以此進行了實驗。Humble Bundle 是網路收藏包網站，提供「成綑」的線上產品供下載，品項包括：電子遊戲、電子書、音樂。價格由買家自訂，而公司也祭出不少誘因，如：付款金額高出平均者可獲追加獎勵品、貢獻排行榜前幾名將列名網上。此外，售價的一定比例會捐給非營利組織。

「何時」以及「如何」採用隨你付模式

隨你付模式假設消費者了解產品價值，從而願意支付合理價位。此

模式根植於 B2C 市場，卻也可見於 B2B。通常僅適用於產品的某個比例，舉例來說，有些顧問公司會保留一定比例的顧問費，讓客戶據其滿意程度決定支付金額。

隨你付　Humble Bundle 的商業模式

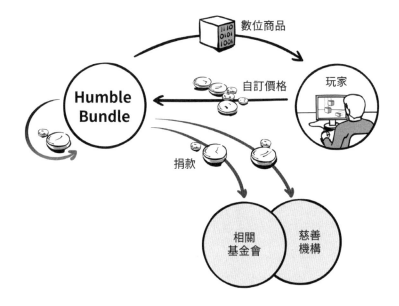

深思題

- 若允許顧客自行定價，有哪些產品是客人會掏出合理金額的？
- 我們的營收模式有無可能拆成兩種：固定營收，以及由顧客自訂價格的彈性營收？
- 我們如何把存心占便宜的顧客比例降到最低？
- 我們的業務適合既有的社會規範與公平觀念嗎？

37

夥伴互聯
Peer to Peer
個人與個人直接打交道

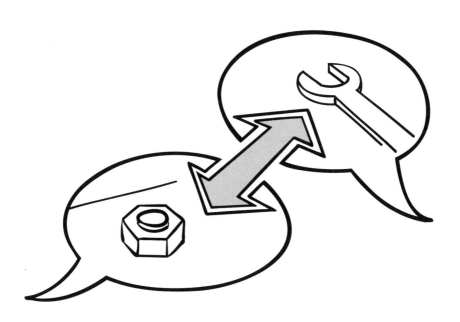

模式

「夥伴互聯」一詞源自電腦業，意指兩部以上的同樣電腦互聯；用到商業模式，則指私人之間相互交易，如出借個人用品、提供特定產品勞務、分享資訊經驗等（什麼？）。組織者居中，負責交易效率與安全（如何？），成為社群關係的串連者。隨著時間過去，這種功能可以金融化，收取交易費用，或從廣告、捐獻間接獲得營收（價值？）。

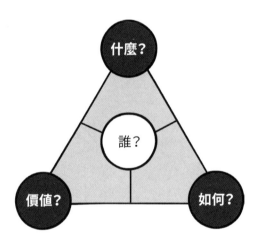

此模式的主要好處，是消費者可使用到私人的商品勞務（什麼？），並享受這樣一種人際網絡的社交層面（什麼？）。公司能否應用成功，端看它是否能打造出令人信賴的形象（如何？）。消費者雖然珍惜能買到私有商品的機會，但也希望交易如商業過程般簡單輕鬆。

起源

　　此模式發展自 1990 年代初期，網際網路興起是核心動力，「合力消費」（collaborative consumption）趨勢又更推波助瀾，這股趨勢的精神是希望激起社群意識，共享資源。線上拍賣網 eBay 是先驅之一，讓 30 餘國民眾得以把不需要的物品拿出來拍賣。eBay 每天處理的拍賣數量達 1,200 萬件以上。

夥伴互聯模式的發展歷程

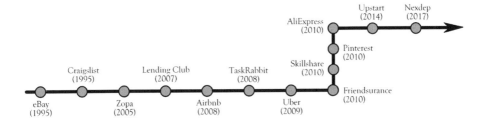

創新者

　　循著 eBay 腳步踏上這條道路的公司陸續誕生，如 Craigslist 這家私有網路傳播公司，專門提供地方性商品勞務的線上分類廣告，包括：房屋買賣、工作、演出、徵婚、求職、尋物、店面出讓等。當這個線上夥伴互聯網一出現，瞬間破除向來由印刷媒體壟斷的局面。

　　Craigslist 利用免費刊登，發展出一個每月超過 6,000 萬筆新增廣告、瀏覽次數達 500 億的線上夥伴互聯網。獲得這樣的市場優勢，它開始收取某些類型的刊登費用，如：工作招募、公寓出租；其他則維持免費。

　　設在柏林的新創公司 friendsurance.com 也創造一個夥伴互聯模式，把典型的保險概念用於社群網絡，形成一個私人保險網（例如：四或五位朋友）。

　　舉汽車保險為例，當某人車子受損，他的私人網絡出一筆錢（例如：一人 20 英鎊），其餘則由保險負責，如此一來，firendsurance.com 為顧客減輕了保險費率，最多達 50%；它自己也深受其益，因為通路成本為零，顧客自己招徠顧客，道德風險更是大幅下降。

　　優步利用手機應用程式，讓有通車需求的人隨時得到夥伴互聯的服務，連結旅客及獨立司機。流程相當簡單，當有登錄的用戶需要一臺使用這個程式的計程車，某位優步駕駛被派來載送他去目的地。司機用自己的車子提供計程車服務，優步則酌收費用的兩成左右。費用也是程式根據供需計算得出。優步顛覆了計程車業，於 2018 年營收超過美金 110億，而這僅是它成立的第九年。

　　TIGER 21（21 世紀增強投資獲益集團，The Investment Group for Enhanced Returns in the twenty-first century）成立於 1999 年紐約，是以高淨值投資人為主的夥伴學習平臺。

　　該集團會員都是資產千萬美元以上的大戶，像是創業家、執行長、投資家、高階主管等，目標在提升會員的投資知識，挖掘他們對財富保值、遺產規劃、家庭動態有哪些需求。其特殊之處是每個月的小組聚會，由專業人士引導，討論財富議題，了解彼此的投資組合。聚會絕對保密，會員交換商業構思、個人問題或探討世界情勢，以提升財富管理。眾人

帶進的不同觀點是聚會一大效益,最後則有外來專家進行專題演說。TIGER 21 年費為 3 萬美元,包含小組聚會、專家演講以及線上社群。

Airbnb 讓用戶(「房東」)得以將居住空間、房間、公寓、城堡、船隻等資產,對這個夥伴社群開放出租,其中多是尋覓合理短租的旅人等。用戶登入設計簡便的網站後,即可展示欲出租空間或資產。住宿設施及住客都進入評比系統,以防詐騙與不實陳述。Airbnb 主要收入來自預定服務費(3 ~ 10%),其他包括住客信用卡手續費。布萊恩・切斯基(Brian Chesky)、喬・蓋比亞(Joe Gebbia)、納森・布雷查斯基(Nathan Blecharczyk)三個朋友在 2008 年成立的 Airbnb,僅僅十年,就有 26 億美元的營收。

最後,靠著區塊鏈技術,一些新型的夥伴互聯電力交易,開始挑戰中心化的電力市場。

再生能源帶動了去中心化的能源生產,與「產消合一者」(#60——生產和消費電力)的趨勢。分散式帳本技術和區塊鏈,讓多餘能源可透過代幣,在當地的夥伴互聯市場交易與再利用。2018 年位於瑞士瓦倫斯塔特(Walenstadt)的 Quartierstrom,成功建置了一個夥伴互聯平臺,讓 37 個家戶能在此交易能源。

「何時」以及「如何」採用夥伴互聯模式

這種模式最適合線上社群,其背後的主要精神在提高邊際效益:每增加一名用戶,該社群便添一分魅力,這種「贏者全拿」的自我增強迴路,提高了潛在對手的進入障礙。

深思題

- 我們如何說服用戶從既有網絡轉到我們這裡？我們能為此社群貢獻什麼？

- 我們能提供哪些誘因留住用戶？能否打造出軟性的套牢效應？

- 我們如何從技術上實現我們的設計？

- 透過建立夥伴互聯社群，我們期待達成什麼？

- （何時）我們該停止讓用戶免費使用平臺，開始推出計費或「免費及付費雙級制」的營收模式？

38

成效式契約
Performance-based
Contracting
成果決定收費

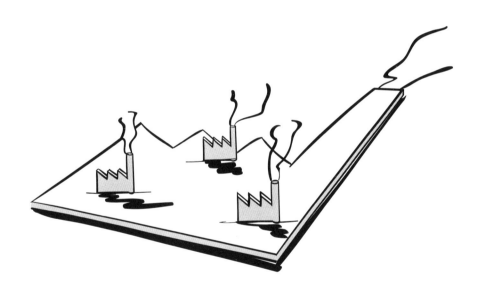

模式

　　成效式契約意味著價格並非由面值決定，而是把成果量化，由顧客支付對應金額（什麼？價值？）。通常這筆錢包含所有相關費用，如營運及維修，所以顧客較能守住荷包（什麼？）。要強調一點：產品使用度與價格無關，這是與「按使用付費」（#35）截然不同之處。此外，這類型絕大多數用於 B2B，「按使用付費」則多為 B2C。負責供貨的生產商往往和客戶的價值創造流程緊密相連（如何？），貢獻過去經驗的同時，也從及時掌握產品使用狀況，不斷提升專業（價值？）。

　　一條龍式的自有營運（integrated own-and-operate）是這模式的一種極端──產品雖已被乙公司買去，所有權卻仍屬於甲公司，也由甲負責經營（如何？）。與客戶密切的長期關係，消弭了相對提高的財務和營運風險（價值？）。

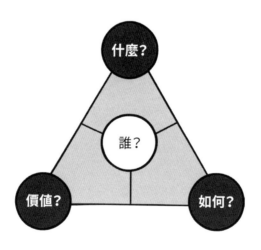

起源

　　此模式源自公共基礎建設的政策；20 世紀中葉起開始的公私合夥（public-private partnerships，簡稱 PPP），便是基於這樣的概念。公私合夥是公部門與私人企業的合作條款，前者授權後者負責公共工程，後者所拿到款項，則根據其完成多少要求而定（例如：建好幾座幼稚園）；換言之，成果決定費用。

　　這種以成果論款項之風，隨即吹向產業界。英國飛機引擎製造商勞斯萊斯即為先鋒。1980 年代初期，這家公司靠著「按飛行小時包修」作法大獲成功，它賣的不是引擎，而是引擎每飛行小時的表現。至於引擎的所有權、維修，皆由勞斯萊斯一手包辦。這項辦法深受客戶歡迎，為勞斯萊斯賺進七成以上的營收。

成效式契約　以勞斯萊斯渦輪為例

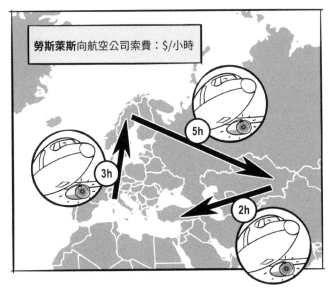

創新者

　　成效式契約已被各種領域採用，如化工大廠巴斯夫從 1990 年代末期推出的「單位費用」（cost per unit）模式即為一例——汽車塗料費用並非依照消耗總量，而是看完成了多少輛車（或模組）。同時，巴斯夫也參與客戶噴塗過程，提供技術援助，協助改善效能，至於省下的成本則都與客戶均分，製造雙贏。

　　美國大廠全錄，其產品包括：印表機、影印機及其他週邊產品，也提供各種文件管理服務。他們供應印表機、影印機給客戶，但仍保有產權。全錄龐大的維修資源與經驗讓成本下降，效率提升。換個角度說，全錄負責這些機器的供應及維修，客戶則按影印張數付費。全錄卓越的專業，使它能以極低營運成本獲得更高利率。

　　飛利浦根據成效式契約模式，以全新手法滿足照明部的客戶之需。顧客想要照亮房間，一切必要的活動、資源與流程，則由飛利浦接手。飛利浦鎖定重視長期大樓管理，卻無意投資於必要技術的企業客戶，讓燈具、保養、修繕、控制等複雜管理都外包給他們。客戶安心享用照明設備，而飛利浦這邊，資金來自技術提升的能源效率。飛利浦這項專案以傳統電力的成本估算，但長期勢將走低。此外還有一個好處，就是營收變得更可預期。

「何時」以及「如何」採用成效式契約模式

　　採用這種模式，你可將專業化為黃金，包括：流程知識、維修技能、其他相關服務。當你的產品相當複雜、應用也頗多局限時，成效式契約

特別好用。這能吸引不想預付費用的客戶，與那些渴望掌握成品確實成本的客戶。

深思題

- 我們的客戶真正需要的是什麼？

- 若提供成套的知識和服務給客戶，他們會覺得是額外的價值嗎？

- 客戶會希望成本結構透明化，好讓他們依照實際用量管理成本嗎？

- 我們該如何設計價值鏈，以提高完成率及可靠性？

39

刮鬍刀組
Razor and Blade
釣鉤和誘餌

模式

　　在刮鬍刀組模式中，基本品價格低於成本，甚至會免費贈送，但這個基本品必須搭配使用附帶品，且價格不菲，遂使之成為營收的主要來源（什麼？價值？）。這簡單高明的商業邏輯說明了此種模式，它有另一個名稱「釣鉤與誘餌」，重點在藉著降低購買基本品門檻，以贏得消費者的忠誠度（什麼？），隨著消費者購買必要配件，收入自然滾滾而來（價值？）。

　　此模式的基本品成本須由配件彌補——當配件使用頻繁的情況下獲利最高（價值？）。換言之，公司賣的不只是基本品，更是配件在未來的銷售潛力。然而，為確保這些潛能，必須設好防堵消費者買對手配件的退出障礙。常見策略包括為配件申請專利，或打造強大品牌（如何？）。刮鬍刀組模式經常與「套牢」（#27）策略搭配，就像雀巢 Nespresso。

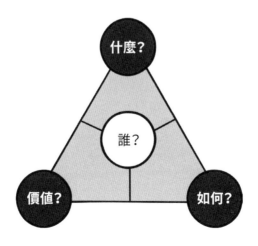

起源

　　要追溯這個模式的起源，得回顧久遠之前。先驅之一的洛克斐勒（John D. Rockefeller），他在 19 世紀末開始於中國販售廉價煤油燈；買了這種便宜燈，得再買不便宜的油才能把燈點燃，而那個不便宜的油，就產自洛克斐勒的標準石油公司。這套商業模式賺進的巨額讓洛克斐勒成為美國第一富人，之後更躍升全球首富。「刮鬍刀組」一詞，則來自另一家知名創業家——刮鬍刀片先驅金恩・吉列（King Camp Gillette）。

　　吉列在 20 世紀早期發明了可換刀片，為了促銷，吉列把搭配的刮鬍刀柄送給各軍事機構與大學院校。銷售成績驚人，上市不過三年，吉列可拋棄刀片已售出逾 1 億 3,400 萬片。順帶一提，吉列也說明了專利如何能有效強化刮鬍刀組的力道——吉列旗下，單單一個鋒隱系列（Fusion），就擁有 70 多項專利，這讓對手幾乎只能望著利潤豐厚的刀片市場興嘆，很難分到一杯羹。

創新者

　　1984 年，惠普將此模式用在 ThinkJet ——全球第一部個人噴墨印表機。與昂貴的工業印表機不同，ThinkJet 只賣 495 美元，一般美國大眾都負擔得起，至於惠普的主要營收，則來自之後不絕的墨水匣業績。此一模式不僅影響當時整個印刷業，直到今天，仍是該產業最主流的營運模式。

　　雀巢膠囊咖啡 Nespresso 是另一個成功典範，這一套系統，是由便宜

的咖啡機與要價不算便宜的咖啡膠囊所搭配而成。二十多年前，刮鬍刀組模式現身咖啡市場，徹底改寫了業界邏輯。以往咖啡被視為單純大宗物品，沒什麼高價位或創新的空間。然而，Nespresso 的創新模式非常成功，僅 2018 單一年度，營收就創下 50 億歐元之譜，遂使雀巢繼續沿用至其他產品，如：茶（雀巢 Special.T）。

刮鬍刀組也成功應用在遊戲機產業，像是索尼的 PlayStation、微軟的 Xbox。遊戲機售價接近生產費用，利潤則來自遊戲；現在，更可直接從遊戲機購買取得。此處，刮鬍刀組可與訂閱（#48）模式有效搭配。其他例子包括 eReaders 及電動牙刷。

另外，這模式一個有趣變異，是反向的刮鬍刀組，應用廠商諸如科技巨擘蘋果或家電大老福維克（Vorwerk），其基礎產品售價高昂，必要配件則相對低廉，甚至毋須搭配母牌主機。蘋果將反向刮鬍刀組模式用於 iPod，主機高價賣出，可連接至 iTunes 商店，平價購買音樂。福維克則以此手法用於旗下美善品（Thermomix）料理機（與食譜模組）或真空吸塵器搭配真空吸塵袋。在上述兩個例子中，顧客都能隨意購買其他品牌的耗材，營收主要來自主機銷售，耗材只是錦上添花。

刮鬍刀組模式的發展時程

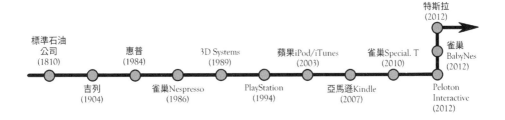

「何時」以及「如何」採用刮鬍刀組模式

這個模式在 B2C 甚囂塵上，在未來，相信會有更多 B2B 企業加以運用，尤其是售後服務，其中機械工業就是很好的例子。配合「套牢」（#27）手法，又會產生更強大的效果；目前已有許多公司利用這種模式，保護高獲利的售後服務及備件生意。想利用這幾種模式生財，得盡量拿到專利，並強化品牌力道。

如果能保障售後服務的業務，此種模式也可用於機械產業。專利備品即可產生這樣的套牢效果，遠距診斷工具也是，專業代工（OEM）的作業效能將大為提高。

深思題

- 我們可否在產品設計階段就加入某些特性及功能，來保障售後服務這塊的業績？
- 能否藉著難以複製的獨特零件，防堵對手模仿我們的服務或備件生意？

40

以租代買
Rent Instead of Buy
購買暫時使用權

模式

「以租代買」一詞已說明一切，這對消費者最大好處是：毋須負擔整個買下的費用，就得以享用原本只能望而興嘆的產品（什麼？），也能將這筆長期資金拿去做其他投資（什麼？）。許多人非常喜歡這些優點（尤其對資本密集型的資產而言），透過這種模式，銷售潛力大為增加（價值？）。

提供以租代買的一個重要前提，是能先獲得融資，因為營收必須等待一段時間（價值？），這一點與出租雷同，差異在於後者是按使用期間計算，前者則依照實際使用為基礎。以租代買和「按使用付費」（#35）兩者可靈活搭配，租車公司在顧客超出預先講好的里程數時會另外收取費用，就是這種例子。

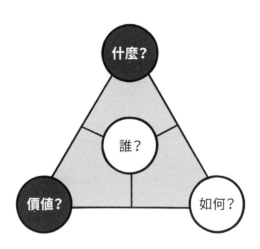

起源

以租代買可謂源遠流長，有證據顯示，西元前 450 年羅馬人即有出租家畜之習。之後又擴展到其他領域，如中世紀的貴族，把田地租給農人換取作物（什一稅）。當然，這種「租金」絕非出於自願，而是依當時社會階級（神職、貴族、平民）所發展出的安排。如今，出租主要見於不動產，在德語系國家，一半以上公寓屬於出租。

創新者

很長一段時間，以租代買已激發出近期一些商業模式，就像 19 世紀末、20 世紀初出現的汽車租賃，喬‧桑德斯（Joe Saunders）即一位知名先驅。1916 年，桑德斯開始把自己的福特 T 型車租給商界人士，一英里 10 美分的收入就拿來保養車子。憑著生意人頭腦，桑德斯隨即意識到其中的廣大商機；到了 1925 年，「桑德斯體系」（Saunders System）汽車租賃公司已遍布全美 21 州。

另一個成功的創新，來自影印機製造商全錄（當時還叫做哈羅德攝影有限公司〔Haloid Photographic Company〕）。1959 年上市的全錄 914 型，是首部採用乾式影印技術的商用自動影印機，為影印帶來天翻地覆的革命。以往一天只能印個 15 ～ 20 張，如今可輕鬆印出數千張，但 914 型售價太高，市場相對受限，全錄便決定採用出租模式──95 美元一個月。需求一飛沖天，以致幾年後甚至供不應求。《財星》（Fortune）雜誌稱全錄 914 型是美國有史以來銷售最成功的一款商品。

瑞士的 CWS-boco 創於 1908 年，從事工作服供應與清洗。它提供的

清潔衛生服務，全面方便，可買可租，客戶往往更偏向租用模式。

　　SolarCity 追求迅速拓展太陽能科技，尤其針對家庭家戶，它設計住宅屋頂的太陽能系統以及安裝。客戶可選擇兩種方案：立即購買或以租代買。若選後者，安裝免費。長期合約（20 到 30 年）之下，買方同意購買廠方的電力，廠方則以較一般綠電優惠的價格供電，且價格在合約期間也獲得控制，合約到期，客戶成為廠方股東。SolarCity 得利於客戶的持續購電，而有像特斯拉儲能電池 Powerwall 這樣的先進夥伴，它的價值主張也更形增色。基於諮詢的高度需求，其商業模式包括與顧客密切的個別關係，因此它也採用登門推銷。

　　即便已採用出租模式，仍可因為更好的裝配、專業、營運而更上層樓。多數滑雪勝地都可見滑雪出租項目日益發燒──彈性更多，複雜度降低，舒適性更強，是吸引更多客人的原因。「奢華寶貝」（Luxusbabe）與「租個朋友」（RentAFriend）也都善用此模式──客人得以低廉價格租用名牌包，甚至一位朋友。

以租代買　以車權演變爲例

自有車	汽車租賃		汽車共享	
	租車公司	個人對個人 (P2P)	叫車(Ride-hailing)	共乘(Ride-pooling)
賓士 BMW 福特 通用	安維斯 (Avis) Europcar 赫茲 (Hertz) Alamo	Getaround Turo niyacar	Lyft 優步 Grab 滴滴出行	Via Parizzo BlaBlaCar

「何時」以及「如何」採用以租代買模式

　　這種模式用途廣泛，如果你的產品是採固定價格，不妨考慮改用出租。實際上，此舉頗符合潮流所趨——人們想用某樣東西，但不見得想擁有。這股源於消費性產品的趨勢已延燒到汽車業，隨即可能擴展到更多領域。

深思題

- 我們的顧客是真的很想擁有我們的產品，還是只要使用就好？

- 我們該如何融資產品，持續挹注現金流？

- 我們有哪些品項可用出租取代販售？

- 這能為顧客帶來什麼價值？

41

收益共享
Revenue Sharing
共生互利，你贏我也贏

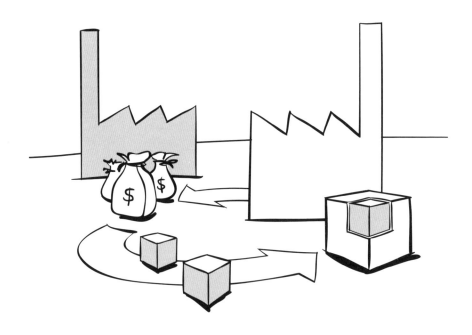

模式

　　所謂的收益共享模式，是指個人、群體或公司互相合作，分享收入（什麼？價值？），經常和網路慣用的聯盟手法搭配（例如：某電商網站透過聯盟廣告向消費者介紹某商品，而後憑「點擊」獲得報酬）。前者賺得收入，後者則享有被轉介而來的廣大顧客群。有的方法鼓勵個人線上登錄，合作完成某事，分享所得獲利；有的鼓勵用戶上傳內容，連上自己的廣告橫幅，再根據「點擊」或「曝光」次數分配廣告營收。

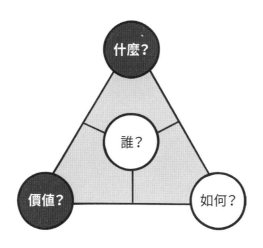

　　此種模式有助於打造策略聯盟，拓展顧客群，繼而提高收入與競爭力，可做為降低物流成本的一種手段，同時風險也能由其他利益關係人一起分擔（價值？）。收益共享模式的成功前提，是有一方必須增加收入，再藉著與他方分享邀其合作，以產生共生互利關係。

起源

此一模式最早出現的證據，大約出現在西元前 810 年，那時威尼斯商業開始繁茂，兩方形成所謂「康門得」（commenda）合約一起銷售貨物。通常，一方是駐在威尼斯的商賈，負責出資，另一方則是運貨至各港口的旅遊商人。雙方彼此的風險及利益分攤都事先定好──前者扛起資金風險，後者投資勞力，獲利則依 3：1 比例分（出資人得 3）。

法國第一個收益共享的嘗試是在 1820 年，由法國國家保險公司（French National Insurance Company）開始提撥部分利潤做為員工薪資，隨後各行各業等多家公司跟進。英國哲學家約翰・穆勒（John Stuart Mill）與羅伯・哈曼（Robert Hartman）提出的這個概念逐日受到推廣；哈曼主張，收益共享將使員工對公司產生更強的認同感，進而提高動力，刺激業績成長。

創新者

1994 年，奧林兄弟（Jason and Matthew Olim）創立 CDnow 網站，為音樂愛好者提供眾多影音光碟。成立三個月後，他們推出「線上買」（Buy Web）方案，可說是當今所謂「聯盟行銷」的鼻祖。音樂大廠或獨立創作者，都可將音樂（隨後影片也跟進）連結至此銷售，而為了鼓勵加入，CDnow 與各方訂定收益共享合約，在此賣出的聯盟商品收入，夥伴可分得 3%。此舉一出，夥伴數目激增。

美國消費電子製造商與線上服務供應者蘋果公司，同樣以此應用在 App Store 及媒體內容。程式開發者把自己創作的應用程式上傳到

AppStore，或免費、或自定價格，核可之後便在 App Store 發行，營收三分之一歸蘋果。媒體內容也持類似原則，以音樂來說，音樂人或廠牌上傳音樂，消費者購買下載的收入 2：1 分（蘋果拿 2）。近年來，音樂單獨購買的情況減低，串流已占 2019 上半年音樂產業整體營收的八成。為了與 Spotify 爭龍頭寶座，蘋果端出 Apple Music 訂閱服務（#48），用戶月付 $9.99 美元，蘋果則給音樂人每首串流樂曲 $0.00735 左右（2018年）。這兩個平臺帶來極大綜效：AppStore 應用程式的選擇極其豐富，每筆分紅持續挹注營收，且讓更多消費者因此想買蘋果的裝置。蘋果受益，想推廣自己開發的程式工程師也同樣開心。

收益共享　以蘋果公司的 iTunes 應用程式為例

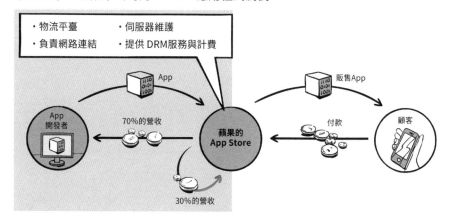

Sanifair 是另外一例。使用該公司安裝的廁所必須支付門票，但會拿到一張可用於臨近商店、餐廳酒吧的消費券，消費額度必須高於面額，讓商家營收提高，再與 Sanifair 分享消費券帶來的業績。2019 年，Sanifair 僅在德國高速公路服務區就管理了 520 多個廁所，每個設施平均每天約有 500 個使用人次，使它這個模式形成驚人業務。

2006 年創於舊金山的 HubPages 是個用戶原創內容的收益共享網站。寫手們分享各自以雜誌風格寫成的文章。內容五花八門，舉凡時尚、音樂、藝術、科技、商業樣樣都有，作者除貢獻文章外，也有很多人提供相關影片、照片。另外，把可點擊廣告放在用戶網頁，所帶來的收入就與 HubPages 分紅。

根據此一概念，不少服務商與顧問公司，也開始考慮根據服務價值定價。對客戶而言，比較毋須擔心這筆昂貴費用是否值得，而顧問公司這邊，則得以和客戶建立更積極的關係。

「何時」以及「如何」採用收益共享模式

隨著價值鏈日趨細分開放、相互依賴，收益共享的重要性也不斷提高。無論你身處何種產業、B2B 或 B2C，皆可透過策略聯盟降低風險。

生態系統思考在顧客旅程中變得益發重要，使得這個模式的重要性近年來也逐步提高——挑選對的夥伴攸關一切。

深思題

- 以我們的商業模式，誰適合做為夥伴？
- 怎樣的產品結合才能創造綜效？
- 我們的合夥概念是否有助我們透過綜效受惠？
- 能否以簡單的流程機制，讓大家輕鬆分享獲利？
- 聯合品牌（co-branding）所創造的外溢效果，是正？是負？
- 我們可有清楚的退場方案，不致影響之後的獲利？

42

逆向工程
Reverse Engineering
以對手為師

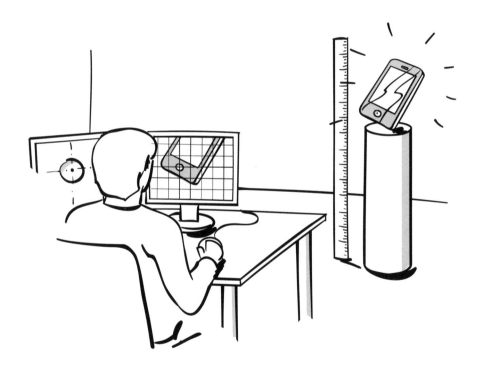

模式

　　所謂的逆向工程模式是仔細研究某種現存技術或對手產品,再發展出類似或相容的東西(如何?)。由於幾乎沒有研發成本,價格會相對低廉(價值?)。逆向工程不限於產品勞務,還可用在例如整個營運模式上,比如:把對手的價值鏈分析透徹,進而套用其經營原則。

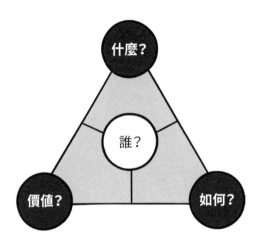

　　這樣模仿的好處是,可放棄華而不實的外表、以便宜零件代替昂貴原料,將市場上的成功產品帶給原本不想或無力負擔原始高價品的顧客群。因為有別人打頭陣的前車之鑑,模仿者頗有機會做出同等水準的東西(什麼?),目標不在取得「先發優勢」,而是優化既有產品。然而,如此模仿也可能侵犯到原創者的智慧財產權,所以務必先釐清相關的專利執照問題,以免踩到法律紅線,陷入曠日費時的昂貴訴訟(如何?)。此外,也要留意專利到期日,若已過期,原創者就失去控告他人模仿的立場。

起源

　　逆向工程原本主要是軍事概念，更狹義的用法則始於第一和第二次世界大戰。當時，科技進展快速，交戰雙方都有了解對手武器設備及運輸系統的戰略需要，於是，就經常使用逆向工程來分析手中拿到的敵方設備，以提升己方武裝戰力。二次大戰結束後，原東德也藉由類似手法改造某些電腦硬體技術。

　　就汽車產業來說，日本車廠如豐田、日產（Nissan），最早也是購買西方汽車加以系統研究，以了解如何製造高品質的車子。一輛一輛拆解，分析所有零件的功能、結構、特性，這就是 1970、80 年代日本汽車模仿西方的手法。日本文化原就擅長學習改進，再透過持續改善（Kaizen）、品管圈（quality circle）這類系統方法，豐田等車廠終於趕上西方國家。

逆向工程模式的發展流程

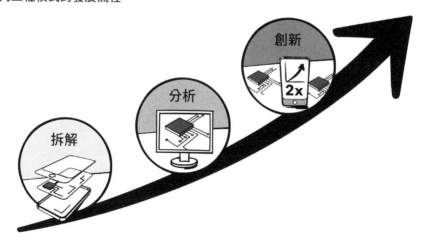

創新者

在瑞士註冊成立的 Pelikan，運用逆向工程概念，生產鋼筆、原子筆、紙張、工藝材料、印表機配件、辦公室用品。1990 年代初期，該公司開始生產與市場當紅印表機同款的墨水匣，且定價極低。為什麼可以如此呢？一來它沒有龐大的研發成本，二來沒有補貼低價印表機的負擔。其墨水匣品質不遜於名廠，很具吸引力，再加上低價策略，很快就衝出銷量與營收。

焦點轉到中國，科技公司小米將逆向工程模式應用得非常成功。對手如全球科技巨擘首席設計長喬尼・艾夫（Jony Ive），形容小米的商業作為是「剽竊」，其實並不正確。雖說其產品的一些面向與蘋果等對手確實很像，小米卻採用逆向工程，把自己的想法注入到公司獨特的技術生態系統，增加不少魅力獨具的產品。2018 年賣出將近 1 億 1,900 萬支智慧型手機。

總部設於柏林的 Rocket Internet，其所打造的公司在多個業界中，將逆向工程模式發揮得淋漓盡致。創辦暨領導人桑威爾（Samwer）兄弟是歐洲最成功企業家之一，在他們這些成功例子之一的還有電商巨頭 Zalando，複製美國零售商 Zappos 的 Zalando，證明逆向工程模式也能應用於所有的商業模式。它持續成長，2018 年端出 54 億歐元的營業額，是德國電商第一把交椅，領先 Otto 和亞馬遜等備受尊敬的企業。

「何時」以及「如何」採用逆向工程模式

車廠、藥廠、軟體公司都經常採用逆向工程，因為這種模式好處很

多，像是：省下研發的費用時間、取得已獲市場認可的產品的知識技術、讓原廠或生產文件已不在的產品得以再度問世。其中，3D 掃描列印又將使逆向工程的應用更加廣泛。然而，採用這種模式時要記住：不能只是抄襲，學習才是重點。

深思題

- 我們能從各產業成功案例中，學到什麼？
- 我們如何取得對手品牌的合法模仿權？
- 哪些部分是我們能學到最多的？
- 我們如何學到領導品牌的產品功能與成本控制？
- 我們如何回應大眾對逆向工程手法的抨擊？
- 逆向工程經常遊走於法律邊緣，該如何掌握分寸？
- 我們如何將所學巧妙轉載至自家產品與公司？

43

逆向創新
Reverse Innovation
以夠好的東西為師

模式

　　逆向創新的商業模式，原本是針對發展中國家的產品，經重新包裝回銷至工業化國家（如何？），像是使用電池的醫療器材，或原為發展中市場設計的車輛。其背後邏輯是，為新興經濟或低收入市場研發的產品，多須符合相當嚴格的要求。首先，成本必須是富有國家定價的一小部分，當地消費者才負擔得起；第二，產品功能也得合乎已開發市場的標準。

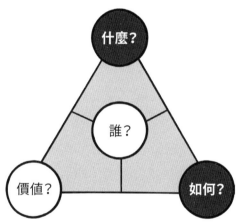

　　如此弔詭的情況，往往逼出完全不同的做法，可能也會讓已開發市場的消費者大為驚豔（什麼？）。以往的常態是，新品由西方國家實驗室做出，之後再推廣到較落後國家（透過「全球化」）。逆向創新卻剛好相反──新品由較落後地區研發出來，再經全球商業化賣到已開發市場（如何？）。這完全有違某些經濟法則，像是雷蒙・弗農（Raymond Vernon）教授於 1960 年代提出的「產品生命週期理論」，他認為產品應由知識、資本密集的先進國家研發，再由低薪資國家生產。

起源

此一模式起源於 1990 年代，當時包括中、印在內，昔日的低收入國家正逐步成為新興市場。過去幾年，各跨國企業在這些國家成立研發部門，為當地消費者帶來創新產品；而令他們訝異的是，這些新品在已開發市場竟也大受歡迎。於是，逆向創新模式由此誕生。

美商跨國集團奇異是公認的逆向創新先鋒。2007 年，它在中、印市場推出一款可攜式心電圖儀器，可接筆記型電腦，其售價僅一般超音波儀器的十分之一。幾年後，奇異將這項產品推進已開發市場，包括法國、德國、美國在內，全都賣得嚇嚇叫。

創新者

奇異之外，採用逆向創新的公司所在多有，例如，芬蘭的電信商諾基亞在 2003 年推出的諾基亞 1100 型，即為一例。這款低價手機乃瞄準印度內地的窮鄉僻壤，捨棄了彩色螢幕、相機這類昂貴配備，依當地所需設有手電筒、鬧鐘、防滑手把。繼印度市場熱銷之後，諾基亞 1100 型也立即走紅工業化國家，實用無華的簡單功能很對不少顧客的胃口。1100 型成為當紅炸子雞，在當時一共賣出超過 2 億 5,000 萬支，儼然成為全球最賣的消費性電子產品。

Dacia Logan 也是一例。由法國車廠雷諾（Renault）所設計生產的這款低價車只要 5,000 歐元，原是瞄準東歐市場的低收入消費者，尤其是羅馬尼亞。Dacia Logan 採用廉價的設計與製造技術，其勞工密集的裝配流程則在低工資國家進行。羅馬尼亞大賣之後，轉入已開發市場，結果

逆向創新模式　全球一覽

後者為 Dacia Logan 全部業績貢獻三分之二，2006 年問世以來共計賣出 400 多萬輛。

　　中國電子公司海爾集團以此模式，生產一款專賣農村的小型洗衣機。1990 年代近尾聲時，海爾推出「小小神童」迷你低價的選項，在中國一炮而紅，海爾稍加改款賣到海外，也是成績斐然。海爾領銜全球家電業，2018 年的營收超過美金 120 億元。

　　要將原本專攻中國市場的商品轉賣到已開發市場，通常也要開發出新的市場區隔。以技術性的醫療產品來說，中國市場的規格往往非常簡單；這種只提供基本功能的產品，俗稱「簡約產品」（frugal products）。西門子便為這塊市場的產品研發訂出 SMART 原則：快速（Speedy）、易維修（Maintenance-free）、經濟實惠（Affordable）、可靠（Reliable）、及時上市（Timely）。當這些為了中國消費者設計的產品銷到已開發國家，往往能打開新的市場區隔，比如，相當便宜的超音波

儀器不再限定醫院使用，還可以帶到野外。同樣的產品只要成本驟降，就能激發出全然不同的用途與市場。

「何時」以及「如何」採用逆向創新模式

　　這是一種相對新穎的策略，假如你有傑出的創新研發能力，又置身中、印等新興國家，這種模式就很適合你。話雖如此，若身處富有市場、產業面臨龐大的成本縮減壓力，逆向創新也可能是條出路。截至目前，醫療科技產業帶來不少創新案例，其他產業想必也將陸續跟進。

深思題

- 我們在新興市場的創新研發能力，夠強嗎？
- 我們能有效保護我們的智慧財產權嗎？
- 在中、印市場，我們該怎樣防止知識外洩給當地對手？
- 我們的簡約產品，能否移轉到富有市場？
- 對西方世界常見的「非我族類」症候群（「這種專為中國設計的產品在歐洲絕對賣不出去」），我們是否已有因應之道？
- 當我們的產品移轉到富有國家，勢必面對市場差異及新的區隔問題，對此我們可做足了準備？

44

羅賓漢
Robin Hood
劫富以濟貧

模式

　　要為此模式命名，大概沒有比「羅賓漢」更傳神的了——在這種模式之下，賣給「富人」的價格遠比給「窮人」的高出許多，換言之，主要獲利就是來自這群富有顧客。低價服務窮人，通常沒什麼利潤可言，但可創造出的經濟規模，其他供應商恐怕望塵莫及。再者，此舉能為公司營造正面形象。

　　循著羅賓漢的腳步，秉持這種哲學的企業以富養窮，希望讓處於經濟弱勢者也能享用某些產品或服務（什麼？）。從富有客群那兒賺到的收入拿來補貼弱勢這塊，價格非常低廉，有時甚至免費（什麼？誰？）。後者得到支持，前者心安理得（什麼？），至於實踐羅賓漢理念的公司則博得好評（價值？）。

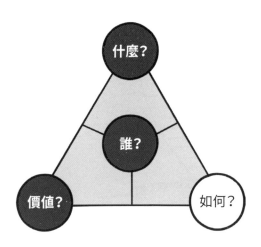

起源

羅賓漢傳奇雖來自中世紀，卻要等到差不多 1970 年代，才開始演變成商業模式，主要是因為企業的社會責任意識漸增，即所謂的「企業社會責任」。印度的亞拉文眼科保健醫院便是先驅之一。文卡塔斯瓦米（Govindappa Venkataswamy）醫師在 1976 年成立亞拉文眼科，致力於解決印度人民治療眼盲的問題。在這類盲人中，六成因為白內障所致，動手術即可治癒，可惜多數印度人民無法負擔這筆費用。

為消弭此種社會不公，文卡塔斯瓦米醫師創立如此一種模式：富有病患須支付手術全額，窮人則量力而為，意謂有時是無酬行醫。富有病患帶來的收入用以貼補窮人手術，而後者的龐大人數擴大了醫院設施，締造規模經濟。此一模式成果著實驚人——儘管亞拉文醫院手術病患有三分之二免費，卻依然獲利連年，至今實施手術超過 200 萬刀。

羅賓漢模式的發展歷程

創新者

此後，將這種模式發揚光大的企業不在少數，設在加州聖塔莫尼

卡（Santa Monica）的鞋商 TOMS 就是其一。該公司成立於 2006 年，創辦人布雷克‧麥考斯基（Blake Mycoskie）因曾旅遊拉丁美洲，驚見當地居民多無鞋可穿，即便有，鞋子的品質也極差，長期刺激的結果，很多人罹患足部的塵埃沉著症（podoconiosis），俗稱「苔狀足疣」（mossy foot）。於是，麥考斯基成立 TOMS，希望終結這種局面。該公司推出「賣一捐一」活動（One for One）：每賣出一雙鞋，TOMS 旗下非營利機構 Friends of Toms 就捐出一雙給一名窮人。TOMS 鞋款設計乃根據阿根廷傳統布鞋（espadrille），營收來自已開發市場，每雙定價 50 ～ 100 美元，幾乎為生產成本的兩倍之多，但消費者卻似乎全不在意──TOMS 成立才 4 年，就已在全球 25 國售出逾 100 萬雙布鞋。其後推出的眼鏡服飾，為善舉創造更多收入。

OLPC 計畫（One Laptop per Child，每名兒童一部筆記型電腦）也是一個成功典範。2005 年成立，這個總部設在邁阿密的非營利組織，旨在提供發展中國家兒童每人一部 XO-1 電腦，以幫助學習，這是源自麻省理工學院教授尼可拉斯‧尼葛洛龐帝（Nicholas Negroponte）領銜的一項教育研究，該研究目標即：協助低收入國家兒童取得知識、資訊及現代溝通工具，以打造更好的未來。這部 XO-1 筆記型電腦是 OLPC 計畫的核心，成本只要 100 美元，完全為了低收入國家學校教育所設計。為了快速將電腦推及全球，OLPC 推出與 TOMS 類似的活動──捐一部，得一部（Give 1 Get 1）；美加地區的消費者只要捐出 399 美元（外加運費）即可獲得一部 XO-1 筆記型電腦，同時也有一部類似電腦將送至開發中國家一名兒童手中。如今 OLPC 則專注於募款，不再賣給已開發國家的消費者。

2008 年開始販售自製檸檬水的德國新創 Lemonaid，也是仰仗羅賓

漢模式。它首次大量出貨約僅 4 萬瓶，4 年後卻突破了 200 萬瓶大關。Lemonaid 的價值主張是，藉其飲料提供永續與無憂，因此它瞄準重視吃得問心無愧、消費也能做好事的顧客。為了能夠接觸到這群人，它的鋪貨繞過量販店與折扣店，只依賴有機商店、咖啡店或酒吧。此外，產品與生產設計皆力求永續，以符合充滿雄心的價值主張。舉例而言，成分供貨商一定是公平貿易公司；再者，每販售一瓶，就捐 5 分美元作慈善用途。為能充分體現「喝飲料有益處！」，它特別成立了「Lemonaid & ChariTea e.V.」協會專責管理。

羅賓漢模式也用於美國私立菁英大學。哈佛、哥倫比亞大學等長春藤聯盟學校，2018-2019 學年度一年學費平均 53,611 美元，低收入大學生可獲得相當資助，甚至全免。這項體系透過基金會撥款與校方捐贈，協助中低收入家庭得以攀上社會階梯，高收入背景的學生則付全額。

「何時」以及「如何」採用羅賓漢模式

如果你的主要市場有穩定顧客，能有效運用資源把產品（或調整版本）提供給低收入客層，那麼，就很適合採用羅賓漢模式。此一模式有兩個主要目的：一來提高聲譽，二來可策略性耕耘未來業績。

目前絕大多數的公司，都看到未來成長會是在現在的低收入經濟體；到了 2025 年，超過 18 億人口將加入全球消費族群[2]。羅賓漢模式有助你從此刻起，與這些低收入客群開始建立穩定持久的關係，當他們成為新興消費者，今日的耕耘便成為明天重要的競爭優勢。

2　麥肯錫全球研究院（McKinsey Global Institute, 2012）

深思題

- 我們能把產品與服務提供給低收入消費者嗎？

- 我們如何穩當且永續地維持這塊市場區隔？

- 我們可有方法補貼這塊市場，或降低成本調整產品？

自助式服務

Self-service

讓顧客自己動手

模式

　　自助式服務是將產品一部分的價值創造交由顧客，以換取較低的價格（如何？），格外適合一些成本高卻沒為顧客增加多少效益的流程。除了能降低成本，客人也往往發現自助省下了他們的時間（什麼？），某些情況甚至能提高效能，因為可以迅速實施某個提高價值的步驟，更能對準目標客層。

　　這個模式的典型應用，包括：從架上自取貨物、自行規劃專案、自行結帳等。自助式生意的省錢空間可觀，客人自己的勞動也常能取代為數不少的職位設置（價值？）。

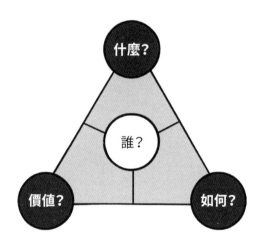

起源

　　這種模式起源於美國，時間約在 20 世紀初，原本客人進到小型雜貨店都是等老闆取貨，現在得自行去架上找。這種自助式概念的發展，

與工業化帶來的產能及效率提升脫不了關係，甚至有傳說認為，就是有一次客人等得不耐煩，乾脆自己動手到貨架拿東西，自助式服務就此衍生。

沒多久這成為北美常態，瑞典和德國則是率先有自助式商店現身的歐洲國家，時間就在二次世界大戰結束的 1930 年代。

降低成本的自助式服務

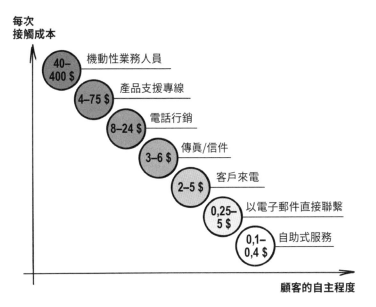

創新者

隨著人們對效率的期待提高，自助模式也從零售業四處擴散。瑞典家具商宜家這個例子若不提，就顯得我們漫不經心。宜家生產組裝家具、

用具、家飾品,它讓顧客購買自行組裝的產品(床、桌椅等)回家,使客人成為公司價值創造流程的一個環節。宜家產品陳列在銷售樓層任客人四處瀏覽,決定購買時,顧客須下樓到倉庫取貨(「扁平包裝」),回家自行組裝。這樣的自助模式,為宜家省下可觀的物流及生產成本,而極具競爭力的價格則帶來豐厚營收。此外,扁平包裝所占空間相對很小,更讓宜家的庫存成本較對手低上一大截。宜家這個商業模式,如今已有無可撼動的教主地位,而 70 多年前推出時,卻讓整個家具產業徹底翻轉。

另一個大名鼎鼎的自助式業者,就是速食餐廳麥當勞,它登上世界最大連鎖店之一,主要就是仰賴自助模式。全球超過 110 個國家的所有麥當勞,包括自營與加盟,全部提供標準化菜單,有漢堡、吉士漢堡、雞塊、薯條、早餐、飲料和甜點。大多數情況下,顧客從櫃檯點餐,隨即帶著餐點找座位坐,沒有服務生。有些餐廳還會提供其他自助選項,像是得來速,包括:開車(drive-through)與步行(walk-through)這兩種。麥當勞專注核心,提供有競爭力價格的速食,節省各項人事成本,遂能引來更多顧客,提高獲利。

自助式概念也被引用至烘焙業,德國以 BackWerk 為先鋒。這間烘焙店不提供按客人指示拿取商品的傳統服務,而是將琳琅滿目的產品皆擺在透明的活動箱,任客人瀏覽,以店內提供的夾子把挑好的東西放在盤裡,再直接拿到櫃檯結帳。顧客執行了價值創造的某些環節,BackWerk 只需提供最基本的服務(例如收銀員),讓人事成本大幅縮減,產品價格能比對手少上 30 ～ 45% 左右。BackWerk 因此一鳴驚人,目前門市超過 350 家。

許多超市也在推展這項模式。瑞士的雜貨店雖在 1965 年開始測試由

顧客自行付款，但直至真正啟動仍要借助科技的日新月異。顧客買完東西自行紀錄、付款，這樣的超市愈來愈多，包括不少全球知名業者（如：沃爾瑪、REWE）。而瑞士幾家連鎖超市，包括：Coop、Migros，又更進一步，提供消費者條碼掃瞄器；同樣現象也可見於英國超市。自助式服務的下一步，會是整個購買過程的全自動化，就像亞馬遜門市計畫由相機輔助自助結帳。

「何時」以及「如何」採用自助式服務模式

當顧客不介意多做點事來換取低價，自助模式就很適合。另外，若生產流程有某個 DIY（自助）元素能讓顧客感到有趣，像是 T 恤由客人設計圖案，也很適合採用自助模式。從顧客立場仔細分析這種模式的潛能，是藉此成功的不二法門。

深思題

- 相較於提供完整服務的對手，採取自助式服務的我們該如何定位？
- 我們該如何為自助式服務定價？
- 我們所提供的是顧客期待的效益嗎？
- 面對這樣的服務體驗，客人會認可嗎？
- 我們如何確保整個流程有確實納入顧客意見，且能徹底執行？

46 店中店
Shop in Shop
站在巨人的肩膀上

模式

　　所謂的店中店模式，是指零售商或服務商在另一家公司的零售空間中，設置獨立門市（如何？），通常有權挑選自己的商品、設計自己的空間，自有品牌的行銷毋須做任何犧牲。這樣的組合能產生很有價值的綜效，雙方皆贏──房東受惠於小店名號吸引來的人潮，而小店則受惠於能在一個熱門購物中心或辦公大樓設點、便宜的租金或雇員。根據經驗證實，融入另一家企業的建物開店，不僅比打造獨立門市來得便宜有彈性，有時更能因此打進一個難以設點的熱門商區（價值？）。

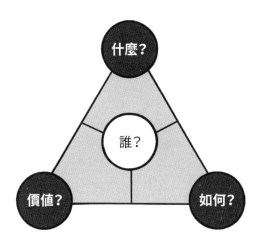

　　顯然地，房東企業的常客也會是整合經營的目標客戶；對於出租空間的公司來說，有許多優勢：由於提供了額外的產品和服務帶來了附加價值，客戶可能因此變得更忠誠（什麼？）；此外，還有租金收入落袋，也毋須為商品挑選陳列傷那麼多腦筋，以上這些小店自會處理（什麼？

如何？）。對顧客來說，店中店提供了繽紛的產品選項、一站搞定的便利購物（什麼？）。而這種合作條款，從一般的租賃合約到創新的加盟（#17）概念都有，種類頗多。

起源

這種模式由來已久，可溯及古羅馬時期、眾多商家群聚的圖拉真市場（Trajan's Market）。現代版則從 20 世紀初的美國開始，許多商店進駐購物商場提供的零售空間，而後一些專門店開始在其他商家，租下一塊區域獨自經營，確立了店中店的經營模式。

店中店　以百貨零售業為例

創新者

德國製造商博世，稱得上是店中店模式最知名的創新先驅。這家電

子工程企業，生產各種工業產品，比如：建築材料、電力工具、家電用品。約莫在千禧年初，博世注意到愈來愈多「無名」對手進入市場，透過廉價吸走了不少逛五金行的消費者。這些來到五金行找工具的客人，多半對產品沒什麼具體概念，以致明顯的價差很快就讓他們放棄了較貴品牌。但實際上，多數客人很希望現場能有詳細資訊，幫他們了解這些琳琅滿目的工具各有什麼特性。受此激勵，博世開始發揮店中店概念，把某些點設在其他商場內，在這塊專屬空間做出品牌識別，架上也擺著特殊的廣告資料。在這裡，客人可以進一步了解博世商品，並獲得詳細諮詢。博世的定位從此突出於眾家「無名」對手之上，消費者也很高興有博世員工為他們專業解說，這樣的成果反映在博世的業績成長、顧客買對東西的滿意度增加。另一方面，做為店中店的房東企業，則樂見博世帶來的附加價值，收取租金。

德國快遞公司 DHL 也採用店中店概念。維持店面成本可能非常昂貴，而蓬勃發展的民間遞送與物流構成了相當大的威脅，使得擁有門市不再是一種選擇，因此，DHL 開始在超市和購物中心設立服務專櫃。民眾可以在這裡方便地投遞或領取包裹和信件，讓顧客受益於更高密度的包裹服務。透過這種店中店合夥設點，DHL 不僅拓展了普及度與服務，也提高了顧客量與營收。

加拿大連鎖餐廳 Tim Hortons Inc. 原是咖啡與甜甜圈專賣店，現在也供應酥餅、貝果、蛋糕類。它是加拿大速食業者龍頭，擁有數千家門市遍布全國，海外也有一些據點。除了自有的標準餐廳，它也把生意開在許多地方，例如：機場、醫院、大學等人潮洶湧之處，為消費者帶來方便的同時，也增加品牌曝光度。透過店中店模式，Tim Hortons 省下不少人事開銷，得以不斷拓點，廣增客群，提高收入及獲利。

店中店模式也日益受到電商業歡迎，例如，德國網路服飾商 Zalando 提供專注單一品牌的數位空間。Zalando 與 Topshop 或 Topman 等品牌合作，不時推出行銷活動與廣告，在在加強了合夥品牌的價值，延伸了實體店中店的概念。除此之外，大型書店、高級服飾、電子零售及化妝品業者也都持續應用此模式。

「何時」以及「如何」採用店中店模式

如果你有透過通路或中間商賣東西，不妨考慮採用這種模式。店中店能增加商品與顧客面對面的機會，有助於提高品牌識別度，而你也可藉此徵詢顧客的意見。現在新興數位服務逐步融合實體與數位，對於強化顧客體驗相當有潛力，能大幅提升把顧客帶到合適店面的機會。

深思題

• 我們能否透過銷售管道來增加能見度？

• 我們如何提高品牌與產品的識別度？

• 我們該運用何種平臺或通路曝光？

• 哪些合作夥伴適合我們的調性、品牌、能力？

47

解決方案供應者
Solution Provider
全部需求一次滿足

模式

　　所謂的解決方案供應者，就是以單一資源，提供特定領域完整的產品勞務（什麼？）。一般除了一切必要的供應與零件，也提供客製化服務及諮詢，目的是給顧客一整套服務，幫助他們處理某方面的工作或問題，讓客戶遂能夠專注於核心業務，進而提升業績（什麼？）。這種模式特別適合想把整塊專業領域外包出去的客戶，例如，把網路業務外包給線上服務提供者（ISP），或把國際快遞包給運輸公司。對提供解決方案者來說，最大好處是可因此強化顧客關係（價值？）。

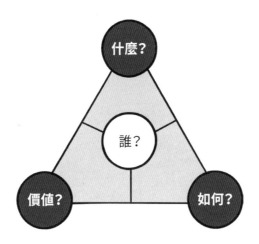

　　提供解決方案的公司，往往扮演客戶求救的單一窗口，客戶端的效能與成果因而得以提升（如何？）。若能進一步成為全方位的解決方案供應者，即可從新的業務領域挹注營收。能洞悉客戶所需與習慣，就可以之改善產品與服務的提供。

起源

理論上，這種概念可用於任何領域，但事實上它源自機械工程。該產業淡旺季十分明顯，以致多數公司需設法開創產品銷售以外的收入，其中，海德堡印刷機（Heidelberg Printing Machines）即為一例。過去 20 年來，該公司完成驚人蛻變，從一傳統印刷機製造廠，搖身成為全方位的解決方案供應者，販售項目不只有機器，更涵蓋與生產印刷品有關的整個流程。換言之，海德堡除了販售印刷機，也提供諮詢監控服務，協助客戶改善印刷流程。它是全球單張紙膠印解決方案的第一把交椅。

創新者

近年來，此模式日漸受到重視。純粹以織布起家的紡織公司 Lantal Textiles，現在是跨國紡織品解決方案供應者，其客戶包括：航空公司、客運公司、鐵路、遊輪。執行長烏斯·李肯巴克（Urs Rickenbacher）指出，該公司「持續在蛻變——從單純生產美麗織品的紡織公司，漸漸成為幫客戶設計全面解決方案，並加以執行的全方位供應商」。Lantal Textiles 的產品組合除了單品之外，更有為旅館、運輸業規劃的完整解決方案，且附帶額外服務。客戶得到的室內設計配套，包括：創新研發、健康安全考量、運輸、存放、保養、新品通知，如此周全的服務項目不受淡季影響，為公司持續挹注營收。秉持這樣的解決方案供應者模式，Lantal Textiles 穩穩創造藍海，成為市場領導者。

世界貿易集團領導品牌福士（Würth），在本業螺絲起子之外，尚有 12 萬種組裝連接配件與工具。技師們在福士可找到一切所需，甚至有

些情況根本無需費心，消耗品用罄之前，福士已自動補貨。僅僅一個世代，福士從兩人公司變身為員工超過 75,000 名的解決方案供應者，營收達 130 億歐元。

　　瑞士包裝公司利樂（Tetra Pak）也經歷成功轉型，為客戶提供各種產品組合、流程、包裝與食品運送。客戶可獲得一步到位的全方位解決方案，從產品說明會（食品和飲料）到最終處理及包裝。利樂除了研發包材，也設計裝瓶廠與包裝廠，其創新的無菌處理技術，延長了飲料食品的架上壽命，降低了物流倉儲成本。藉此單一窗口提供全面解決之道的模式，利樂憑其效能與成本效率，成功吸引眾多客戶，穩保營收及高利潤。2018 年，公司營業額超過 110 億歐元，員工 25,000 多人。

　　3M 的研發創新能力，向來為人稱道。2010 年，該公司於德國成立 3M 服務公司，邁出成為解決方案供應者的第一步。這家公司以單一窗口提供與 3M 產品相關的服務，雖然核心是 3M 琳琅滿目的創新產品，服務卻由夥伴企業提供，這讓 3M 服務的觸角探至以往不曾到達的市場，其所提供的便捷、合乎成本效益的服務（產品搭配）更遠勝多數對手。與此同時，這還降低了淡季影響，全面提升了收入與獲利。

　　Best Buy 的「奇客分隊」所採取的商業模式是：為所有電子產品提供技術支援、解決疑難雜症，全年無休，深入專業。產品項目無所不包，例如：電腦、手機、印表機、遊戲機、網路照相機、DVD、MP3 等。無論顧客有任何問題，奇客分隊都會全力設法解決。公司內部這批訓練精良的專家，隨時可透過電話或線上提供協助。想得到這樣的技術支援，入會辦法有幾種：固定月費、保險方案或維修服務。奇客分隊似乎洞悉現代消費者對日益複雜的電子產品無可奈何的恐慌。Best Buy 主要設在美國，雇員超過 2 萬人。

這樣的「解決方案提供者」模式，也是數位產業常見的模式，如亞馬遜 Web Services（AWS）即是完整範例。AWS 依客戶需求，提供全方位的雲端產品，成為 Dropbox 等許多知名雲端企業基礎設施的依靠。其技術讓客戶握有各式虛擬電腦，透過網路可隨時取得。AWS 的虛擬電腦，幾乎全盤模擬真實電腦的屬性，包括：硬體（處理器 CPU 及 GPU，區域／隨機存取〔RAM〕記憶體，硬碟／固態硬碟〔SSD〕儲存）、操作系統的選擇、網絡、預先載入的應用軟體（諸如：網路伺服器、各種資料庫、客戶關係管理）。作為服務基礎設施的領導者，AWS 市占幾乎 50%，是主要對手微軟的三倍之多。

解決方案供應者　以 Best Buy 的奇客分隊為例

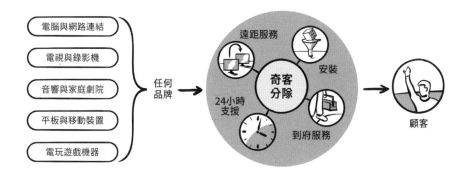

「何時」以及「如何」
採用解決方案供應者模式

當顧客認為你應該延伸你的產品、服務時，也許就該考慮成為解決

方案供應者。售後服務是很適合的領域,像電梯這種產業,售後服務的
重要性及獲利性都比全新安裝來得高。為顧客整合各家供應商不同產品
(服務),則是另一個頗具潛力的應用區塊。

深思題

• 若把更多產品或服務加以整合,顧客會覺得有為他創造更高的效益嗎?

• 在產品創新初期,是否就能規劃之後的售後服務,例如,機械工業中的預
防性維修、遠距診斷?

• 隨之而來的複雜性,我們有沒有能力應付?

• 若我們在擴大產品組合的過程失去特殊擅長領域,該如何挽回原本淵博專
業的地位?

---

48 | 訂閱
Subscription
一票整季用到底

模式

　　訂閱模式讓消費者能固定收到商品。業者與顧客簽訂合約，同意服務週期與期限，顧客可預先付款，或定期繳費——月繳或年繳比較常見（價值？）。顧客之所以能接受這種方式，主要是可以省掉一買再買的麻煩，畢竟時間就是金錢。此外，訂閱單價往往比較划算（什麼？），很多公司提供訂閱折扣，因為這樣一種長期購買的承諾帶來可預期的報酬（價值？）。要讓這種模式穩定運作，務必確保顧客能享受到上述優點，絕對別讓他們感覺受騙了。

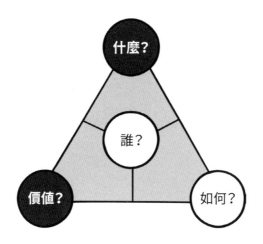

起源

　　17 世紀的德國書商首先推出訂閱模式，主要是為了評估百科全書這類昂貴大部頭參考書籍的需求量，以免入不敷出。之後，許多書報雜誌出版商隨即跟進，且多數沿用至今。

創新者

　　姑且不論訂閱概念源自何處，其對商業模式的影響確實深遠，其中，雲端運算公司 Salesforce 即為一例。Salesforce 以顧客關係管理（CRM）軟體見長，十年前，它率先在軟體界推出訂閱服務──客戶每月付費，即可透過線上使用 Salesforce 軟體與所有更新。相較以往業界針對顧客量身打造出昂貴軟體，Salesforce 推出隨選訂閱方案，且隨時更新；與業界向來以昂貴授權金賣斷的做法相比，這種模式讓 Salesforce 異軍突起。Salesforce 是目前全球十大成長最快的企業之一，訂閱模式讓它得以精確掌握財務狀況，進行更有效率的營運計畫。

訂閱模式的發展歷程

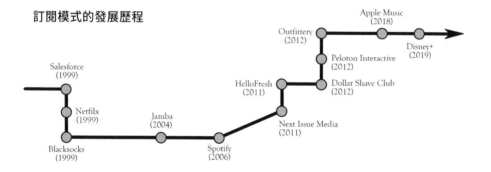

　　瑞士商 Blacksocks（黑襪子）也發覺到訂閱模式的潛力，其公司副標就這麼寫著：「訂襪子，輕鬆扔掉襪子困擾。」（Sockscriptioin: There is no easier way to deal with your sock sorrows.）訂戶一年按其指定週期，每次收到 3 ～ 6 雙襪子；內衣、襯衫也提供同樣服務。1999 年創立以來，公司業績亮麗，憑藉這種商業模式闖蕩 100 多個國家。成功關鍵之一，在於它很懂得打動人們對一樣簡單商品的渴望──黑襪子。另外，每次

打開包裹，還會看見勵志引言、信件和小禮物，因此顧客維持率很高，在許多國家業績都穩定成長。至於把訂閱模式帶到刮鬍刀界的，則是Dollar Shave Club（一美元刮鬍刀俱樂部）：顧客只要月付 1 美元，全新刮鬍刀就會按月送來，再也不用懊惱又忘了買刮鬍刀片啦！

　　訂閱模式也成為美國消費性科技企業的新趨勢，包括：蘋果（Apple Music 和 Apple TV+）、亞馬遜（Amazon Prime）、迪士尼（Disney+）與 Netflix。訂閱取代了過去極其成功的一次性購買模式，例如，蘋果的iTunes。以月付方案讓用戶享用媒體內容，帶來強勁的顧客套牢（#27），這些公司都不斷推陳出新，努力把用戶綁在自己的生態系統。

「何時」以及「如何」採用訂閱模式

　　當顧客經常需要使用你的這項產品時，就很適合採用這種模式。此外，還要讓訂購客人享受到一些附加價值，像是不需要經常購買、不擔心缺貨、品質可靠。無論什麼產業都可應用，且不管是 B2B 或 B2C，效果應該都不錯。

深思題

- 消費者會經常需要哪些東西或服務？
- 我們有哪些產品適合採用訂閱模式？
- 如果客人訂閱我們的產品，能獲得怎樣的額外效益？

49

超級市場
Supermarket
滿場各式小額商品

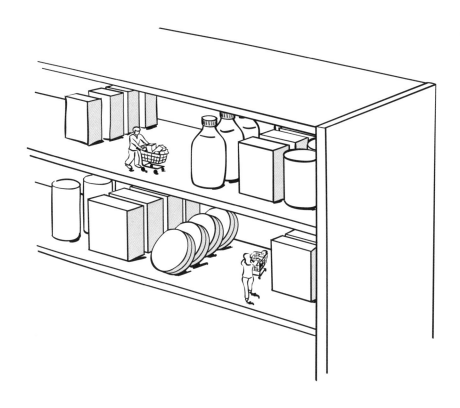

模式

所謂的超級市場模式,是指業者在賣場提供形形色色、隨手可得的產品(什麼?)。一應俱全的貨色,滿足大多數消費者的期待,製造頗具可觀的需求(價值?)。價格低廉,以吸引顧客;相對地,規模經濟讓業者獲得效能,豐富品項(如何?價值?)。消費者希望一站買齊所需的一切,而這正是超級市場模式受青睞的主要原因(什麼?)。

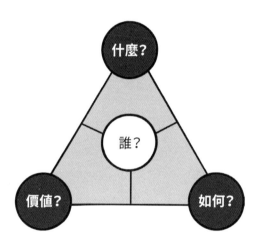

起源

此模式首先見諸零售業,一般認為,King Kullen 超市是最早的先鋒。由麥可‧柯倫(Michael J. Cullen)於 1930 年創立的 King Kullen 食品公司,算是世界第一間真正超市,其秉持「選項如山,價格親民」(pile it high, sell it low)的原則,低價供應各色食品,為顧客省下許多時間金錢。該公司知道其主要客群對價格很敏感,因此抓住機會盡量促銷相關產品,

衍生出交叉促銷、特別優惠與折扣品。規模經濟加上範疇經濟使效能不斷提高。柯倫又從梅西百貨（Macy's）、大西洋與太平洋茶葉公司（The Great Atlantic & Pacific Tea Company，現為 A&P）等不斷擴充賣場的綜合商店借鑑，意識到當紅自助式服務概念（#45）值得採用。King Kullen 不斷擴充，直到 1936 年當柯倫離世時，已有 17 家店面。

超級市場模式的發展歷程

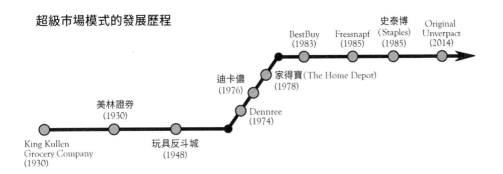

創新者

時至今日，我們已非常習慣在超市裡賣生鮮，而這種模式也持續影響其他不少領域，例如，美林證券就推出所謂「金融服務超級市場」（financial supermarket），為企業客戶及民間客戶提供廣泛的投資商品，希冀擴充投資者以提高交易量。創辦人查爾斯・美林因積極投資超市，興起將超市概念導入金融市場的靈感，以各式手法讓美國一般大眾也能投入向來屬於菁英的投資市場，某種程度「民主化」了這個領域。美林密集登報打廣告，提供訓練，全國四處成立分行，到了 1970 年代，更推出「現金管理帳戶」業務。

人們對於永續行為和友善環境包裝的課題，日趨關注，使得無包裝食品超市愈來愈多，設在柏林的 Original Unverpackt 就是其一。這類公司提供各類商品之餘，更對顧客在意的塑膠使用下足功夫，這是傳統雜貨店難以辦到的。Original Unverpackt 是由客人自己秤重、自己包裝食品，再拿到收銀臺結帳；另外，它的商品也能網購。Original Unverpackt 店名的意思是「原始無包裝」，它是這類超市第一家採用群眾募資的公司，最初由 4,000 名支持者投入 10 多萬歐元；它的出現，陸續讓一些致力減少包裝的商店也起而效尤。

「何時」以及「如何」採用超級市場模式

在可以發揮規模經濟與範疇經濟之處，都適合超級市場模式。超級市場的概念主要在提供一應俱全的商品，與聚焦利基產品的精品店，恰好相反。

深思題

- 我們所在的市場有足夠潛力來採用超級市場模式嗎？
- 包含資訊在內等後端製程要如何設計，才能充分開發規模經濟與範疇經濟？
- 我們能如何透過標準化，讓製程更強大、更具成本效益？

---

50 鎖定窮人
Target the Poor
金字塔底層的消費者

模式

鎖定窮人模式所瞄準的，是金字塔底層的低收入國家人民（誰？），讓他們得以負擔這些產品或服務。一般而言，這群人年收入不超過 2,000 美元（就購買力而言，且這個數字隨分級方式而異）。雖說購買力不高，但這群消費者人數卻占全球人口一半以上，因此形成龐大的消費潛力（價值？）。

要迎合這群低收入人口，需要相當不同的商業模式（什麼？），通常是把產品功能精簡到最低，甚至重新研發。又因為這些目標市場的基礎建設往往十分粗糙，以致整個通路物流得有不同思維（如何？）。

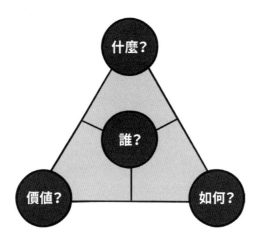

起源

此一模式的重大發展起於 1990 年代，當時，中國、印度、拉丁美洲等地經濟迅速發展，帶動當地需求。聯合利華（Unilever）是最早在這些

市場扎根的先鋒之一。1990 年代，其印度子公司（Hindustan Unilever）推出惠爾（Wheel）品牌洗衣粉，其油水比例特別低，呼應印度人在河中洗衣的風俗。為了推廣產品，印度聯合利華打散生產、行銷、物流，鋪貨到鄉下小店，甚至推出所謂「夏克提」（Shakti）直銷團隊。運用這種營運模式，印度聯合利華在 1995 ～ 2000 年間收入成長 25%，市值增加四成。時至今日，惠爾穩坐印度銷量第一洗衣粉的寶座。

創新者

　　過去幾十年來，鎖定窮人這種概念帶動不少創新的營運模式，其中尤努斯（Muhammad Yunus）所創辦的孟加拉鄉村銀行就是傑出範例，兩者一起獲得 2006 年諾貝爾和平獎，表彰其「從底層推動經濟與社會發展的努力」。該銀行提供小額信貸給拿不出抵押品的窮人，並訂定還款條件激發貸款人自律精神，累積良好信用。尤努斯認為，窮人其實有能力賺錢還款，卻往往苦無機會。鄉村銀行的放款對象中，貧鄉婦女占了98%；銀行要求村民集體當保人，希望以同儕壓力鼓舞還款。1983 年成立以來，放款超過 80 億美元，違約比例竟然不到 2%，這是已開發國家金融業者根本不敢奢望的水準。

　　印度塔塔集團（Tata）的 Nano 汽車是另一則成功案例。這款誕生於2009 年的超便宜小車，售價只要 2,500 美元，經濟實用，具備諸多有創意的省錢特色。為了降低成本，所有不必要的配備一律去除，生產流程仰賴低薪資的印度勞力，減少鋼鐵用量。此外，靠著國際工程技術的貢獻與外包政策，成功壓低成本。這款經濟小車打響塔塔車廠名號，而其改善窮人生活水準的動機，更推升了企業形象。

　　鎖定窮人模式的目標除了個人，也可以是公司，Square 即為一例，它針對資金與流動性不足的小公司所需，創新了商業模式。它了解到許多小型商家出於連線問題、成本或基礎設施問題，無法接受信用卡，因而流失不少生意。於是它開發出可接至行動裝置的配件，能夠讀取磁條。任何企業只要擁有行動裝置，裝上 Square 的軟體，就能接受信用卡付款。若再加上庫存管理和分析方案，還可進一步擴大價值主張。其營收機制是每筆交易抽 2.6%，外加 10 分美元的費用。硬體和應用程式免費，商家不會有隱性成本。這項解決方案的前提是，Square 要與金融服務公司合作。Square 是在 2009 年，由 Twitter 創辦人傑克・多西（Jack Dorsey）所成立，直至 2018 年其營業額超過 30 億美元。

鎖定窮人的金字塔底層策略

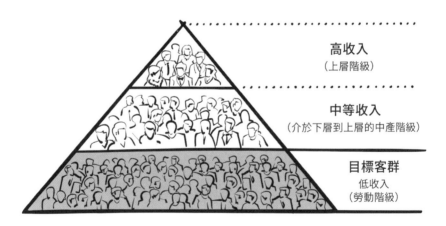

高收入
（上層階級）

中等收入
（介於下層到上層的中產階級）

目標客群
低收入
（勞動階級）

「何時」以及「如何」採用鎖定窮人模式

這種模式瞄準的對象為不斷成長的低收入族群。「金字塔底層」值得矚目，是因為這是一個讓企業有機會永續發展的市場。假如你因提供廉價的保健服務或飲水過濾器對全球脫貧有所貢獻，毫無疑問，這將是很有力的公關，甚至為你的員工帶來效益。

值得一提的是，這群低收入消費者能連線的正在增加——愈來愈多貧困地區人民藉著手機連上網。他們無法負擔固網電話，所以手機非常重要。實際上，他們可能在有自來水或可靠電力之前就先能漫遊網路。

深思題

- 除了現有客戶群，如果把目光轉向低收入消費者，我們能提供哪些產品或服務？
- 針對那些難以負擔我們服務的消費者，是否有辦法做出一些調整，好讓他們成為顧客？
- 透過把產品放到行動裝置平臺，我們能否觸及新的消費族群？

---

51 點石成金
Trash to Cash
化垃圾為鈔票

模式

　　所謂的點石成金模式，其實就是老物再生——蒐集二手貨賣到世界的另一端，或轉化成新產品。獲利基礎在收購價幾乎為零，因此採用這種模式的企業，往往毋須投入資源成本（如何？）；同時，購買再生商品會讓消費者感覺踏實（什麼？），因此，點石成金為舊貨供應商及製造商帶來雙贏；前者省去垃圾處理費（如何？），後者減輕物料成本（價值？）。

　　點石成金不必然要有「垃圾」再製步驟，一種選擇是直接賣到其他市場或地區，這在二手車市行之有年，也開始見諸其他許多商品。販售再生商品的附帶利益是環保形象（什麼？），這種模式能凸顯環保責任，讓公司呈現綠色經營色彩。隨著環境、社會面臨的挑戰日益嚴峻，眾人愈加期待看到負責的企業，因此，這種以再生為核心的模式很能為競爭力加分。

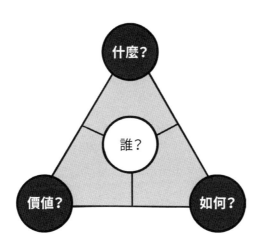

起源

原則上這種模式並非什麼新概念，傳統廢材商即是如此，最早可溯及古希臘時代，考古顯示當時人們就會使用再生品，避免物資短缺。近代開始在商界獲得重視，則是 1970 年代能源價格上漲所致，而後隨著眾人環保意識提高，氣候變遷問題嚴重，這種模式有更大的發展空間。

化垃圾爲鈔票　以巴斯夫爲例

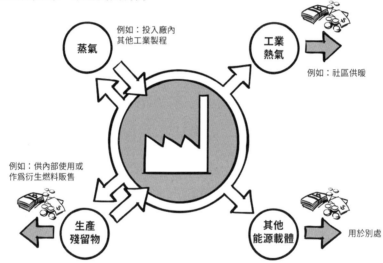

德國專業回收公司 Duales System Deutschland 是業界先鋒，專門處理廢棄物與包裝材料。它推出綠點標識（Der Grüne Punkt）代表回收包材，授權製造商使用於標籤上。整套方案整合了包裝公司與產品製造公司，創造出生生不息的免費廢材。透過與市府垃圾收集單位合作的一套二元系統，各式原料獲得有效再生。加入這項方案的企業，能受惠於高效能

的廢物處理與回收，而 Duales System Deutschland 自己，則由製造商購買認證綠標獲得收入。貼有綠標的公司，一來環保形象大增（有助於吸引更多顧客與營收），二來能獲得便宜的資源、降低廢料處理成本。

　　點石成金的另一個例子，是化學公司巴斯夫。巴斯夫活躍於大宗及特殊化學品、石油天然氣加工、農業解決方案等市場，為許多產業提供高科技與基本原料。它採用所謂的「一體化整合」把資源利用極大化，藉助互相使用且複雜的生產流程，連結旗下各製造廠，運用技術充分利用產出，再整合到其他流程。巴斯夫在全球龐大的製造廠都如此作業，融合不同項目來減少生產殘留物、熱氣與蒸氣的消耗——換言之，降低成本。

創新者

　　全球運動服飾公司愛迪達，將點石成金原則用於國際海洋環保組織（Parley for the Oceans）系列。作為該網絡的起始成員之一，它利用從世界各海岸蒐集而來的再生塑料，借助供應鏈夥伴之力，轉製成高強力聚酯纖維，再生產成運動鞋、短褲等最終成品。高級跑鞋 Ultraboost 超越 2018 年設定的生產 500 萬雙目標，這一產品足以證明，消費者益發期待廠商能創新思考，以永續手法處理資源。誠如愛迪達官網所稱，它將塑膠的「威脅化為纖維」。

　　英商 Greenwire 也以類似策略用在手機與筆記型電腦。到府回收後，他們會進行品質檢查、翻新、修理，再以低價賣出，尤其在發展中國家市場。企業客戶很高興能透過這樣環保便利的方式處理掉不要的電子產品，樂得以低價（甚至免費）讓 Greenwire 拿到這些資源（這些企業可

選擇收到款項，或捐贈給指定慈善機構）。Greenwire 對環保做出卓越貢獻，畢竟僅一支手機的電池，鎘含量便足以污染 60 萬公升水。然而很遺憾地，至今手機回收量只達四分之一。

美商家具 Emeco 創業於 1944 年，運用可直接再利用的材料，如：鋁、木材、PET（聚對苯二甲酸乙二酯，來自塑膠瓶類）、WPP（木聚丙烯，來自仿木頭柵欄之類）生產各式設計師家具。它曾與可口可樂跨界合作，聯手展示點石成金的力量；他們利用大約 111 只回收可樂瓶，打造塑膠版的 Emeco 海軍椅（Navy Chair）。高明的製造技巧與行銷手法，呈現出強烈的環保形象，深得消費者支持。再者，Emeco 產品兼顧功能性、時尚感，且價格可親，在在締造高需求與漂亮營收。

「何時」以及「如何」採用點石成金模式

點石成金模式與永續概念密不可分。所謂「石」，是在某個價值鏈是廢棄物，但到了另一個價值鏈則可再生。如果你們是會產生一堆廢棄物的製造商，就很有藉此模式發揮的空間。

深思題

- 我們如何從廢棄物中創造價值？
- 能否藉由永續概念，為我們的品牌加持？
- 哪些機制能為我們的合作夥伴創造效益？
- 哪些產業（通常獲利率很高）出產有價值的垃圾？

52

雙邊市場
Two-sided Market

吸引間接網絡效應

模式

所謂的雙邊市場，是透過中間平臺協助兩方性質互補的群體有機會互動互惠。例如，招聘網站，它把求職者和招募者聯結在一起；或者搜尋引擎，聯結了用戶與廣告主（誰？）。支撐這種概念的基本核心，即所謂「間接網絡效應」：一邊有愈多人使用，這平臺愈能吸引另一邊的人，哪一邊都一樣（什麼？）。經營這類平臺最大的挑戰，就是得讓兩邊都有興趣，好將此網絡效應極大化──成功的話，就能綁住顧客（如何？）。

瞄準三邊以上的顧客群也是有可能的，如此就成了多邊市場。Google 搜尋引擎即是一個凝聚三種族群的三邊市場：網路用戶（搜尋者）、網站擁有者和廣告主。並非所有參與者都需要付費，以搜尋引擎來說，瀏覽用戶免費，廣告主則得付費加入網站（價值？）

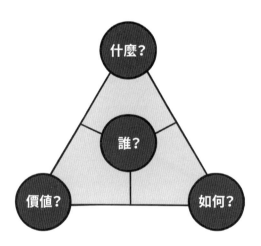

然而，在這模式成立前，要先解決「蛋」跟「雞」的問題——若平臺沒有人使用，則兩邊任一方都不會有興趣加入。因此，平臺通常會透過大量的廣告與優惠，設法在最短時間之內衝高流量（什麼？如何？）。

起源

雙邊市場由來已久，證券交易就是先驅之一，早在 600 年前就已開始。至於史上與現代模式最接近的案例，可溯及 15 世紀時的凡・德・包爾澤（Van der Beurze）家族。該家族在佛蘭芒（Flemish）城市布魯日（Bruges）擁有一間旅館，該區為當時歐洲貿易重鎮，商賈顯要經常進駐，使這間旅館成為金融交易中心、買賣雙方的平臺。直至今日，證券交易仍是雙邊市場最具代表性的典範。

雙邊市場　間接網絡效應

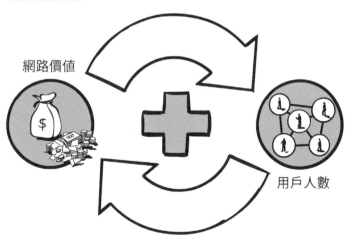

網路價值

用戶人數

創新者

　　這種模式的延展性極強，早有多種創新延伸，信用卡業務就是其一──發卡公司把用卡人與另一端願意接受此卡的商家相連。大來卡（Diners Club）成立於 1950 年，是首家提供約兩週暫免還款時間給卡友的信用卡；卡友只要年繳 3 美元年費，毋須付利息（後來才要），商家則按每筆交易支付 7%。為了打開市場，大來卡得儘速克服一個挑戰（蛋跟雞問題），亦即：沒有足夠的卡友數，商家不願加入；同理，除非入列商家（商店、餐廳、旅館……）繁多，否則消費者也沒興趣申請。對此，大來卡遂祭出各式行銷手法，初期更鎖定業務人員，鼓勵他們帶卡到餐廳消費。

　　聯結買賣雙方的線上交易平臺，如：eBay、亞馬遜、Zappos，也屬雙邊市場。看看團購網 Groupon，它在消費者與商家之間仲介折扣禮券（「優惠」），推銷團購概念──組團購買，可享商家提供的折扣更多。消費者享受這些優惠，店家高興有大量曝光機會。Groupon 並在它服務的每個市場提供每日限量優惠，有興趣的消費者報名，而當人數到達店家的要求，所有報名者即可享受該優惠。這減低了店家風險，因為 Groupon 會依照折扣後價錢抽成。這個網站帶來的間接網絡效應十分可觀，各式優惠引來大批潛在顧客，而這又引來更多商家前來拋出折扣辦法。2019 年中，Groupon 宣稱擁有超過 450 萬名活躍用戶。

　　其他如 JCDecaux、臉書、《都市報》等靠廣告資金營運的模式，也是聯結廣告主與用戶的雙邊市場。間接網絡效應居中策動；廣告主將因用戶瀏覽而受益，用戶則因廣告主資金挹注得享免費使用。以 JCDecaux 為例，它與市府及大眾運輸業者合作，免費或廉價提供街道硬體設施，

換取獨家廣告代理權;廣告主則向它購買吸睛位置或移動媒體檔次,市府省下大筆美化市容經費,坐享別具一格的廣告創意。

優步與 Airbnb 是操作近似夥伴互聯（#37）的雙邊市場範例。不時被稱作最大的計程車或飯店業者的這兩家公司,把供應者和需要住宿或搭車的客人相連。交易透過平臺,價值主張則經由服務提供者實現。優步宣稱其 2019 年顧客幾近 1 億,Airbnb 自 2008 年成立後旅客累積超過 4 億,證明數位企業席捲全球的速度驚人。從每筆交易抽某個百分比費用的兩家新創,成為全球討論度最高、（絕大程度）最受尊敬的公司。

就 B2B 市場來說,XOM 原料公司提供了典範,它為夥伴提出的價值主張基礎是以透明與效率,對付大宗商品（例如:鋼鐵）買賣的痛點。賣方可在 XOM 列出原料清單,輕鬆找到買家。

舉例來說,如果有剩餘物資,過去會很難賣出（如:非常規機制）,如今可找到一堆買家。反之,某個買家需求量很大,但單一賣方或因某種因素（如:信用額度）無法吃下時,就可透過 XOM 由幾家供應商分攤,以最低價格拿到需求量。身價看漲的它,已成為最大鋼鐵中間貿易商 Klöckner & Co 的未來支柱。

「何時」以及「如何」採用雙邊市場模式

對所有企業而言,多邊市場的營運模式幾乎勢在必行,與此相對,傳統一對一模式不再適用。你必須了解哪些人是你的利益關係人,同時他們之間存在什麼關係。掌握這點,就可以開始琢磨,什麼樣的多邊模式適合你的公司。

深思題

- 我們產業有哪些利益關係人？他們的興趣何在？影響力有多大？

- 目前他們相互的聯結程度如何？

- 為何其中有些人顯得孤立？

- 這些利益關係人之間存在哪些價值流（由產品、服務、金錢組成）？

- 在這個價值網絡中，我們的定位何在？有多大機會成為網絡中心？

- 我們能否打造一個多邊模式，用創新手法將所有關係人連在一起，為顧客帶來額外效益？

- 我們如何能在供需雙方都打造出正面且自我強化的網絡效應？

53

極致奢華
Ultimate Luxury
所費不貲，報酬更高

模式

　　極致奢華模式鎖定的是金字塔頂端客層（誰？）；耕耘這塊領域的公司，其區隔自我的方式是根據鎖定目標的消費實力，以提供最頂級尊榮服務——獨一無二，自我實現（價值？）。巨額投資成本可由高獲利抵消，因此，重點在於塑造品牌，聘用形象專業的業務員推銷產品，不時舉辦令人難忘的特殊盛會（如何？什麼？）。全球奢侈品市場不斷成長，尤其是在中、俄兩國。在個體經濟學說中提到的「虛榮效應」（snob effect）——名錶價格愈高，賣得愈好，與這個模式密不可分。要觸及這群頂級消費者，商業模式的周詳調整不可少。

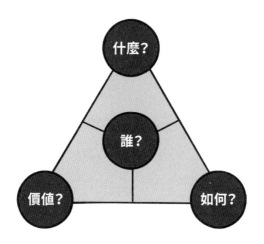

起源

　　這種模式並非當前才有，古羅馬時代的商賈向貴族獻上華服美鑽、建築師為他們設計富麗堂皇的宮殿別墅，讓這些上流人士備感尊榮。到

了中世紀，許多生意人汲汲營營，希望成為王室認證供應商，獲得在商品標誌皇家盾徽的殊榮。今天，頂級富人無異於現代版皇室——或許他們沒有王國，但人性渴望卻無二致。

頂級奢華模式下的虛榮效應

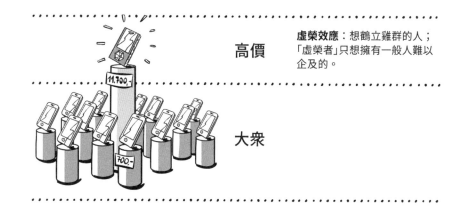

虛榮效應：想鶴立雞群的人；「虛榮者」只想擁有一般人難以企及的。

高價

大眾

創新者

　　採用頂級模式的企業不少，其一為藍寶堅尼（Lamborghini）。這家公司於 1963 年由費魯奇歐·藍寶堅尼（Ferruccio Lamborghini）所創立，其限量生產的超級馬力跑車造就了頂級價格。配合公司密切的顧客策略及貼心的配套措施，讓富有客層反應熱烈。藍寶堅尼因此策略得到足以支撐研發、生產及行銷的豐厚利潤。顧客深受其獨特本質、卓越表現與剽悍形象吸引，藍寶堅尼則欣見漂亮財報。它驕傲推出的 Murciélago，與 1879 年被刺 24 劍不死的傳奇鬥牛同名，皆是力量的象徵。成立之

初，藍寶堅尼就志在以無敵馬力領先群倫，果真第二年就讓全球車迷驚豔，那年他們推出 12 汽缸引擎的 350 GT，足以讓當時所有法拉利（Ferrari）失色。1966 年推出 Miura，350 匹馬力的引擎，時速幾乎可達 300 公里。現在，藍寶堅尼所有跑車幾乎都是以西班牙鬥牛名門血統（Diablo, Gallardo, Murcielago）命名，除了 Countach——這是皮埃蒙特語（Piedmontese）中「強中之強」的意思。

朱美拉集團（Jumeirah Group）走的是頂級奢華酒店路線，旗下品牌包括：朱美拉海灘酒店（Jumeirah Beach Hotel）、阿聯大廈（Emirates Towers），以及堪稱全球最知名的豪華酒店阿拉伯塔（Burj al Arab），這間位於杜拜的飯店，以 321 公尺的偉岸、無與倫比的帆船造型，如磁石般吸引著全球富豪。它正式獲頒五星評鑑，卻遠遠超過標準（有人將它評為全球唯一的七星酒店）：美輪美奐的套房，面積從 51 坪到 236 坪；如果想看看奢華陳設之外的景致，還可搭飯店專屬直升機或勞斯萊斯晃晃市區。這些高標自是不易維持，但直至今日它依然維持獲利沒問題。

創業大家伊隆・馬斯克於 2002 年創辦 SpaceX，願景是顛覆太空之旅，最終要讓人們住到其他星球。它是第一家打破官方研究機構壟斷太空探索的私人企業，超越產業主流思維，想將太空旅行商業化。這個長期構思、野心勃勃的目標，已有顯著的階段性成果。除了定期發射經飛行驗證的火箭，SpaceX 在 2017 年創下軌道級火箭的首次復飛。2019 年以 10 萬到 50 萬美元的估計成本，提供前往火星太空遊的籌畫中，從另一種角度應用了極致奢華的模式。為了能讓民間顧客享受太空探險，航空成本必須降低，而 SpaceX 藉著以下手段達成：優化管理費用、支持各種活動、技術研發、重複使用太空梭作為官方太空計畫的供應商。

「何時」以及「如何」採用極致奢華模式

也許你開始想抬高價格了，但請記住，奢侈品市場其實很小，不過這樣的新興市場仍有可觀潛力，那兒有不少剛剛晉身百萬或億萬富翁者，正四處尋找極致享受。

深思題

- 針對那些什麼都有了的消費者，我們還能創造什麼價值嗎？
- 這些頂級客戶數目這麼少，萬一需求起伏不定，我們有因應之道嗎？
- 我們要找怎樣的職員，才能合乎這些客人極端挑剔的要求？

54

使用者設計
User Design
以顧客為新創者

模式

在使用者設計模式之下，消費者既是設計者也是顧客（誰？），而他們所設計的產品之後會賣給別人，自己便也成為產品研發的一部分。為此公司鼓勵消費者參與，受惠於其創意，消費者則可實現新創點子，但毋須操心基礎設備（什麼？）。

一般而言，網路平臺會給顧客足夠的支援，像是：產品設計軟體、生產服務、網路商店（如何？）；公司則通常會根據已實現的營收按件抽成（價值？）。此一模式的最大優點，在於公司毋須投資產品研發，但要能幫助顧客把創意充分發揮出來（如何？）。

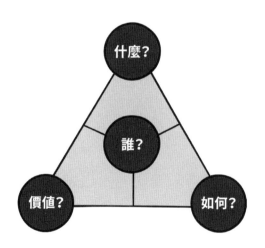

起源

此模式屬於相當新穎的現象，發展不過數年，主要是因為 3D 列印、電腦數控銑床（CNC milling）、雷射切割等生產技術的興起，使得低單

位成本生產小數量（使用者設計產品之一般特性）的這件事，不再遙不可及。與此同時，「大量客製化」（#30）也讓消費者領略到原來產品可以量身訂做，使得此手法也可大量普及。

使用者設計　以 Quirky 商業模式的為例

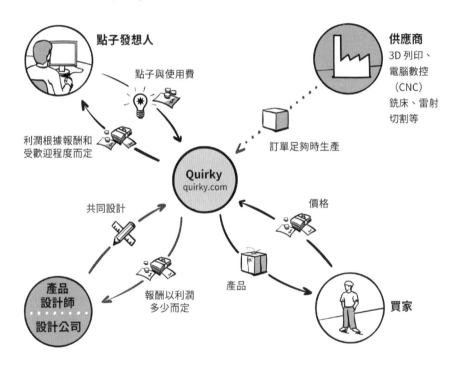

　　美商 Threadless 屬先驅之一，這個結合藝術家與電商網站的社群，是傑克・尼可爾（Jake Nickell）和傑柯布・德哈特（Jacob DeHart）在 2000 年各自拿出 1,000 美元所創辦的。Threadless 的圖案設計、評估、挑選，全由線上社群運作，每週約有 1,000 件投稿作品交給大眾投票，七

天後員工進行評估，再根據平均分數與社群意見，每週挑出 10 件左右，印在衣服及其他產品上，接著，透過芝加哥門市與網路商店銷往全世界。作品出線的作者，可得 2,000 美元現金，外加 Threadless 禮券 500 美元；如果衣服再版，又可再獲得 500 美元。

創新者

這些年來，使用者設計模式早已跨界演出，如丹麥玩具商樂高即是成功範例。樂高工廠（Lego Factory）提供線上設計軟體、生產設備、銷售平臺，消費者可用這套極富彈性的生產技術實現創意，再將產品放上網路店面。這個平臺能展現消費者創意，且毋須顧慮產品滯銷問題；樂高需要做的，只是算好圖案所需的積木，寄給顧客即可。

2007 年成立的紐西蘭新創公司 Ponoko 也是成功典範，它讓顧客隨心所欲創作產品（從珠寶到家具、到廚房用具），再放到 Ponoko 網路商城販售。便利的生產系統，讓顧客得以專注於設計及物流，省下基本設備成本。問世不過兩年，店內已有 2 萬種不同商品，成為該業界的先鋒暨領頭羊。

其他應用使用者設計模式的案例，還包括鞋子與刺青。例如，任何人都可以上 Dream Heels 設計、販售客製鞋款，或到 Create My Tattoo，將自己設計的刺青圖案商業化。

「何時」以及「如何」採用使用者設計模式

產品相對簡單、能激發顧客設計欲望的產業，特別適合採用這種模

式。另外，它也與社群概念相呼應——社群成員彼此之間的互動需求日益提高，大家都渴望能貢獻點子，同時也樂於提供意見，甚至延伸他人的創意。採用此模式，能讓你接觸到各種創新設計，也讓你能打造一個對這些設計有熱忱的同好團體，這對塑造公司品牌絕對是一大助力。

深思題

- 我們如何提升與顧客的合作與對話？
- 我們如何整合顧客的意見與投入，以提升產品品質？
- 我們如何提高消費者自己動手的程度，讓他們更喜歡我們的商品？
- 我們能否藉著社群媒體，提高用戶對我們設計流程的黏著度？

55 | 白牌
White Label
無品牌戰略

模式

所謂的白牌商品,是指生產出來時尚無名稱就賣給不同公司,冠上不同品牌,並提供給不同的市場區隔(什麼?)。製造商僅負擔製造成本,是此種模式最主要的好處,可省下基礎設備投資(如何?)。另外,白牌公司力求生產最佳化,也頗有機會得到規模經濟。在行銷上,由於成品未有商標,因此可任買方自行處理後續行銷。白牌也可以是賣出部分自家產品,掛上他家品牌到市場,這在食品業極為常見──某商品由一家廠商出產,包裝為多種形式,並以不同牌子鋪到零售點去販售(如何?什麼?)。

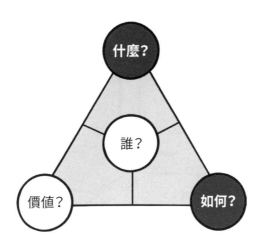

除了有掛品牌商品的銷售之外,無名商品帶來的收入可增添財源,打入低收入客層,拓寬鋪貨通路,生產效能也可獲得提升,只要商品有辦法滿足不同期待的顧客層即可。要應付更多顧客,產品只需稍作修正,

然而白牌模式有一點要特別注意：千萬別讓顧客發覺這些看似頗有差距的商品其實系出同門，否則位居高端的品牌業績，恐怕就要讓便宜貨給吃掉了。

起源

「白牌」一詞起源於 20 世紀後半的音樂界，當時創作人習慣在推出大碟前，先把試聽帶送給電臺與俱樂部，這些帶子上沒有註明誰是創作者和唱片公司，所以稱之為「白牌」。這麼做有雙重意義：第一，吸引新的聽眾；第二，確保聽者沒有先入為主之見，發片公司可據此評估發行量，走紅音樂即正式推出，並給予妥善包裝和專業行銷。隨後，其他產業也開始應用，尤其是食品業。食品界存在一項特性：產品毛利小，但銷量很大，很適合白牌模式。

創新者

臺灣科技公司富士康，堪稱是最大也是最重要的白牌創新者，它為知名品牌代工許多電子產品及零組件，其客戶包括：蘋果、戴爾、英特爾等大廠。另外遊戲機不管標的是微軟、任天堂或索尼，裡面多少都有些富士康零件。不止於此，它還是電腦中央處理器及外殼的最大製造商。所以，說到白牌模式，不能不提富士康。做為承包商，它專注於生產電子產品，提供穩定、划算的產品；客戶則可專注於市場研究、行銷、品牌打造。此種手法讓富士康深耕出相當的專業地位。2018 年，富士康約有 70 萬名員工，營收超過 1,750 億美元。

CEWE 循著白牌邏輯開始了照片沖洗服務（如：相片書），以銷售商或超市產品的姿態現身。這不僅刺激成長，還使它進入包含競爭者在內的多種通路（如：Rossmann 與 DM）。採用白牌模式，CEWE 得以進入市場，洞悉高品質產品，打造為人熟知的品牌，成為個別產業的領導先驅，再結合要素品牌（#22）手法，鞏固市場地位。

白牌在食品業的發展也相當成熟，里希樂食品即為一例。里希樂生產無標冷凍披薩與沙拉醬，成品貼上各家零售通路品牌售出。里希樂為客戶提供客製化生產流程與包裝選項，客戶可為消費者提供打著自家名號的高品質產品，卻不用投資任何製造包裝設備。隨著折扣店地位的日

白牌模式　無所不在的里希樂披薩

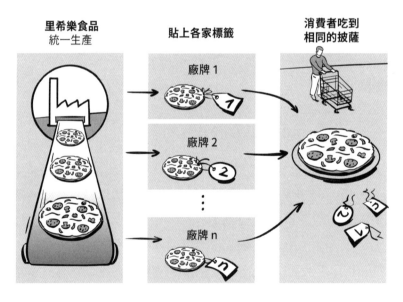

里希樂食品
統一生產

貼上各家標籤

消費者吃到
相同的披薩

廠牌 1

廠牌 2

廠牌 n

增，使得白牌模式益發重要。在食品業無名商品及掛著商家品牌的產品，共占三分之二的市場。白牌廠商的發展前景，不言可喻。

白牌模式也有用於金融業。缺乏經濟規模的小銀行，會把一些金融業務外包給較大的機構，像是信用卡公司。在消費者不知情的情況下，這些合夥機構以白牌模式發行卡片，收取費用，冠上小銀行名號，為後者省下可觀的基礎設施成本。總部設在雪梨的 Cuscal 即為一例，為澳洲各地的信用合作社提供這類服務。

「何時」以及「如何」採用白牌模式

若顧客對價格十分敏感，而你的品牌已有相當地位，則不妨考慮採用這種模式。白牌在食品業及服裝業有許多成功案例。剛開始最好不用做大，先生產幾種白牌商品就好了。

深思題

• 若使用白牌商品，會不會影響到品牌的高檔形象？

• 在顧客眼中我們的產品價值如何？

• 沒有自有品牌，是否給我們帶來成本優勢？

• 若要打造白牌商品，可從現有的高檔品牌學到什麼或從中得到什麼效益？

---

56 感測器服務
Sensor as a Service
新型業務應運而生

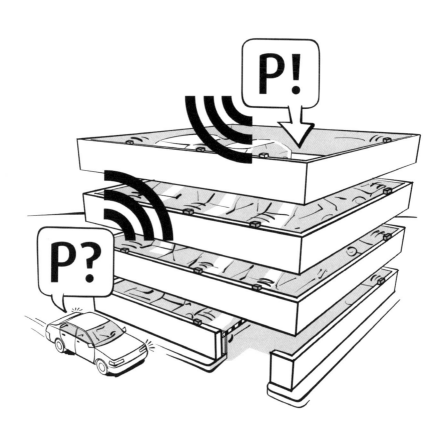

模式

隨著感測器成本下降和無所不在的網際網路，連結實體與數位世界的商業模式日趨熱絡──感測器即服務。在這種商業模式中，企業根據透過感測器蒐集到的資料提供服務（什麼？），顧客可以是內部業務單位或外部消費者（誰？），數據資料則透過消費者的設備（如智慧型手機、相機）、公司擁有或由第三方協力廠提供的感測器得來（如何？）。

企業可以藉由販售感測器應用程式獲得少量營收，但此模式的主要價值是分析蒐集而來的數據資料，並據此提供服務（價值？）。這些數據資料也可提供給相關物聯網生態系統內的其他公司，成為另一種收入來源。

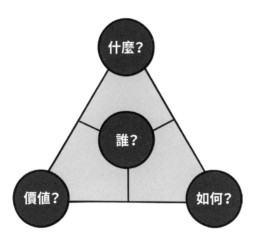

來自實體環境的數據不再只針對單一應用程式進行蒐集、儲存和處理，而是來自多種資料庫與價值主張。與數位化產品（感測器帶來的新數位服務所衍生的實體產品）不同，這種模式的重點在數據本身，亦即

這就是主要的收入來源，並藉此衍生其他增值項目。數據資料不只用於單一應用程式，還可以在公司的生態系統內進行交易，進而帶來新的應用和各種商機。相關的價值傳遞要素可分三個面向：感測器及其擁有者、感測器數據發布者以及服務提供者。

感測器服務與某些模式關聯密切，像是：按使用付費（#35）、解決方案供應者（#47）、供應保證（#20）等商業模式，都可藉由感測器模式得到更充分的發揮，讓感測器服務提供者提出更多可能，找出正確的營收機制，把價值主張最大化。這個模式與開放式經營（#32）的概念也相近，因為它與物聯網生態系統內的其他業者有密切互動。除了服務方面之外，這種在其網絡內分享顧客數據的情形，也和顧客資料效益極大化（#25）很相似。雖說這個模式多少包含上述的部分，但這些模式的價值主張因感測器的出現而獲得提升，使該模式自成一格。

起源

感測器服務以物聯網為基礎，仰賴電腦與通訊技術（如 Wi-Fi 與 4G/LTE），是一種相對年輕的模式類型，最早見於 20 世紀尾聲的工業應用。西門子和奇異等企業將首代智慧應用程式用於機器的預防性維護，以感測器獲得的數據能及早預測重要過程中的故障機率。

寶僑公司在供應鏈廣泛設置了無線射頻識別（RFID）感應器，提供即時資訊，並優化它的感測器服務商業模式。在研究領域，麻省理工學院、史丹佛大學和德語國家的蘇黎世聯邦理工大學與聖加侖大學之間的各個實驗室，在艾爾加·弗萊施（Elgar Fleisch）教授指導下，很早就在積極推動結合實體與數位的商業世界。

創新者

Streetline 停車感測器是個好例子，該公司在市府及私人物業安裝偵測停車空格的感應器，資料再賣給有興趣的第三方。該系統採用先進的機器學習，處理龐大的歷史資料與即時停車情形。結合既有來源（如資料庫）和感測器偵測得來的數據，即使原始資料有些缺陷，客戶拿到的最終資料還是十分準確，其價值主張比過往物聯網時期更臻完美。由此可見，Streetline 可拓展兩種客源：將結果用於業務上的專門業者，以及透過行動設備找車位的終端消費者。

感測器服務　以 Google Nest 商業模式爲例

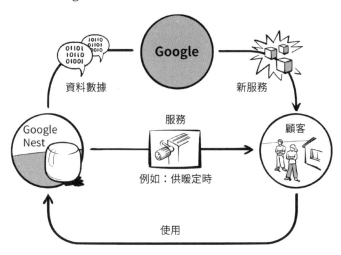

目標客群是室內智慧設施減低能源消耗的私人與企業，Google Nest 是一款智慧型恆溫器，可根據客戶的需求，參考感測器的數據和手機的輸入來制定時間表。Nest 協助能源供應方及官方打造資料生態系統，把

能源生產直接連上使用端，讓能源使用效率提高、終端用戶成本降低，從而優化雙邊成本。依據能源系統調整消耗方案，Google Nest 的營收邏輯以感測器模式為基礎，可與 Nest 產品線的其他感應器（如煙霧偵測器）相容，其定時服務根據的是訂閱模式（#48），且另有鼓勵方案，端看合作的能源公司如何配合。

「何時」以及「如何」採用感測器服務模式

如果你的公司精於處理大量資料，實際上也具備某種專業，不妨就考慮感測器服務模式；另外，能接觸大量數據點的公司也是。此一模式本來比較吸引 B2B 顧客，而隨著數位化普及、生態系統思維抬頭、物聯網不斷發展，更多應用直接導向消費者。換言之，無論是 B2C 或 B2B 的公司，都有機會透過感測器服務模式，打造全新的公司價值主張。

深思題

- 我們的顧客在使用產品時，是否能產生有意義的資料，讓我們端出更好更有效，或更便宜的服務？
- 我們的產品可連上物聯網嗎？如何能讓它們配有感測器，能夠連結以及獲得可分析資料？
- 讓產品搭配感測器與連結性能的額外成本，可有足夠的售後市場彌補？
- 我們蒐集的資料可有效滿足哪些潛在需求？
- 加裝感測器和軟體，能強化我們的哪些服務？
- 我們感測到的資料，會引起哪些夥伴企業的興趣？

57

虛擬化
Virtualisation
飛上雲端企業

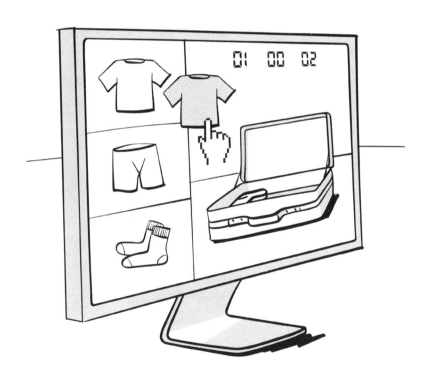

模式

　　生活上各方面的數位化，造就了一種靠著伺服器成本降低、網路不斷線而日受歡迎的商業模式——虛擬化。這種模式其實是在虛擬空間模擬傳統的實體流程（如何？），對顧客的好處是，能隨時隨地進行某種價值創造（什麼？）。業者把產品放上無形空間（如：數位），使服務得以擴展（像是容量升級、交叉銷售），而作為交換，顧客為此虛擬化的服務付費。

　　事實上，有無資訊科技，實體流程都能夠虛擬化。以購書為例，傳統上涉及買賣兩方，一種虛擬流程是透過紙本型錄，不必實體交易就能買書，另一種則是透過網路（如亞馬遜）。前者靠紙本機制，後者為資訊機制。無論如何，兩者皆清楚說明了虛擬化可經由不同手法達成。

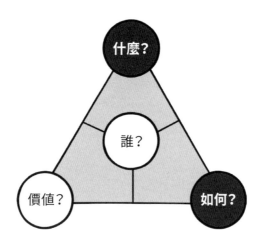

　　隨著資訊機制更成主流，這些服務保證隨處可用，加上愈來愈多顧客擁有多個設備，價值遞送的場所轉移至數位，於是業者可透過更新或

升級，直接調整價值主張。除此之外，這種模式的基礎在於用戶持續上線，如此一來商家無論就回饋或行銷層面都可直接與顧客互動。與其他數位商業模式類似，虛擬服務可輕鬆推廣，所需做的（只）是把既有價值結構送到特定顧客群眼前；應用程式可在更多系統上跑、更加穩定、資源運用得更有效率，往往對專業環境深具吸引力，例如：雲端儲存（如Dropbox）。

虛擬化 將服務上傳至雲端

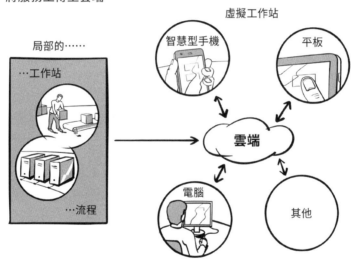

虛擬化和幾種商業模式相容，像是：訂閱（#48）、固定費率（#15）、以租代買（#40）。另外，若資訊系統與追蹤配合良好，按使用付費（#35）也能使用。藉著顧客虛擬化流程為基礎，也能創造出更多營收來源，諸如：交叉銷售（#7）或隱性營收（#21）。另外，配上恰當的營收邏輯、不錯的價值主張，這個模式很有成功套牢（#27）的潛力。

起源

伺服器、電腦等數位機器尚未問世以前，18、19 世紀時設計妥善的遠距教學，是頗為出色的虛擬之作。當時，一些國家很有創意的教育機構，即透過虛擬化克服傳統課程的必要接觸。查爾斯・杜桑（Charles Toussaint）、古斯塔夫・藍根席特（Gustaf Langenscheidt）等教育先驅，以各自的手法推展普行今日的函授課程。虛擬化的指導、課程、郵寄作業、改錯、提問等，電腦時代前這套虛擬制度，讓使用者獲得猶如現今虛擬化模式同樣的價值主張——隨時隨地，皆可進入（教學）流程。

創新者

Dropbox 是今天家喻戶曉的公司，其將虛擬化模式用在實體數位儲存，成為眾多雲端儲存服務商的先驅之一，讓連上網路的手機、電腦得以分享資訊。談到它的商業模式，眾所周知是免費及付費雙級制（#18），但其價值主張其實是靠虛擬化打下基礎，才得以提供無處不在的管道、更多軟體服務及先進的數位合作可能，以致讓實體儲存很多時候顯得多餘（或根本專美於前）。

除此之外，亞馬遜 Web Services 旗下的亞馬遜 WorkSpaces，則是將 Windows 或 Linux 及裡面一切功能搬至雲端，並可從所有常見的裝置登入，且適用於不同的基礎設施（桌面、行動裝置、自攜設備）。針對專業客戶，員工的工作站可輕鬆裝上公司的作業系統，與個別軟體要求或系統調整進行同步。不同的套裝軟體（如：Value、Standard、Performance），內含不同的套件或伺服器容量。客戶也可自選付費方案，

如：按時計費、月付。

線上服務業者 DUFL 把個人衣物的儲存及運送虛擬化，特別著重旅行者。經由存放衣物於私人的 DUFL 衣櫥，用戶可利用 DUFL 應用程式線上打包。行李可送至全球指定各地，衣物清洗整理好等送下一站，讓度假或商務旅客能一身輕地繼續上路，衣物將與他們在旅館再見。現在，DUFL 也為高爾夫或滑雪運動人士提供打包運送，不僅消除旅程勞累，也解決了航空公司等可能存在的行李限制問題。

「何時」以及「如何」採用虛擬化模式

可透過多種設備、可數位化提供額外價值、避免實體距離成為阻礙，以上這些都是虛擬化的機會點。公司必須警覺價值傳遞過程的許多改變，包括護及產品擴張，如此一來，模式創新才能帶來持久的營收。面對價值主張的機會與價值傳遞的挑戰，公司可從既有服務虛擬化著手，搭配已推出的產品；這跟之前實體的服務近似，如此客戶就可慢慢轉換到新的商業模式，再透過價值附加繼續鞏固。

深思題

• 我們可有提供需持續更新調整、仰賴軟體的服務？

• 顧客可有（或能否）從多種裝置有效益地使用我們的服務？

• 我們的服務是否與現有基礎設施相容，使顧客能輕鬆使用？

• 我們的服務是否有透過其他價值主張來成長的潛力，並能藉此套牢客戶？

---

58 物品自動補貨
Object Self-Service
耗材訂購自動化

模式

隨著物聯網相關設備增加，以及為感測器尋找新的應用，自助式服務模式有了更多實用契機。透過感測器與資訊設施（如何？），物料可以自行下訂，這使得補充物料流程全自動化變為可能，也加速了與物品互動的速度——客戶可專注核心業務，而耗時的作業則自動化並外包給物品自動補貨供應商（什麼？）。由於物品自動補貨提供了「無需主動購買」的價值主張，以及已安裝好的基礎設施，客戶會因此被鎖定，企業從而產生經常性收入（價值？）。

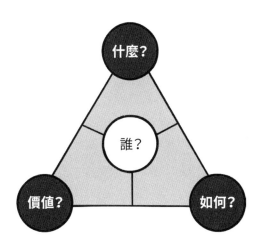

自助概念不再僅是指向顧客，物品也能自助式服務。物品自動補貨商業模式提供了一個將消耗品和服務結合在一起的價值主張。憑藉感測器與日益精確的演算法，業者為客戶消除了物料短缺的問題。舉例來說，加熱系統在油位低於某個水平時，系統就可自動訂購油料。

這種模式適合應用於 B2B 和 B2C，且隨著數位化的增強，這也提供

了所需的網絡和感應器基礎設施。透過優化網絡，不論是積極採購或定期拜訪賣場，這些價值都為供需雙方提供了流程改善。例如，以此模式取代處理客戶日常活動的商業模式（像是公司午餐供應），能有效減少供需資訊不對稱所可能導致的庫存問題，與不必要的運送成本。

　　這個模式跟直銷（#12）雷同，中間商被跳過。自動化訂購耗材，簡化了解決方案供應者模式（#47）。與顧客的互動則被放到後臺，同時這個模式和多種類型相容，包括：按使用付費（#35）、固定費率（#15）。而這一切設計的起心動念，都是希望當與鎖定的價值主張合拍時，能展現強大的套牢效應（#27）。

起源

　　與其他物聯網相關的商業模式一樣，物品自動補貨首次出現在工業應用，其中，需要自動叫貨流程並提供所需的基礎設施。

　　扣件、化學品、安全產品、工具及庫存管理的領先者、德國跨國企業福士，其於 2013 年以「福士 iBin」的價值主張，讓原本就領先同業的供應基礎設備再度擴大。較小零件的供應箱裝上相機時，福士 iBin 可做到自動下訂；相機追蹤剩餘零件有多少，智慧模組則度量計算其百分比。無需手工介入，該模組自己啟動連至資源計畫系統（ERP）的訂單，而該系統建基於既往的消耗模式。

創新者

　　將物品自動補貨導入消費市場的 FELFEL 辦公室冰箱，為企業持續

物品自動補貨 以福士 iBin 的商業模式爲例

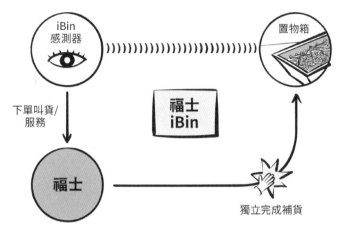

提供健康食品的同時，讓客戶沒有後續叫貨之憂。號稱「食品偵查員」
（Food Scouts）的 FELFEL 冰箱，與傳統的自動販賣機相似卻又不盡相
同，其擺放在客戶的公共空間，顧客憑電子證件可隨時取用。這個消費
經相機追蹤連至個別消費者，再啟動自動付款等功能；FELFEL 紀錄消費
情形，與合作夥伴（如：大廚們）進行自動補貨。FELFEL 也能分析使用
者偏好，據以改善飲食項目。另外，FELFEL 應用程式讓每個人瞭解「自
己的數字」，像是：吃了多少卡路里、選用餐點的食材、調整飲食建議。
正餐點心都有，FELFEL 聲稱自己取代了傳統的員工餐廳。

此外，惠普藉此模式擴大印表機相關的商業模式，稱為「惠普快速
墨水」（HP Instant Ink），相容的印表機在墨水夾用罄之前即自動叫貨。
提供多種月付方案，以列印頁數而非墨水消耗量為基礎，外加配送回收，
這可說是令人無後顧之憂的服務，把套牢（#27）的潛力發揮成刮鬍刀組
（#39）。

「何時」以及「如何」採用物品自動補貨

物品自動補貨模式帶來了一些全新的服務商機，像是耗材的預期性補充，這對於時間寶貴、特定流程規格化但仍仰賴員工執行的專業環境，特別有幫助。企業改採自助式服務，即可預防標準流程發生物料短缺。依據內部生產規劃來強化感測器，物料甚至能調整下訂波動，讓客戶得以專注於價值鏈的其他環節。

至於消費者端，那些採買頻繁、置於設備中的消費品，物品自動補貨也很有發揮空間。對於無庸證明自身、可藉感測器應用來優化供需並進而套牢顧客的知名廠商而言，這個模式大有可為。

深思題

- 顧客是否把我們的產品當作經常性的消耗品？
- 我們的服務是否與現有的基礎設備相容？是否容易實施？
- 我們的服務是否具備與其他價值主張一起成長的潛力，甚或還能加強套牢顧客？
- 我們可有現成的客戶群是有機會從物品自動補貨模式獲益？

59

物品即銷售點
Object as Point of Sale
下單就等於賣出

模式

　　物品即銷售點模式，表示了物聯網帶出的又一種可能性。透過簡便的下訂工具、互相連結的應用程式，消耗品的銷售點移轉到消費點（如何？）。基於互聯，最終採購程序會用上其他裝置，而購買點則非常接近消費地點。當銷售點遠離了競爭品項，顧客對價格也就失去了敏感度，從而加強了套牢效果（#27），並提高了顧客維繫。

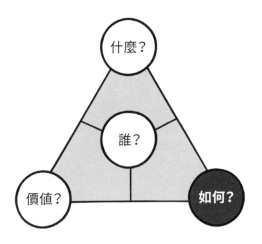

　　根據顧客採買物品中有多少感測器與組合，額外的資訊可用來改善產品選項，例如，可依感測裝置所在的半徑方圓，推出針對該處特性的行銷內容。了解裝置使用方式，也可抓住顧客需要什麼樣的互補產品。以咖啡豆為例，也許就可介紹咖啡機清潔錠。適時推出合適產品可帶來龐大的銷售潛力，進而可與第三方洽談合作。

　　物品即銷售點，與隱性營收（#21）或顧客資料效益極大化（#25）等以顧客資料為主的模式，相輔相成。另外，像開放式經營（#32）那樣

整合各方資料,可讓這個模式更充分發揮,因地制宜向特定顧客送出正確召喚。物品自動補貨(#58)是基於物聯網的可自動下單採購的商業模式,而物品即銷點則必須讓顧客有動力完成購買。這個模式的核心在於,把購買地點推向需求產生的當下。

起源

首先,亞馬遜透過「Amazon Dash」的概念讓此模式開始更為普及。亞馬遜在個人帳戶推出「Dash」鈕,使它與特定商品(例如衛生紙)相連,一按就買下公司預設的數量。由於它附有膠帶所以安裝很彈性,亞馬遜希望消費者把這按鈕黏在家中實際使用商品之處。其較新版本讓用戶自建購物清單,只要按下按鈕,即可掃描條碼,大聲說出品名。按鈕直通亞馬遜,馬上完成下單——這是亞馬遜第一個物聯網裝置,但現今已走入歷史。

物品即銷售點 以 Amazon Dash 爲例

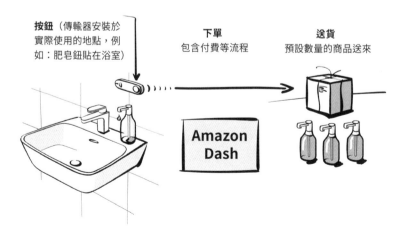

按鈕(傳輸器安裝於實際使用的地點,例如:肥皂鈕貼在浴室)

下單 包含付費等流程

送貨 預設數量的商品送來

Amazon Dash

之後，亞馬遜將此概念納入 Alexa 服務，或是合作企業的數位設備上的虛擬按鈕，因為有些法院認為實體 Dash 按鈕很有問題。例如，它的使用條款中聲稱亞馬遜有權更改價格，甚至把其他類似產品送到用戶手中，這就存在很大的法律爭議。

創新者

物品即銷售點仍是個很新的商業模式，其中，Ubitricity 是少數應用到電動車充電的業者之一。他們四處裝設充電站，用戶拿行動充電線即可接上充電。這條智慧電線內裝行動電表，精準記錄每次帳單，整合充電當下當地的能源成本，絲毫不差。

日趨時髦的智慧眼鏡，也用上了物品即銷售點模式的新概念。亞馬遜、蘋果、Google 或臉書都有推出，消費者眼鏡裡看到什麼物品，就可以立即出手購買。

「何時」以及「如何」
採用物品即銷售點模式

基於即時購買，物品即銷售點最適合用於消耗品和日常生活中經常使用的物品，因為這些物品在用量上是波動的。不同於物品自動補貨（#58），物品即銷售點更適合於消耗量穩定、對某個流程至關重要的產品，且還涵蓋不訂購相對應產品的選項。因此，要能說服顧客買單，必得搭配額外機制——無論是數位廣告、品牌價值、其他創新手段。另外，法律層面也不能忽略，Amazon Dash 即為一例。

深思題

- 當前此模式有其他使人信服的機制存在，並能促使顧客下手買單嗎？

- 顧客經常使用我們的產品嗎？

- 我們可有能力扮演中間人，媒介顧客到他當下想買的商品那裡嗎？

- 我們有能力處理額外且複雜的售後服務嗎？可能的合作夥伴有誰？

- 我們的產品能夠說服顧客當下買單嗎？

60

產消合一者
Prosumer
既生產也消費

模式

在產消合一者模式中，企業讓顧客成為製造者。顧客融入價值鏈，從最終產品獲利（如何？）；公司則投資於生產，以及間接費用的成本較少（價值？）。對於能實現價值主張的基礎設施，公司有掌控權。顧客既參與了生產，眼中的產品價值也顯得較高（什麼？）。

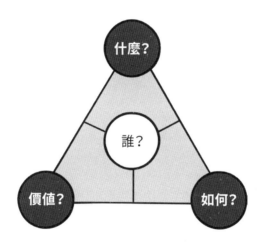

「產消合一者」一詞，有時被用來形容願意購買針對專業人士或企業設計的高端裝備（如相機）的半專業消費者，而作為商業模式，其定義則來自艾文‧托佛勒於 1980 年代的開創性著作《第三波》（*The Third Wave*，直譯）。書中創造了資訊時代第三次社會浪潮下的幾個術語，「產消合一者」則描繪同時身兼生產與消費的個人。

讓消費者多少成為價值鏈的一環，就此特性來說，產消合一者與某些商業模式雷同，如：群眾外包（#9）。從價值捕獲的角度看，則與按使用付費（#35）或感測器服務（#56）等相容。

起源

　　產消合一者模式的應用雖在幾年前已出現，然而在新型的感測技術、更佳的網絡鑲嵌（network embeddedness）與整體科技發展的推波助瀾下，近來逐漸擴大。生產者與消費者的界線逐漸模糊，從 1930 年代大蕭條等負面社會事件時的「自助合作運動」（Self-Help Cooperative Movements）可以窺見。那是底層對當時經濟危機的一種反應，失業勞工從都市來到農場，以勞力換口飯吃，如此成為生產兼消費者——金錢易手只發生在他們腦袋，現實中沒這回事。此外，交易更有效率，因為不需要第三方監管（如中央銀行），而時局造成貨幣貶值，也沒人對這些監管角色有所期待。

創新者

　　現在，「產消合一者」一詞已經以不同形式存在於能源領域。隨著再生能源生產的興起，民間家庭也促成了更多的太陽能面板與風力發電機。初期，能源供應商為優化基礎設施利用率提出獎勵，而政府為刺激私人安裝公用事業設備，消費者可將自己生產的能源輸入電網，享受稅率優惠，智慧電網概念從此受到矚目。在消費者身兼能源供應商與生產者的獨立能源社區，唯有在當地各種能源（如：太陽能、風力、木屑顆粒燃料）產出不足耗能時，能源供應商才出面補足缺口。

　　透過智慧電表及智慧家電等各種物聯網設備，智慧電網獨立運作，同時也與國家能源網同步，以平衡能源消耗的尖峰負載，確保基礎設施能以適當的利用率持續進行。

產消合一者　以智慧電網為例

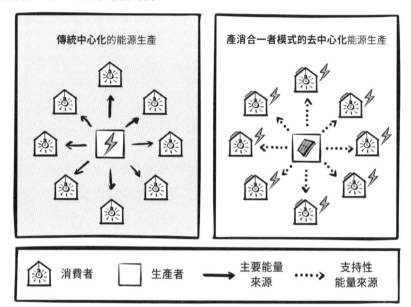

傳統中心化的能源生產

產消合一者模式的去中心化能源生產

| 🏠 消費者 | ☐ 生產者 | ➔ 主要能量來源 | ┉▸ 支持性能量來源 |

　　產消合一者模式也用於分散式帳本技術。這些協議遵循分散式帳本模式，參與者既是系統使用者，還可以作為確認機構為其他人提供服務。區塊鏈的開發，創辦人雖功不可沒，但其持續發展卻應歸功那些使用並擴展區塊鏈、在各自生態系統提供更多服務的產消合一者。

　　產消合一者模式在社群網路平臺也十分普遍。由追隨者人數構成的社交貨幣決定，YouTube 或臉書充斥著專業的內容生產者，供他人消費。作為產消合一者，他們允許平臺在其影片播放前放送廣告並從中賺錢。除了這種形式之外，這些網紅也可從聯盟行銷連結，或是為合作夥伴製作的影片獲利。根據《富比士》雜誌的報導，2018 年 YouTube 最賺錢的產消合一者是化名「Markiplier」的馬克・菲希巴赫（Mark Fischbach），

年賺約 1,750 萬美元，主要是秀他如何打電玩。2019 年 11 月訂閱者達 2,450 萬人，菲希巴赫為一大票人提供影片，而 YouTube 則透過廣告接觸到觀眾。《紐約時報》估計，YouTube 在 2018 年由此模式賺進 160 ～ 250 億美元的營收，產消合一者無疑是它行銷收入的要角。

「何時」以及「如何」採用產消合一者模式

產消合一者模式非常適合平臺型商業模式以及提供靈活調整基礎設施、把顧客整合為資源或供應源的組織。饒富創意的商業模式結合儘管複雜，卻可從中牟利──如同 YouTube 的案例所示。然而，公司務必做好「產消合一者獎勵」與「價值捕獲」的兩者平衡，才能持續合作、不斷壯大。

深思題

- 顧客會因為「什麼」而想成為產消合一者？
- 需採取什麼樣的營收邏輯，才能讓產消合一者為我們牟利？
- 我們在產消合一者體系中，整合了哪些合作夥伴？

第3篇

讀完祕笈，
練功吧！

　　再怎麼厲害的商業模式或商業策略，若沒能具體執行，都毫無作用。過去十年來，我們在世界各地發表過十幾場演講，並與跨國公司、年輕的高科技新創、隱形冠軍、全球市場領導者，以及傳承五代的中小型企業共同舉辦了數百場研討會。然而，他們全都有一個共通點：高談商業模式比動手執行容易太多。

　　閱讀此書跟領略商業模式革新，只是一場馬拉松的起步，不過，這場馬拉松卻非常不同。一般馬拉松，你知道前面還剩多少公里，明確的目標就在那裡；但在「創新馬拉松」裡，你幾乎不知身在何處──目標不斷變動，終點幾成虛幻。例如，軟體開發的專案經理總是低估最後一哩路，他們自信已達成初估的 90%，但實際上，他們得再花費同樣的時間才能真正達標。至於商業模式專案的挑戰則又上一層。

　　心動，永遠比不上行動；再卓越的策略，沒有落實都不算數，且所有心血盡屬枉然。愛迪生（Thomas Edison）說得好：「未能執行的願景，無非只是幻覺。」

　　本書介紹的「商業模式導航」是一種新的方法，既可架構商業模式創新的流程，亦能激發跳脫框架的思維──這是成功模式的關鍵因子。這個方法不僅立論完善，實際案例也在在證明其落實價值。企業要成功革新商業模式，體認其重要性固然關鍵，展開有效的創新流程也深深影響成敗，而這是最為艱鉅也是最為重要的一步。我們推出多種工具，可協助管理者順利走過整個流程。各界對如何革新營運模式的期盼日殷，商業模式導航的旅程也將不斷開展。所謂的競爭優勢，已從產品、服務面朝營運模式傾斜，各個企業必須對此趨勢做好準備。僅知道機會在哪裡是不夠的；創新企業，要能及時抓住機會，放手一搏。熟知過去，有助創造未來。

　　參考本書第三篇所揭示的管理啟示，或可讓所有採用商業模式導

航進行改革的企業更加得心應手。另外在我們的網站 www.bmilab.com
（此為英文網站），可找到更多檢查清單、商業模式類型卡、測試卡、
模擬和研究案例。大多數的公司利用本書打響了第一炮，由此展開革
新之旅，然而確實執行與爭取員工認同亦極其重要——這點卻經常被
忽略。

革新商業模式的十點建議

1. **爭取高層支持：商業模式創新可不是一趟公園漫步。**
   - 凸顯創新模式能為公司帶來的好處，以喚起重視。
   - 舉出業內業外的創新典範——實際案例經常能有效振聾發聵。
   - 堅持不輟：讓眾人明白，創新模式的價值並非一蹴可幾。
   - 成立多元團隊：新的企業模式研發，不應交給特定部門。

2. **商業模式導航是跨功能議題——盡量從各部門挑選不同專長的成員。**
   - 確保大家充分理解商業模式的意涵，並定義出公司的**什麼、誰、如何、價值**。
   - 團隊別忘了納入外人，這些人才能一針見血，客觀質疑公司某些牢不可破的信念。

3. **迎向改變，樂於取經。記住，未來已然展開，只是分布不均。**
   - 適當的神經質沒有壞處，請不斷質疑目前讓公司成功的基石是否依然堅實。
   - 鼓吹「榮耀地取經他方」的態度，根除「非我族類」的閉門造車症候群。
   - 持續觀察、分析業界生態的任何變化；有沒有任何徵兆顯示，公司目前的營運模式將遇到瓶頸？

4. **透過 55+ 種商業模式，挑戰公司與業界的主流思維。**

   - 採同質原則和（或）衝突原則，有條不紊地選用商業模式。
   - 先取接近模式，但也嘗試理解差異大的模式會產生何種碰撞。
   - 不斷嘗試。從業外人士取經，一開始似乎是個荒謬念頭——對資深員工而言尤其如此，他們已有根深蒂固的主流思維。
   - 透過觸覺卡（haptic card）之類的工具，盡量發揮模式類型的變化可能。

5. **打造開放文化，掃除所有的不可侵犯。**

   - 構思初期，要小心任何對創新模式建議的攻擊——很多點子往往就此胎死腹中。
   - 創新原就免不了失敗與風險，所以要給員工足夠的發想空間，容許失敗。

6. **採取循環手法，仔細驗證假設。**

   - 審慎判斷適用擴散式思考與收斂式思考的時機；拿捏創意與原則之間的平衡需要經驗。
   - 別期待立刻得到最棒的點子；創意，一如任何流程，需要辛勤的耕耘，反覆的努力，當然，還有時間。
   - 立即測試，別等太久。

7. **別高估一切——初期整個出錯很正常。**

   - 營運計畫一旦落實到顧客面，幾乎都會出錯；以商業模式如此充滿變數的情況而言，更是如此。

- 備妥不同方案，臨機應變。
- 明確定義需要達成的標竿。

8. **打造原型（prototyping）以降低風險：一張圖片勝過千言，千張圖片不抵一個原型。**
- 努力把想法落實在原型中。
- 盡量快速打造出原型，以汲取各方對此模式的意見。
- 所謂的原型可包括：詳細簡報、顧客反應、「初步」進入市場的領航計畫等。
- 消化試驗得到的教訓，仔細調整模式。愈早犯錯愈好。

9. **為新的商業模式提供健全的成長空間。**
- 確保此模式發展受到保護。
- 初期務必給發展團隊充分空間，稍後再訂定明確目標。
- 看長不看短，勿急功近利。
- 讓商業模式創新成為持續性的流程；別將任何新模式奉為圭臬，應時時加以檢驗調整。

10. **積極管理變革的過程。**
- 以身作則擁抱改變，擬定獎勵方案，提高員工動機。
- 設法提高員工對模式創新的了解。
- 確保變革流程透明化，一切公平。
- 培養組織目前缺乏的能力。
- 發展眾人對此創新的正面心態。

60 種商業模式一覽表

	名稱	影響面向	企業範例	模式描述
1	附帶銷售	什麼價值	瑞安航空 (1985) SAP (1992) 世嘉 (1998) 博世 (1999) 特斯拉 (2003)	核心產品定價極具競爭力，但備有諸多額外付費項目供挑選，故最終價格可能超出消費者最初盤算，不過，產品則符合個別需求。
2	聯盟	如何價值	Cybererotica (1994) 亞馬遜 (1995) Pinterest (2010) Wirecutter (2011)	重點在協助別人賣東西，再從中獲利。「根據銷售量付費」或「依顯示次數付費」是常見手法。由此，自身毋須另做行銷，即可觸及更廣的潛在客群。
3	合氣道	什麼價值	六旗遊樂集團 (1961) 美體小鋪 (1976) Swatch (1983) 太陽劇團 (1984) 任天堂 (2006)	合氣道是日本武術，旨在借對手之力還治其人。採用此模式的公司，提供與對手路線殊異的產品。這樣大異其趣的價值主張，卻能吸引口味特別的消費者。
4	拍賣	什麼價值	eBay (1995) WineBid (1996) Priceline(1997) Google(1998) Zopa(2005) MyHammer (2005) Elance(2006) Google AdWords(2003) Auctionmaxx(2012)	把東西賣給出價最高者。價格敲定時刻，也許是事先公布，也許是無人繼續喊價。由此，公司可以賣到消費者能接受的最高價格，消費者則自覺能對價格產生影響。

	名稱	影響面向	企業範例	模式描述
5	以物易物	什麼價值	寶僑 (1970) 百事 (1972) 漢莎航空 (1993) Magnolia 酒店 (2007) 推文買單 (2010)	這是一種不涉及金錢的商品交易。就企業範疇來看，消費者提供了有價值的東西給主事企業。交易商品不見得直接相關，就看各方給予何種評價。
6	自動提款機	如何價值	美國運通 (1891) 戴爾電腦 (1984) 亞馬遜 (1994) PayPal(1998) Blacksocks (1999) Myfab (2008) Groupon (2008)	依此概念，消費者在商家就該筆消費採取任何動作之前就先行付款，商家因此握有額外金流，可償還債務或做其他投資。
7	交叉銷售	什麼如何價值	殼牌石油 (1930) 宜家家居 (1956) Tchibo (1973) Aldi (1986) booking.com (1996) SANIFAIR (2003) Zalando (2008)	同時販售其他賣家的產品或服務，讓自家核心技術資源的效益充分發揮。以零售業最為常見，賣家得以輕鬆展售核心外的各式產品。毋須調整設備或增添資產，即可滿足更多潛在顧客的需求，獲得更高營收。
8	群眾募資	如何價值	海獅樂團 (1997) 卡薩瓦影業 (1998) Diaspora 非營利組織 (2010) Brainpool (2011) Sono Motors (2016) Modern Dayfarer (2018)	基於對其理念的認同，一群人出資贊助某項專案或產品，甚至整家新創公司。一般皆透過網路。資金門檻達到，理念獲得落實，投資者則可依其挹注金額獲得相對回饋。

	名稱	影響面向	企業範例	模式描述
9	群眾外包	如何 價值	Threadless (2000) 寶僑 (2001) InnoCentive(2001) 思科 (2007) Myfab (2008) 麥當勞 (2014) Airbnb(2015)	一群人主動承攬某項任務或解決某種問題，而往往也是透過網路。雀屏中選者可得一定報酬，概念則化為商品。主其事者，因消費者熱忱投入，顧客關係強化，業績動能提升。
10	顧客忠誠	什麼 價值	Sperry&Hutchinson (1897) 美國航空 (1981) Safeway Club Card(1995) Payback (2000) 星巴克 (2010)	透過獎勵方案等加值手法促使顧客回流，主要目的是提高顧客忠誠度，因此祭出特殊回饋，企圖動之以情。顧客產生向心力，營收自然獲益。
11	數位化	什麼 如何 誰 價值	WXYC(1994)、Hotmail(1996) 瓊斯國際大學 (1996) CEWE (1997) SurveyMonky(1998) Napster (1999) 維基百科 (2001) FB(2004)、Dropbox(2007) 亞馬遜 Kindle (2007) Netflix (2008) Next Issue Media (2011)	此模式仰賴把產品、服務轉至線上的能力，以獲得實體之外的好處，如便宜迅速的物流。理想上，數位化不應傷及提供給顧客的價值主張。
12	直銷	什麼 如何 價值	Vorwerk (1930) 特百惠 (1946)、安麗 (1959) 美體小鋪 (1976) 戴爾電腦 (1984) 雀巢 Nespresso (1986) First Direct (1989) 雀巢 Special.T (2010) 一美元刮鬍刀俱樂部 (2012) 雀巢 BabyNes (2012)	指產品直接賣到消費者手中，不經過中間商，由此省下的中間成本可回饋給消費者。有利於打造標準化的銷售經驗，且透過直接互動，可以強化顧客關係。

	名稱	影響面向	企業範例	模式描述
13	電子商務	什麼 如何 價值	戴爾電腦 (1984) Zappos(1999) 亞馬遜 (1995) FLYERALARM (2002) Blacksocks (1999) 一美元刮鬍刀俱樂部 (2012) WineBid (1996) 阿里巴巴 (1999) Asos(2000) Zopa (2005) Otto(2018)	商品、服務僅透過網路銷售，免除實體店面的經營成本。消費者可享受商品多樣化及便利性，業者則能有效掌握銷售與物流環節。
14	體驗行銷	什麼 如何 價值	哈雷機車 (1903) 宜家家居 (1956) Trader Joe's (1958) 星巴克 (1971) Swatch (1983) 雀巢 Nespresso(1986) 紅牛機能性飲料 (1987) 邦諾書店 (1993) 雀巢 Special.T (2010) NIO (2014) Amazon Go (2018)	藉由額外的顧客體驗來提高商品價值，由此拓寬需求，並使價格相對抬高。為了創造顧客體驗，業者須有適當措施，例如：店內附加設施或相關行銷活動。
15	固定費率	什麼 價值	SBB (1898) 巴克魯自助餐 (1946) Sandals 度假飯店 (1981) Netflix(1999) Next Issue Media (2011) PlayStation Now (2014) Apple Arcade (2019)	無論使用多寡或是否有時間限制，商品價格一定。對消費者而言，成本架構單純；對業者而言，收入步調穩定。

	名稱	影響面向	企業範例	模式描述
16	共同持分	什麼 如何 價值 誰	Hapimag (1963) NetJets(1964) Mobility Carsharing(1997) écurie25(2005) HomeBuy (2009) Crowdhouse (2015) Masterworks (2017)	一群人共同擁有某樣資產，這種資產多半爲資產密集，偶而才需要使用。消費者得享所有權，卻不必獨自負擔全部資金。
17	特許加盟	什麼 如何 價值	勝家縫紉機 (1860) 麥當勞 (1948) 萬豪酒店 (2967) 星巴克 (1971) Subway 潛艇堡 (1974) Fressnapf(1992) Natur House (1992) McFit(1997) BackWerk (2001)	授權者把旗下品牌名稱、商品、企業識別，授權給獨立加盟者；所有在地經營的責任由後者完全扛起，前者分得部分營收。加盟者輕鬆行銷富有知名度的品牌，並獲得專業知識與後援。
18	免費及付費雙級制	什麼 價值	Hotmail (1996) SurveyMonkey(1998) LinkedIn(2003) Skype (2003) Spotify (2006) Dropbox (2007) 世嘉 (2012) YouTube Premium (2018)	免費提供基本款，以期消費者入門後會升級購買尊榮付費款。理想情況下，免費款能爲公司吸引最大數量的消費群，再由 (通常爲數較少) 付費顧客創造營收。
19	從推到拉	什麼 如何	豐田汽車 (1975) Zara (1975) 戴爾電腦 (1984) 吉博力衛浴 (2000) 亞馬遜 Kindle (2007)	指公司爲了專注顧客所需，採取分散化策略，讓製程富有彈性。爲能迅速有效回應顧客，價值鏈各項環節都可能受影響，包括生產，甚至研發。

	名稱	影響面向	企業範例	模式描述
20	供應保證	什麼 如何 價值	NetJets (1964) PHH Corporation(1986) IBM (1995) 喜利得 (2000) MachineryLink (2000) ABB Turbo Systems (2010)	商品或服務保證到位,幾乎不會有停工期。顧客按需求使用,從而讓停工導致的損失降到最低。公司以專業和規模經濟來減少營運成本,以達到保證的水準。
21	隱性營收	什麼 如何 價值 誰	JCDecaux (1964) Sat. 1(1984) 都市報 (1995) Google(1998) FB(2004)、Spotify (2006) Zattoo (2007) Instagram (2010) Snapchat (2011) 抖音 (2017)	揚棄一般是由顧客帶來營收的概念,改由第三方補貼,推出免費或廉價產品來吸引廣大顧客。廣告融資是極為常見的手法──廣告主很想觸及顧客,遂願意幕後出資。經此帶動,使營收與顧客可互相獨立的概念開始發展。
22	要素品牌	什麼 如何	杜邦鐵氟龍 (1964) 戈爾公司 (1976) 英特爾 (1991) 蔡司光學 (1995) 禧瑪諾 (1995) 博世 (2000) 宜家家居 (2019)	將其他供應商生產的品牌要素置入某樣成品中,之後該成品的行銷訴求會強調內部含有該要素,以致整體性能如何優異。與要素品牌的正面連結將投射過來,讓成品更具魅力。
23	整合者	價值 如何	卡內基鋼鐵 (1870) 福特汽車 (1908) Zara (1975) 比亞迪汽車 (1995) 騰訊 (1998) 艾克森美孚石油 (1999)	按此模式運作的公司,掌握了附加價值流程(value-adding process)中多個步驟,包括:創造價值的資源與能力,因而效能提升、擁有範疇經濟、減少對供應商的依賴,故成本得以下降,更能穩定創造價值。

	名稱	影響面向	企業範例	模式描述
24	獨門玩家	什麼如何	Dennemeyer (1962) DHL (1969) 威普羅科技 (1980) TRUSTe (1997) PayPal(1998) 亞馬遜網路服務 (2002) 支付寶 (2004) Apple Pay (2014)	所謂的獨門玩家,是指僅鑽研一項價值注入步驟,但可提供給多個價值鏈。這一步驟,常會出現在各自獨立的市場或產業。獨門玩家受益於規模經濟,得以提高生產效能,而不斷精進的專業,又讓製程品質再上層樓。
25	顧客資料效益極大化	如何價值	亞馬遜 (1995) Google(2998) Payback(2000)、FB(2004) PatientsLikeMe(2004) 23andMe (2006) 推特 (2006) 威瑞森電信 (2011) ADA Health (2016)	藉著蒐集顧客資訊供內部或第三方使用,從而創造出新的價值。直接將此類資訊賣出或改善內部效益(如提升廣告精準度)皆可帶來收入。
26	授權經營	如何價值	安海斯 - 布希 (1870) IBM(1920)、DIC2(1973) ARM (1989) Duales System Deutschland (1991) Max Havelaar(1992) FIFA (2006) UEFA (2008)	此模式重點是發展智慧財產,再授權給其他廠商。換言之,此模式不在研發產品,而是如何化無形資產為收入。靠著授權,公司可專注研究發展,讓這些會有顧客感興趣的知識得其所哉。
27	套牢	如何價值	吉列 (1904) 樂高積木 (1949) 微軟 (1975) 惠普 (1984) 雀巢 Nespresso(1986) 雀巢 Special.T (2010) 雀巢 BabyNes (2012)	消費者被套牢在特定廠商的產品圈。若改用其他品牌將產生所費不貲的轉換成本,相對使公司保住了顧客。技術機制與產品之間的高度依存,會是兩個重要的成功要素。

	名稱	影響面向	企業範例	模式描述
28	長尾	什麼 如何 價值	鄉村銀行 (1983) 亞馬遜 (1995) eBay (1995) Netflix(1999) 蘋果 iPod/iTunes (2003) YouTube (2005)	營收主要是憑藉利基商品的「長尾」效應，而非短期爆量。個別銷量雖小、毛利雖不高，但若種類繁多，供應數量有一定，加總起來也能貢獻出頗為可觀的利潤。
29	物盡其用	什麼 如何 價值	保時捷 (1931) Festo Didactic(1970) 西門子管理諮商 (1996) 巴斯夫化工 (1998) 亞馬遜網路服務 (2002) 森海塞爾聲音學院 (2009)	公司的專業技能與其他資產不僅用於生產自家產品，也可做為商品售出。換言之，在公司核心價值主張的營收之外，多了一筆閒置資源導入的財源。
30	大量客製化	什麼 如何 價值	戴爾電腦 (1984) Levi's 牛仔褲 (2000) Miadidas (2000) Nike By You (2000) PersonalNOVEL(2003) Factory121(2006) mymesli(2007) My Unique Bag(2010)	過往被認為不可能辦到的大量客製化，隨著模組製品與生產系統的改進，高效製作個別化商品已不再是癡人說夢。換言之，每名消費者的需求，都可在大量生產情況下獲得滿足，且價格極有競爭力。
31	最陽春	什麼 如何 價值 誰	福特汽車 (1908) Aldi (1913) 麥當勞 (1948) 西南航空 (1971) 亞拉文眼科 (1976) 雅高飯店集團 (1985) McFIT (1997) 道康寧化學 (2002) 小米 (2010)	此模式所創造的價值，聚焦在最起碼的必需功能，只要求能傳達最核心的價值主張。因此產品非常基本，省下的成本則回饋給顧客。主顧客群多為消費力或購買意願較低者。

	名稱	影響面向	企業範例	模式描述
32	開放式經營	如何 價值	Valve Corporation (1998) ABRIL Moda (2008) 霍爾希姆 (2010) Trumpf (2015)	此模式是與經營生態中的夥伴合作，成為價值創造的主要泉源。無論對方是供應商、消費者或其他業者，採用此模式的公司，總會積極探索各種互補手法，以拓展業務機會。
33	開放原始碼	什麼 如何 價值	IBM (1955) Mozilla (1992) Red Hat(1993 Mondobiotech (2000) 維基百科 (2001) Local Motors (2008) Hyperledger (2015) Ethereum (2015)	就軟體工程而言，軟體的原始碼非屬獨家，任何人都可使用。一般來說，可應用於任何產品的任何技術環節；所有人都可以再加貢獻，或純粹坐享其成。至於營收來源，通常是為該產品提供相關服務，例如諮詢與支援。
34	指揮家	如何 價值	里希樂食品 (1862) 寶僑 (1970) 利豐有限公司 (1971) Nike(1978) Airtel (1995)	這類公司把焦點放在價值鏈的核心能力，其他環節就外包出去，以妥善調度。受益於供應商的規模經濟，成本得以降低；專注琢磨核心能力，則又能不斷提升其專業表現。
35	按使用付費	什麼 價值	Hot Choice (1988) Google(1998) Ally Financial (2004) Car2Go (2008) Homie (2016)	在此模式中，實際用度以表追蹤，意思是：消費者根據使用程度付費。可吸引到那些希望享有額外彈性的顧客，而這種彈性，要價往往也高一點。

	名稱	影響面向	企業範例	模式描述
36	隨你付	什麼價值	One World Everybody Eats 餐廳 (2003) NoiseTrade 音樂串流 (2006) 電臺司令樂團 (2007) Humble Bundle(2010) Panera Bread Bakery 烘焙 (2010)	付款金額全在人心，甚至不給也行。某些情況仍會訂定最低限額和（或）建議售價。消費者喜歡有權掌握價格高低的感受，業者則受惠於由此帶動的龐大客群。基於社會道德規範，這很少遭到濫用，是吸引新顧客的好法子。
37	夥伴互聯	什麼如何價值	eBay (1995) Craigslist (1996) Napster (1999) 沙發衝浪 (2003) LinkedIn(2003) Skype (2003)、Zopa (2005) SlikeShare (2006) 推特 (2006) Dropbox (2007) Airbnb (2008) TaskRabbit (2008) 優步 (2009) RelayRides(2010) Gidsy (2011) Quartierstrom (2018)	這種模式（簡稱 P2P）的基礎，為同質團體分子之間的相互合作。主其事的業者會提供一個聯結眾人的會面點——通常包含線上資訊、通訊服務。常見交易包括個人物品出租、特定產品（服務）提供、資訊經驗分享等。
38	成效式契約	什麼如何價值	勞斯萊斯引擎 (1980) Smarville(1997) 巴斯夫化工 (1998) 全錄 (2002)	價格並非根據產品的具體價值，而是取決於產品表現或服務水準。特殊專業與規模經濟，可帶來生產及維修的成本效益，從而以較低報價回饋給客戶。此模式有種極端：產品和經營權仍屬於公司。

	名稱	影響面向	企業範例	模式描述
39	刮鬍刀組	什麼 如何 價值	標準石油公司 (1870) 福維克 (1883) 吉列 (1904) 惠普 (1984) 雀巢 Nespresso (1986) Sony PlayStation (1994) 蘋果 iPod/iTunes(2003) 微軟 Xbox (2001) 亞馬遜 Kindle (2007) 雀巢 Special.T (2010) 雀巢 BabyNes (2012)	基本產品售價低廉，甚至免費贈送，不過要搭配使用的消耗品則索價不低，利潤率高。前者價位誘使消費者出手購買，成本則由之後的持續收入吸收。為了強化效果，這些基本產品往往有技術上的限制，只容許與自家商品搭配使用。
40	以租代買	什麼 價值	Saunders System 汽車租賃 (1916) 全錄 (1959) 百事達影視 (1985) Rent a Bike(1987) Mobility Carsharing(1997) MachineryLink (2000) CWSboco(2001) Luxusbabe (2006) SolarCity (2006) FlexPetz (2007) Car2Go(2008) SolarCity (2016)	顧名思義，消費者選擇以租賃手法來使用商品，毋須付出整筆購買資金。業者方面，按時間長短收取租金，獲利較高。雙方都因閒置造成的成本下降，因此可享受更好的使用效能。

	名稱	影響面向	企業範例	模式描述
41	收益共享	什麼價值	Sanifair (1994) CDnow (1994) HubPages (2006) 蘋果 iPhone/App Store (2008) Groupon (2008)	與利益關係人分享營收，例如，公司的互補夥伴，甚至競爭對手。各方的有利特性結合成共生效益，由這擴大的價值鏈所產生的額外利潤就與夥伴分享。例如，甲公司的客群價值因乙公司帶來的服務而提高，即按比例分配這部分的營收給乙公司。
42	逆向工程	什麼如何價值	拜耳 (1897) Pelikan (1994) 華晨中國汽車 (2003) Rocket Internet (2007) Denner (2010) 小米 (2010)	取得對手的產品加以拆解分析，再根據所學，生產類似或相容商品。藉此省下巨額研發費用，且往往能推出相對便宜的價格。
43	逆向創新	什麼如何	Logitech (1981) 海爾電器 (1999) 諾基亞 (2003) 雷諾汽車 (2004) 奇異 (2007)	為新興市場設計的簡單廉價商品，也推到工業化國家。「逆向」是指與一般產品走向相反：傳統上新品在工業化市場研發，再依新興市場需求調整上市。
44	羅賓漢	什麼價值誰	亞拉文眼科 (1976) 每名兒童一部筆電計畫 (2005) TOMS(2006) Warby Parker (2008) Lemonaid (2008)	同樣的商品，對「富人」的要價遠比對「窮人」貴，好從前者獲得充分利潤。雖然服務窮人不賺錢，但創造出的規模經濟卻遠非對手可及。與此同時，此舉可為企業形象大大加分。

	名稱	影響面向	企業範例	模式描述
45	自助式服務	什麼 如何 價值	麥當勞 (1948) 宜家家居 (1956) Migros (1965) 雅高飯店集團 (1985) Mobility Carsharing (1997) BackWerk (2001) Car2Go (2008) Amazon Go (2018)	把價值創造流程中的某些效益低、成本高的步驟，轉給消費者讓他們採取自助式服務，以相對降低價格。顧客獲得效率、省下時間，且往往顧客能以更投其所好的手法執行某些步驟，進而使整體營運效能也獲得提升。
46	店中店	什麼 如何 價值	Tim Hortons(1964) DHL(1969) Tchibo (1987) 德國郵政 (1995) 博世 (2000) MinuteClinic(2000) Zalando (2008)	把門市融入能因此加分的別家賣場，即所謂的店中店（雙贏局面）。房東賣場受益於顧客增加及租金收入，寄宿業者得享較為經濟的資源，如：空間、地點、員工。
47	解決方案供應者	什麼 如何 價值	Lantal Textiles (1954) 海德堡印刷機 (1980) 利樂包裝 (1993) 奇客分隊 (1994) CWS-boco (2001) 蘋果 iPod/iTunes (2003) 亞馬遜 Web Services (2006) 3M 服務 (2010)	在特定領域中提供一應俱全的商品，客戶只要面對單一窗口，就能為客戶處理這方面的所有問題，讓他們專注提升本業。此模式可延伸服務，防止營收滑落，同時也能提升產品價值。此外，與客戶的密切往來可洞悉其需求習慣，從而精確據以改善。

	名稱	影響面向	企業範例	模式描述
48	訂閱	什麼 價值	Blacksocks (1999) Netflix(1999) Salesforce (1999) Jamba (2004) Amazon Prime (2005) Spotify (2006) Next Issue Media (2011) 一美元刮鬍刀俱樂部 (2012) Apple Music (2015) Disney+ (2019)	消費者定期繳費，以獲得商品或服務，而繳費間隔通常非年即月。消費者坐享較低成本與較多服務，業者則有一項穩定收入。
49	超級 市場	什麼 如何 價值	King Kullen Grocery Company(1930) 美林證券 (1930) 玩具反斗城 (1948) Home Depot (1978) Best Buy (1983) Fressnapf (1985) Staples(1986) Original Unverpackt (2014)	在一個賣場販賣各式各樣商品，且價格往往低廉。多樣性能吸引廣大消費人潮，而範疇經濟又爲業者添幾分力。
50	鎖定 窮人	什麼 如何 價值 誰	鄉村銀行 (1983) 亞拉文眼科 (1995) Airtel (1995) 印度聯合利華 (2000) 塔塔 Nano 汽車 (2009) Square (2009) 沃爾瑪 (2012)	目標客群擺在金字塔底層，而非較高檔的消費者，讓消費力較低的顧客得享心儀商品。業者儘管單位利潤微薄，卻獲得廣大客群所帶來的可觀銷量。

	名稱	影響面向	企業範例	模式描述
51	點石成金	什麼 如何 價值	Dual System Germany (1991) Freitag lab.ag (1993) Greenwire (2001) Emeco (2010) H&M (2012) Adidas x Parley (2015)	二手商品匯集之後，賣到世界另一端，或再生爲新東西。獲利主要來自幾近於零的採購價格。由此公司資源成本幾乎消除，供應商也得到低廉或免費的廢棄物處理，亦符合消費者潛在的環保意識。
52	雙邊市場	什麼 如何 價值 誰	大來卡 (1950) JCDecaux (1964) Sat.1 (1984) 亞馬遜 (1995) eBay(1995) 都市報 (1995) Priceline(1997) Google(1998) FB(2004) MyHammer (2005) Elance (2006) Zattoo (2007) Groupon (2008) Airbnb (2008) 優步 (2009) XOM Materials(2017)	這類業者扮演幾種顧客群之間的橋梁，這些群體之間互爲獨立。當群體數愈多，或群體當中的個體數愈多，這個中間平臺的價值就愈高。站在兩邊的，往往性質相異，例如一邊是企業，另一邊爲私人利益團體。
53	極致奢華	什麼 如何 價值 誰	藍寶堅尼超跑 (1962) 朱美拉酒店集團 (1994) Mir Corporation (2000) The World (2002) SpaceX (2002) Abbot Downing(2011)	聚焦於金字塔頂端，產品迥異於一般。吸引這類貴客，主要憑藉超高品質或獨享特權。投資成本由高價抵消，還可獲得超高利潤率。

	名稱	影響面向	企業範例	模式描述
54	使用者設計	什麼如何價值誰	Spreadshirt (2001) Lulu (2002) 樂高工廠 (2005) 亞馬遜 Kindle (2007) Ponoko (2007) 蘋果 iPhone/App Store (2008) Createmy Tattoo (2009) Quirky (2009)	消費者既是顧客，也是生產者。舉例來說，一線上平臺提供設計、生產到銷售的必要支援，如產品設計軟體、生產服務、網路商店。消費者由此實現創業夢想，卻毋須從頭準備基礎設備。實際銷售則創造了營收。
55	白牌	什麼如何	富士康 (1974) 里希樂食品 (1994) CEWE (1997) Printing In A Box(2005)	白牌廠商讓其他企業把產品掛上自己的品牌，以自家生產態勢行銷。同樣一個產品常賣到不同市場，打著不同商標。換言之，一種東西可同時滿足不同市場區隔的消費群。
56	感測器服務	什麼如何誰價值	寶僑 (1997) Streetline (2005) Google Nest (2011)	應用感測器為實體產品擴增不少服務，也產生獨立的全新服務。倒不是感測器帶來主要營收，而是從它蒐集而來的資料所做的分析。若有即時資訊，更有機會加強價值主張。
57	虛擬化	如何什麼	Amazon Web Services (2006) Dropbox (2007) DUFL(2015)	這是在虛擬空間模仿某種傳統的實體流程，如：虛擬工作站。這對顧客的好處是，可隨時隨地與之互動，而作為交換，顧客需要付費回饋。

	名稱	影響面向	企業範例	模式描述
58	物品自動補貨	如何 什麼 價值	福士 iBin(2013) FELFEL(2013) 惠普 Instant Ink(2013)	透過感測器與物聯網連結，物品可自行下訂單，亦即補貨等流程可成為全自動，同時與物品往來的速度也提高許多。長此以往，顧客被套牢，使經常性營收提高。
59	物品即銷售點	如何	Ubiticity(2008) Google Glasses(2013) Amazon Echo Frames(2019)	消耗品的銷售點移轉到了消費點。這個模式可增加套牢效應，並提升顧客維繫度。銷售點遠離其他競爭產品，因此顧客對價格的敏感度會變低。
60	產消合一者	如何 什麼 價值	FB(2004) YouTube(2005) Instagram (2010)	公司讓顧客自己成為生產者。顧客成為價值鏈中的一環，可從最終產品獲利；公司生產成本與間接費用減低。讓顧客參與生產，能使其眼中的產品價值升高。

相關詞彙

　　欲推動商業模式創新，第一步是確保所有參與者擁有共識，其中，包括對基本概念及架構的認知。在此依英文字母排序列出重要名詞解釋，以供參考。

- **類比式思考**（Analogical thinking）：運用各種看似無關的知識，解決特定問題。全新方案經常由此而生。
- **藍海**（Blue oceans）：競爭尚未興起、猶待進入的市場。藍海雖尚未存在，卻饒富吸引力，極有潛力引爆前所未見的市場需求。
- **腦力書寫**（Brainwriting）：一種團體創意技巧，與腦力激盪類似，與會者在第一階段各自將想法寫在紙上。
- **商業生態系統**（Business ecosystem）：價值創造流程中所有相關角色（顧客、夥伴、競爭對手）的相互關係，以及種種影響力，如：科技、趨勢、不同規範。每個企業既受此生態系統牽制，也對其產生影響。
- **商業模式**（Business model）：商業模式定義了目標顧客、商品項目、生產及獲利方式。這個模式是由四個面向所定義：誰—什麼—如何—價值。
- **商業模式創新**（Business model innovation）：要產生真正的商業模式創新，起碼要調整商業模式四面向（誰—什麼—如何—價值）中的兩個以上。成功的模式創新能為公司「創造價值，獲取價

值」。

- **商業模式導航**（Business Model Navigator）：此為瑞士聖加侖大學針對商業模式創新所研發出的全面性工具，其核心精神是：以創造性模仿各產業既有的營運模式。其基礎來自數百個商業模式之實證研究，以及眾多企業的應用成果。

- **衝突原則**（Confrontation principle）：企業根據衝突原則，刻意透過極端對立的選項來檢視新的商業模式。此時，會將企業目前營運模式拿來與不相干產業的營運模式進行對照。

- **聚斂式思考**（Convergent thinking）：將大量可能方案縮減為幾項可行之道的思考過程。

- **設計思考**（Design thinking）：此法來自美國史丹佛大學，意指一系列高度創意產品的研發過程。靈感來自設計流程：理解—創造—生產。

- **破壞性創新**（Disruptive innovation）：足以淘汰現存技術、產品或服務的劇烈創新。

- **擴散式思考**（Divergent thinking）：搜索一切可行方案的思考過程。

- **產業主流思維**（Dominant industry logic）：各個產業在面對競爭環境與現存價值鏈時所遵循的特定規則。

- **物聯網經濟**（Economy of Things，簡稱 EoT）：物聯網的下一步發展，意指互聯產品開始互動並進行交易。其核心技術可以是分散式帳本技術，包括區塊鏈。

- **進入市場途徑**（Go-to-market approach）：將產品或服務帶到顧客面前的通路。

- **隱形冠軍**（Hidden champion）：在其所屬的利基市場領先全球，

但外界幾乎一無所悉的小公司。

- **工業 4.0**（Industry 4.0）：互連的生產和供應鏈網絡，也稱為工業物聯網、智慧工廠或網路物理系統。
- **物聯網**（Internet of Things，簡稱 IoT）：意指基於感測器、連接和數據分析，嵌入日常物品中的產品互連。
- **網絡效應**（Network effect）：隨著使用者人數的增加，該網絡的價值水漲船高，進一步吸引到更多人蜂擁而至。
- **新經濟**（New economy）：尤指網路服務這塊經濟，此處的商品價值不在其稀有性，而在其廣泛的普及性。
- **「非我族類」症候群**（NIH syndrome, 'not invented here' syn-drome）：員工（甚至整個公司），排斥外界知識的現象。
- **舊經濟**（Old economy）：以稀有性決定商品價格的傳統經濟區塊。
- **正統性**（Orthodoxy）：影響我們行動基礎的共同信念。
- **模式改寫**（Pattern adaptation）：將感興趣的商業模式融入原有的營運模式，進而產生嶄新想法。
- **波特五力**（Porter's Five Forces）：此為市場分析工具，旨在徹底分析所處產業，藉著改善定位獲得競爭優勢，其評估標竿有五項，分別是：競爭對手、顧客、替代性商品、供應商、業內競爭強度。
- **紅海**（Red oceans）：相對不吸引人的既有市場及產業，競爭激烈，利潤微薄。
- **產消合一者**（Prosumer）：（私人）生產者同時也是所生產的產品或服務的（部分）消費者。
- **營收機制**（Revenue-generating mechanism）：在一商業模式中能穩健獲利的原理，涵蓋成本架構與收入來源。旨在答覆每家企業最根

本問題：我們要如何獲利？

- **同質原則**（Similarity principle）：調整商業模式的手法之一，由內而外展開：先從高度相關產業中檢視商業模式，再逐步擴大範圍到其他產業，進而將屬意模式調整為自己的營運模式。

- **社群媒體**（Social media）：此為數位科技，使用者經由網路平臺交換資訊，進而合作等等。

- **社群網絡**（Social network）：眾人透過網路平臺相互聯結。

- **轉換成本**（Switching cost）：顧客跳到別家供應商所可能產生的成本。

- **萃思**（TRIZ）：「發明性問題解決理論」的俄語縮寫（俄語原文為 teoriya resheniya izobretatelskikh zadatch），針對約 4 萬項專利的分析顯示：發生在各產業之技術衝突，可用為數不多的基本原則加以解決。此研究衍生出解決技術問題最著名也最具直覺性的 TRIZ 工具，為 40 項創新原則。

- **價值鏈**（Value chain）：描述一企業所採取的各種流程及活動，與當中涉及的資源與能力。

- **價值主張**（Value proposition）：向客戶傳達、溝通以及確認價值的承諾；公司的產品和服務應該以創造這種價值為目標。

延伸閱讀

　　如果有興趣認識更多關於商業模式的內容,我們推薦以下書籍與期刊。如前所述,實務工作者可以在我們的網站 www.bmilab.com(此為英文網站) 找到我們最新的出版品和相關實用工具。以下,針對從業者的文本和學術文獻,並按商業模式的類型來分類。希望這些資料能作為讀者更深入研究該主題的有效起點。

01 附帶銷售

Casadesus-Masanell, R., Ricart, J. E. (2011). How to design a winning business model. *Harvard Business Review,* 89(1/2), 100–107.

Casadesus-Masanell, R., Tarziján, J. (2012). When one business model isn't enough. *Harvard Business Review,* 90(1/2), 132–137.

Iveroth, E., Westelius, A., Petri, C., Olve, N., Cöster, M., Nilsson, F. (2012). How to differentiate by price: Proposal for a five-dimensional model. *European Management Journal,* 31(2), 109–123.

Johnson, M. W. (2010). *Seizing the White Space: Business Model Innovation for Growth and Renewal.* Boston, MA: Harvard Business Press.

Teece, D. J. (2010). Business models, business strategy and innovation. *Long Range Planning,* 43(2/3), 172–194.

02 聯盟

Akçura, M. (2010). Affiliated marketing. *Information Systems and E-Business Management,* 8(4),379–394.

Birkner, C. (2012). The ABCs of affiliate marketing. *Marketing News*, 46(10), 6.

Duffy, D. L. (2005). Affiliate marketing and its impact on e-commerce. *Journal of Consumer Marketing*, 22(3), 161–163.

Evans, P., Wurster, T. S. (1999). *Blown to Bits: How the New Economics of Information Transforms Strategy*. Boston, MA: Harvard Business Press.

Goldschmidt, S., Junghagen, S., Harris, U. (2003). *Strategic Affiliate Marketing*. Cheltenham, UK: Edward Elgar Publishing.

03 合氣道

Cotter, M. J., Henley, J. A. (1997). The philosophy and practice of Aikido: Implications for defensive marketing. *SAM Advanced Management Journal*, 62(1), 14.

Pelham, A. M. (1997). Eastern and Western business tactics. *Journal of East–West Business*, 3(3), 45-65.

Pino, R. (1999). *Corporate Aikido: Unleash the Potential Within Your Company to Neutralize Competition and Seize Growth*. New York, NY: McGraw-Hill.

04 拍賣

Dubosson-Torbay, M., Osterwalder, A., Pigneur, Y. (2002). E-business model design, classification and measurements. *Thunderbird International Business Review*, 44(1), 5-23.

Magretta, J. (2002). Why business models matter. *Harvard Business Review*, 80(5), 86-92.

Porter, M. E. (2001). Strategy and the Internet. *Harvard Business Review*, 79(3), 62-78.

Shin, J., Park, Y. (2009). On the creation and evaluation of e-business model variants: The case of auction. *Industrial Marketing Management*, 38(3), 324-337.

Timmers, P. (1998). Business models for electronic markets. *Electronic Markets*, 8(2), 3-8.

05 以物易物

Marsden, P. (2011). E-branding and social commerce. In E. Theobald, P. T. Haisch (eds), *Brand Evolution: Moderne Markenfuhrung im digitalen Zeitalter* (pp. 357-372). Wiesbaden: Gabler Verlag.

McGrath, R. G. (2010). Business models: A discovery-driven approach. *Long Range Planning*, 43(2/3), 247–261.

Teece, D. J. (2010). Business models, business strategy and innovation. *Long Range Planning*, 43(2/3), 172–194.

06 自動提款機

García-Teruel, P. J., Martínez-Solano, P. (2007). Effects of working capital management on SME profitability. *International Journal of Managerial Finance*, 3(2), 164–177.

Johnson, R., Soenen, L. (2003). Indicators of successful companies. *European Management Journal*, 21(3), 364–369.

Jose, M. L., Lancaster, C., Stevens, J. L. (1996). Corporate returns and cash conversion cycles. *Journal of Economics & Finance*, 20(1), 33–46.

Kumar, S., Eidem, J., Perdomo, D. N. (2012). Clash of the e-commerce titans: A new paradigm for consumer purchase process improvement. *International Journal of Productivity and Performance Management*, 61(7), 805–830.

07 交叉銷售

Akçura, M., Srinivasan, K. (2005). Customer intimacy and cross-selling strategy. *Management Science*, 51(6), 1,007–1,012.

Li, S., Sun, B., Montgomery, A. (2011). Cross-selling the right product to the right customer at the right time. *Journal of Marketing Research*, 48(4), 683–700.

Malms, O. (2012). *Realizing Cross-Selling Potential in Business-to-Business Markets* (Doctoral dissertation). Available from unisg EDIS (No. 3968).

Malms, O., Schmitz, C. (2011). Cross-divisional orientation: Antecedents and effects on crossselling success. *Journal of Business-to-Business Marketing*, 18(3), 253–275.

Shah, D., Kumar, V. V. (2012). The dark side of cross-selling. *Harvard Business Review*, 90(12), 21–23.

08 群眾募資

Gobble, M. M. (2012). Everyone is a venture capitalist: The new age of crowdfunding. *Research Technology Management*, 55(4), 4–7.

Hemer, J. (2011). *A Snapshot on Crowdfunding* (Working Papers Firms and Region No.

R2/2011).Karlsruhe: Fraunhofer Institute for Systems and Innovation Research (ISI).

Ordanini, A., Miceli, L., Pizzetti, M., Parasuraman, A. (2011). Crowdfunding: Transforming customers into investors through innovative service platforms. *Journal of Service Management*, 22(4), 443-470.

09 群眾外包

Howe, J. (2008). *Crowdsourcing: Why the Power of the Crowd Is Driving the Future of Business*. London, UK: Random House Business.

Leimeister, J. (2013). Crowdsourcing: Crowdfunding, crowdvoting, crowd-creation. *Zeitschrift fur Controlling und Management*, 56(6), 388-392.

Marjanovic, S., Fry, C., Chataway, J. (2006). Crowdsourcing-based business models: In search of evidence for innovation 2.0. *Science and Public Policy*, 39(3), 318-332.

Schweitzer, F., Buchinger, W., Gassmann, O., Obrist, M. (2012). Crowdsourcing: Leveraging innovation through online idea competitions. *Research Technology Management*, 55(3), 32-38.

10 顧客忠誠

Batra, R., Ahuvia, A., Bagozzi, R. (2012). Brand love. *Journal of Marketing*, 76(2), 1-16.

Duboff, R., Gilligan, S. (2012). The experience of loyalty. *Marketing Management*, 21(4), 16-21.

Griffin, J. (1995). *Customer Loyalty: How to Earn It, How to Keep It*. New York, NY: Lexington.

Reichheld, F. F. (1993). Loyalty-based management. *Harvard Business Review*, 71(2), 64-73.

Reinartz, W., Kumar, V. V. (2002). The mismanagement of customer loyalty. *Harvard Business Review*, 80(7), 86-94.

11 數位化

Bomsel, O., Le Blanc, G. (2004). Digitalisation, innovation and industrial organisation: The pivotal case of the auto industry. *International Journal of Electronic Business*,

2(2), 193-204.

Grover, V., Ramanlal, P. (2004). Digital economics and the e-business dilemma. *Business Horizons*, 47(4), 71-80.

Hass, B. (2005). Disintegration and reintegration in the media sector: How business models are changing on account of digitalisation. In A. Zerdick, K. Schrape, J.-C. Burgelmann, R. Silverstone, V. Feldmann, C. Wernick, C. Wolff (eds), *E-Merging Media: Communication and the Media Economy of the Future*, pp. 33-56. New York, NY: Springer.

Jarach, D. (2002). The digitalization of market relationships in the airline business: The impact and prospects of e-business. *Journal of Air Transport Management*, 8(2), 115-120.

12 直銷

Dutta, S., Segev, A. (1999). Business transformation on the Internet. *European Management Journal*, 17(5), 466-476.

Johnson, M. W., Christensen, C. M., Kagermann, H. (2008). Reinventing your business model. *Harvard Business Review*, 86(12), 50-59.

Kim, W., Mauborgne, R. (2000). Knowing a winning business idea when you see one. *Harvard Business Review*, 78(5), 129-138.

Kopczak, L., Johnson, M. (2003). The supply-chain management effect. *MIT Sloan Management Review*, 44(3), 27-34.

Kraemer, K. L., Dedrick, J., Yamashiro, S. (2000). Refining and extending the business model with information technology: Dell Computer Corporation. *Information Society*, 16(1), 5-21.

Magretta, J. (2002). Why business models matter. *Harvard Business Review*, 80(5), 86-92.

Morris, M., Schindehutte, M., Allen, J. (2005). The entrepreneur's business model: Toward a unified perspective. *Journal of Business Research*, 58(6), 726-735.

Teece, D. J. (2010). Business models, business strategy and innovation. *Long Range Planning*, 43(2/3), 172-194.

Weill, P., Vitale, M. R. (2001). *Place to Space: Migrating to eBusiness Models*. Boston, MA: Harvard Business School Press.

13 電子商務

Amit, R., Zott, C. (2001). Value creation in e-business. *Strategic Management Journal*, 22(6/7), 493-520.

Amit, R., Zott, C., Center, E. A. (2002). Value drivers of e-commerce business models. In M. A. Hitt, R. Amit, C. E. Lucier, R. D. Nixon (eds), *Creating Value: Winners in the New Business Environment*. Oxford, UK: Wiley-Blackwell.

De Figueiredo, J. M. (2000). Finding sustainable profitability in electronic commerce. *MIT Sloan Management Review*, 41(4), 41-54.

Dubosson-Torbay, M., Osterwalder, A., Pigneur, Y. (2002). E-business model design, classification and measurements. *Thunderbird International Business Review*, 44(1), 5-23.

Mahadevan, B. B. (2000). Business models for Internet-based e-commerce: An anatomy. *California Management Review*, 42(4), 55-69.

Turban, E., King, D., Lee, J., Liang, T.-P., Turban, D. C. (2010). *Electronic Commerce 2010: A Managerial Perspective*. Upper Saddle River, NJ: Pearson Prentice Hall.

14 體驗行銷

Pine, I., Gilmore, J. H. (1998). Welcome to the experience economy. *Harvard Business Review*, 76(4), 97-105.

Pine, I., Gilmore, J. H. (2011). *The Experience Economy*. Boston, MA: Harvard Business Press.

Poulsson, S. H., Kale, S. H. (2004). The experience economy and commercial experiences. *Marketing Review*, 4(3), 267-277.

Sundbo, J. (2008). *Creating Experiences in the Experience Economy*. New York, NY: Edward Elgar Publishing.

15 固定費率

Amberg, M., Schröder, M. (2007). E-business models and consumer expectations for digital audio distribution. *Journal of Enterprise Information Management*, 20(3), 291-303.

Coursaris, C., Hassanein, K. (2002). Understanding m-commerce: A consumer-centric model. *Quarterly Journal of Electronic Commerce*, 3(3), 247–271.

Kling, R., Huffman, D. L., Novak, T. P. (1997). A new marketing paradigm for electronic commerce. *Information Society*, 13(1), 43–54.

Yuan, Y. Y., Zhang, J. J. (2003). Towards an appropriate business model for m-commerce. *International Journal of Mobile Communications*, 1(1/2), 35–56.

16 共同持分

Esler, D. (2009). Looming cost burdens of aircraft ownership. *Business & Commercial Aviation Magazine*, 105(2), 32–39.

Linder, J. C., Cantrell, S. (2001). Five business-model myths that hold companies back. *Strategy & Leadership*, 29(6), 13–18.

Septiani, R. D., Pasaribu, H. M., Soewono, E. E., Fayalita, R. A. (2012). Optimization in fractional aircraft ownership. *AIP Conference Proceedings*, 1450(1), 234–240.

Sinfield, J., Calder, E., McConnell, B., Colson, S. (2012). How to identify new business models. *MIT Sloan Management Review*, 53(2), 85–90.

Srinivas, P., Alexander, P., Dan, D. (2008). Stated preference analysis of a new very light jet based on-demand air service. *Transportation Research Part A: Policy and Practice*, 42(4), 629–645.

17 特許加盟

Baden-Fuller, C., Morgan, M. S. (2010). Business models as models. *Long Range Planning*, 43(2/3), 156–171.

Bader, M. A., Gassmann, O., Ziegler, N., Rüther, F. (2012). Getting the most out of your IP: Patent management along its life cycle. *Drug Discovery Today*, 17(7/8), 281–284.

Gillis, W., Castrogiovanni, G. J. (2012). The franchising business model: An entrepreneurial growth alternative. *International Entrepreneurship and Management Journal*, 8(1), 75–98.

Kavaliauskė, M., Vaiginienė, E. (2011). Franchise business development model: Theoretical considerations. *Business: Theory & Practice*, 12(4), 323–331.

Michael, S. C. (2003). First mover advantage through franchising. *Journal of Business Venturing*, 18(1), 61–80.

Zott, C., Amit, R. (2010). Business model design: An activity system perspective. *Long Range Planning*, 43(2/3), 216–226.

18 免費及付費雙級制

Anderson, C. (2009). *Free: How Today's Smartest Businesses Profit by Giving Something for Nothing*. London, UK: Random House.

Enders, A., Hungenberg, H., Denker, H., Mauch, S. (2008). The long tail of social networking: Revenue models of social networking sites. *European Management Journal*, 26(3), 199–211.

Johnson, M. W. (2010). *Seizing the White Space: Business Model Innovation for Growth and Renewal*. Boston, MA: Harvard Business Press.

McGrath, R. G. (2010). Business models: A discovery-driven approach. *Long Range Planning*, 43(2/3), 247–261.

Osterwalder, A., Pigneur, Y. (2009). *Business Model Generation-A Handbook for Visionaries, Game Changers and Challengers*. Amsterdam: Osterwalder & Pigneur.

Teece, D. J. (2010). Business models, business strategy and innovation. *Long Range Planning*, 43(2/3), 172–194.

19 從推到拉

Baloglu, S. S., Uysal, M. M. (1996). Market segments of push and pull motivations: A canonical correlation approach. *International Journal of Contemporary Hospitality Management*, 8(3), 32–38.

Brown, J. (2005). The next frontier of innovation. *McKinsey Quarterly*, 3, 82–91.

Walters, D. (2006). Effectiveness and efficiency: The role of demand chain management. *International Journal of Logistics Management*, 17(1), 75–94.

Weaver, R. D. (2008). Collaborative pull innovation: Origins and adoption in the new economy. *Agribusiness*, 24(3), 388–402.

20 供應保證

Johnson, M. W. (2010). *Seizing the White Space: Business Model Innovation for Growth and Renewal*. Boston, MA: Harvard Business Press.

Johnson, M. W., Christensen, C. M., Kagermann, H. (2008). Reinventing your business model. *Harvard Business Review*, 86(12), 50–59.

Leavy, B. (2010). A system for innovating business models for breakaway growth. *Strategy & Leadership*, 38(6), 5–15.

21 隱性營收

Afuah, A., Tucci, C. (2003). *Internet Business Models and Strategies*. Boston, MA: McGraw-Hill.

Amit, R., Zott, C. (2001). Value creation in e-business. *Strategic Management Journal*, 22(6/7), 493–520.

Anderson, C. (2009). *Free: How Today's Smartest Businesses Profit by Giving Something for Nothing.* London, UK: Random House.

Casadesus-Masanell, R., Zhu, F. (2010). Strategies to fight ad-sponsored rivals. *Management Science*, 56(9), 1,484–1,499.

Dubosson-Torbay, M., Osterwalder, A., Pigneur, Y. (2002). E-business model design, classification and measurements. *Thunderbird International Business Review*, 44(1), 5–23.

Enders, A., Hungenberg, H., Denker, H., Mauch, S. (2008). The long tail of social networking: Revenue models of social networking sites. *European Management Journal*, 26(3), 199–211.

McGrath, R. G. (2010). Business models: A discovery-driven approach. *Long Range Planning*, 43(2/3), 247–261.

Rappa, M. A. (2004). The utility business model and the future of computing services. *IBM Systems Journal*, 43(1), 32–42.

Teece, D. J. (2010). Business models, business strategy and innovation. *Long Range Planning*, 43(2/3), 172–194.

22 要素品牌

Boudreau, K. J., Lakhani, K. R. (2009). How to manage outside innovation. *MIT Sloan Management Review*, 50(4), 69–76.

Carter, S. (2000). Co-branding: The science of alliance. *Journal of Marketing Management*, 16(1–3), 294–296.

Ehret, M. (2004). Managing the trade-off between relationships and value networks: Towards a value-based approach of customer relationship management in business-to-business markets. *Industrial Marketing Management*, 33(6), 465–473.

Kotler, P., Pfoertsch, W. (2010). *Ingredient Branding: Making the Invisible Visible.* New York, NY: Springer.

Leuthesser, L., Kohli, C., Suri, R. (2003). Academic papers 2 + 2 = 5? A framework for using co-branding to leverage a brand. *Journal of Brand Management*, 11(1), 35.

Linder, C., Seidenstricker, S. (2012). Pushing new technologies through business model innovation. *International Journal of Technology Marketing*, 7(3), 231–241.

Norris, D. G. (1993). Intel inside: Branding a component in a business market. *Journal of Business and Industrial Marketing*, 8(1), 14–24.

Srinivasan, R. (2008). Sources, characteristics and effects of emerging technologies: Research opportunities in innovation. *Industrial Marketing Management*, 37(6), 633–640.

23 整合者

Boudreau, K. J., Lakhani, K. R. (2009). How to manage outside innovation. *MIT Sloan Management Review*, 50(4), 69–76.

Casadesus-Masanell, R., Ricart, J. E. (2007). Competing through business models (Working paper No. 713). Barcelona: IESE Business School.

Ghemawat, P., Luis Nueno, J. (2003). Zara: Fast fashion (Case study No. 9-703-497). Cambridge, MA: Harvard Business School.

Giesen, E., Berman, S. J., Bell, R., Blitz, A. (2007). Three ways to successfully innovate your business model. *Strategy & Leadership*, 35(6), 27–33.

Hedman, J. (2003). The business model concept: Theoretical underpinnings and empirical illustrations. *European Journal of Information Systems*, 12(1), 49–59.

Markides C. C., Anderson, J. (2006). Creativity is not enough: ICT-enabled strategic innovation. *European Journal of Innovation Management*, 9(2), 129–148.

Sorescu, A., Frambach, R. T., Singh, J., Rangaswamy, A., Bridges, C. (2011). Innovations in retail business models. *Journal of Retailing*, 87(1), 3–16.

Zott, C., Amit, R. (2010). Business model design: An activity system perspective. *Long Range Planning*, 43(2/3), 216–226.

24 獨門玩家

Sabatier, V., Mangematin, V., Rousselle, T. (2010). From recipe to dinner: Business model portfolios in the European biopharmaceutical industry. *Long Range Planning*, 43(2/3), 431–447.

Schoettl, J., Lehman-Ortega, K. (2011). Photovoltaic business models: Threat or opportunity for utilities? In R. Wüstenhagen, R. Wuebker (eds), *Handbook of Research on Energy Entrepreneurship*, pp. 145–171. Cheltenham, UK: Edward Elgar Publishing.

Schweizer, L. (2005). Concept and evolution of business models. *Journal of General Management*, 31(2), 37–56.

25 顧客資料效益極大化

Afuah, A., Tucci, C. (2001). *Internet Business Models and Strategies: Text and Cases*. Boston, MA: McGraw-Hill Irwin.

Rappa, M. A. (2004). The utility business model and the future of computing services. *IBM Systems Journal*, 43(1), 32–42.

Wirtz, B. W., Schilke, O., Ullrich, S. (2010). Strategic development of business models: Implications of the Web 2.0 for creating value on the Internet. *Long Range Planning*, 43(2/3), 272–290.

26 授權經營

Cesaroni, F. (2003). Technology strategies in the knowledge economy: The licensing activity of Himont. *International Journal of Innovation Management*, 7(2), 223–245.

Chesbrough, H. (2007). Business model innovation: It's not just about technology anymore. *Strategy & Leadership*, 35(6), 12–17.

Chesbrough, H. (2010). Business model innovation: Opportunities and barriers. *Long Range Planning*, 43(2/3), 354–363.

Gambardella, A., McGahan, A. M. (2010). Business-model innovation: General purpose technologies and their implications for industry structure. *Long Range Planning*, 43(2/3), 262–271.

Garnsey, E., Lorenzoni, G., Ferriani, S. (2008). Speciation through entrepreneurial spin-off: The Acorn-ARM story. *Research Policy*, 37(2), 210–224.

Huston, L., Sakkab, N. (2006). Connect and develop. *Harvard Business Review*, 84(3), 58–66.

Rappa, M. A. (2004). The utility business model and the future of computing services. *IBM Systems Journal*, 43(1), 32–42.

27 套牢

Amit, R., Zott, C. (2012). Creating value through business model innovation. *MIT Sloan Management Review*, 53(3), 41–49.

Bowonder, B. B., Dambal, A., Kumar, S., Shirodkar, A. (2010). Innovation strategies for creating competitive advantage. *Research Technology Management*, 53(3), 19–32.

Giesen, E., Berman, S. J., Bell, R., Blitz, A. (2007). Three ways to successfully innovate your business model. *Strategy & Leadership*, 35(6), 27–33.

Johnson, M. W. (2010). *Seizing the White Space: Business Model Innovation for Growth and Renewal.* Boston, MA: Harvard Business Press.

Johnson, M. W., Christensen, C. M., Kagermann, H. (2008). Reinventing your business model. *Harvard Business Review,* 86(12), 50–59.

McGrath, R. G. (2010). Business models: A discovery-driven approach. *Long Range Planning*, 43(2/3), 247–261.

Osterwalder, A., Pigneur, Y. (2009). *Business Model Generation-A Handbook for Visionaries, Game Changers and Challengers*. Amsterdam: Osterwalder & Pigneur.

Teece, D. J. (2010). Business models, business strategy and innovation. *Long Range Planning*, 43(2/3), 172–194.

28 長尾

Anderson, C. (2006). *The Long Tail: Why the Future of Business Is Selling Less of More.* New York, NY: Hyperion.

Brynjolfsson, E., Hu, Y. J., Smith, M. D. (2006). From niches to riches: Anatomy of the long tail. *MIT Sloan Management Review*, 47(4), 67–71.

Elberse, A. (2008). Should you invest in the long tail? *Harvard Business Review*, 86(7/8),

1-9.

Enders, A., Hungenberg, H., Denker, H., Mauch, S. (2008). The long tail of social networking: Revenue models of social networking sites. *European Management Journal*, 26(3), 199-211.

Gladwell, M. (2000). *The Tipping Point: How Little Things Can Make a Big Difference.* Boston, MA: Little, Brown and Company.

Johnson, M. W. (2010). *Seizing the White Space: Business Model Innovation for Growth and Renewal.* Boston, MA: Harvard Business Press.

Osterwalder, A., Pigneur, Y. (2009). *Business Model Generation-A Handbook for Visionaries, Game Changers and Challengers.* Amsterdam: Osterwalder & Pigneur.

29 物盡其用

Isckia, T. (2009). Amazon's evolving ecosystem: A cyber-bookstore and application service provider. *Canadian Journal of Administrative Sciences*, 26(4), 332-343.

Marston, S. (2011). Cloud computing: The business perspective. *Decision Support Systems*, 51(1), 176-189.

30 大量客製化

Bullinger, H. J., Schweizer, W. W. (2006). Intelligent production-competition strategies for producing enterprises. *International Journal of Production Research*, 44(18/19), 3,575-3,584.

Choi, D., Valikangas, L. (2001). Patterns of strategy innovation. *European Management Journal*, 19(4), 424-429.

Fisher, M. L. (1997). What is the right supply chain for your product? *Harvard Business Review*, 75(2), 105-116.

Fogliatto, F. S., da Silveira, G. C., Borenstein, D. (2012). The mass customization decade: An updated review of the literature. *International Journal of Production Economics*, 138(1), 14-25.

Morris, M., Schindehutte, M., Allen, J. (2005). The entrepreneur's business model: Toward a unified perspective. *Journal of Business Research*, 58(6), 726-735.

Piller, F. T., Moeslein, K., Stotko, C. M. (2004). Does mass customization pay? An economic approach to evaluate customer integration. *Production Planning & Control*, 15(4), 435-444.

Pine, I., Buddy, J. (1993). *Mass Customization*. Boston, MA: Harvard Business Press.

Ramaswamy, V., Gouillart, F. (2010). Building the co-creative enterprise. *Harvard Business Review*, 88(10), 100-109.

31 最陽春

請參照 01 附帶銷售。

32 開放式經營

Chesbrough, H. (2006). *Open Business Models: How to Thrive in the New Innovation Landscape*. Boston, MA: Harvard Business School Press.

Chesbrough, H. W. (2007). Why companies should have open business models. *MIT Sloan Management Review*, 48(2), 22-28.

Frankenberger, K., Weiblen, T., Gassmann, O. (2013). Network configuration, customer centricity, and performance of open business models: A solution provider perspective. *Industrial Marketing Management*, 42(5), 671-682.

Frankenberger, K., Weiblen, T., Gassmann, O. (2014). The antecedents of open business models: An exploratory study of incumbent firms. *R&D Management*, 44(2), 173-188.

Gassmann, O., Enkel, E., Chesbrough, H. (2010). The future of open innovation. *R&D Management*, 40(3), 213-221.

Idelchik, M., Kogan, S. (2012). GE's open collaboration model. *Research Technology Management*, 55(4), 28-31.

Pisano, G. P., Verganti, R. (2008). Which kind of collaboration is right for you? *Harvard Business Review*, 86(12), 78-86.

Schuhmacher, A., Gassmann, O., McCracken, N., Hinder, M. (2018). Open innovation and external sources of innovation: An opportunity to fuel the R&D pipeline and enhance decision making? *Journal of Translational Medicine*, 16(119), 1-14.

Ziegler, N., Rüther, F., Bader, M. A., Gassmann, O. (2013). Creating value through external intellectual property commercialization: A desorptive capacity view. *Journal of Technology Transfer*, 38(6), 930-949.

33 開放原始碼

Bonaccorsi, A., Rossi, C. (2003). Why open source software can succeed. *Research Policy*, 32(7), 1,243–1,258.

Chesbrough, H. W., Vanhaverbeke, W., West, J. (2006). *Open Innovation: Researching a New Paradigm*. Oxford, UK: Oxford University Press.

Friesike, S., Widenmayer, B., Gassmann, O., Schildhauer, T. (2015). Opening science: Towards an agenda of open science. *Journal of Technology Transfer*, 40(4), 581–601.

Gassmann, O., Enkel, E., Chesbrough, H. (2010). The future of open innovation. *R&D Management*, 40(3), 213–221.

Goldman, R., Gabriel, R. P. (2005). *Innovation Happens Elsewhere: Open Source as Business Strategy*. San Francisco, CA: Morgan Kauffman Publishers.

O'Reilly, T. (2007). What is Web 2.0: Design patterns and business models for the next generation of software. *Communications & Strategies*, 1, 17–37.

Weber, S. (2004). *The Success of Open Source*. Boston, MA: Harvard University Press.

34 指揮家

Fung, V. K., Fung, W. K., Wind, Y. (2007). *Competing in a Flat World: Building Enterprises for a Borderless World*. Upper Saddle River, NJ: Pearson Prentice Hall.

Gassmann, O., Zeschky, M., Wolff, T., Stahl, M. (2010). Crossing the industry line: Breakthrough innovation through cross-industry alliances with 'non-suppliers'. *Long Range Planning*, 43(5/6), 639–654.

Möller, K., Rajala, A., Svahn, S. (2005). Strategic business nets: Their type and management. *Journal of Business Research*, 58(9), 1,274–1,284.

Ritala, P. P., Armila, L. L., Blomqvist, K. K. (2009). Innovation orchestration capability: Defining the organizational and individual level determinants. *International Journal of Innovation Management*, 13(4), 569–592.

35 按使用付費

Brynjolfsson, E., Hofmann, P., Jordan, J. (2010). Cloud computing and electricity: Beyond the utility model. *Communications of the ACM*, 53(5), 32–34.

Javalgi, R. G., Radulovich, L. P., Pendleton, G., Scherer, R. F. (2005). Sustainable competitive advantage of Internet firms: A strategic framework and implications for global marketers. *International Marketing Review*, 22(6), 658-672.

Johnson, M. W. (2010). *Seizing the White Space: Business Model Innovation for Growth and Renewal.* Boston, MA: Harvard Business Press.

Kley, F., Lerch, C., Dallinger, D. (2011). New business models for electric cars: A holistic approach. *Energy Policy*, 39(6), 3,392-3,403.

Prahalad, C. K., Hammond, A. (2002). Serving the world's poor, profitably. *Harvard Business Review*, 80(9), 48-57.

Sako, M. (2012). Business models for strategy and innovation. *Communications of the ACM*, 55(7), 22-24.

Weinhardt, C., Anandasivam, A., Blau, B., Borissov, N., Meinl, T., Michalk, W., Stößer, J. (2009). Cloud computing: A classification, business models and research directions. *Business & Information Systems Engineering*, 1(5), 391-399.

36 隨你付

Chesbrough, H. (2010). Business model innovation: Opportunities and barriers. *Long Range Planning*, 43(2/3), 354-363.

Kim, J., Natter, M., Spann, M. (2009). Pay what you want: A new participative pricing mechanism. *Journal of Marketing*, 73(1), 44-58.

Kim, J., Natter, M., Spann, M. (2010). Kish: Where customers pay as they wish. *Review of Marketing Science*, 8(2), 1-12.

37 夥伴互聯

Berry, L. L., Shankar, V., Parish, J., Cadwallader, S., Dotzel, T. (2006). Creating new markets through service innovation. *MIT Sloan Management Review*, 47(2), 56-63.

Hughes, J., Lang, K. R., Vragov, R. (2008). An analytical framework for evaluating peer-to-peer business models. *Electronic Commerce Research & Applications*, 7(1), 105-118.

Jeon, S., Kim, S. T., Lee, D. H. (2011). Web 2.0 business models and value creation. *International Journal of Information and Decision Sciences*, 3(1), 70-84.

Karakas, F. (2009). Welcome to world 2.0: The new digital ecosystem. *Journal of Business Strategy*, 30(4), 23–30.

Kupp, M., Anderson, J. (2007). Zopa: Web 2.0 meets retail banking. *Business Strategy Review*, 18(3), 11–17.

Lechner, U., Hummel, J. (2002). Business models and system architectures of virtual communities: From a sociological phenomenon to peer-to-peer architectures. *International Journal of Electronic Commerce*, 6(3), 41–53.

38 成效式契約

Chesbrough, H., Rosenbloom, R. S. (2002). The role of the business model in capturing value from innovation: Evidence from Xerox Corporation's technology spin-off companies. *Industrial & Corporate Change*, 11(3), 529–555.

Hypko, P., Tilebein, M., Gleich, R. (2010). Clarifying the concept of performance-based contracting in manufacturing industries: A research synthesis. *Journal of Service Management*, 21(5), 625–655.

Lay, G., Schroeter, M., Biege, S. (2009). Service-based business concepts: A typology for business-to-business markets. *European Management Journal*, 27(6), 442–455.

39 刮鬍刀組

請參照 27 套牢。

40 以租代買

Barringer, B. R., Greening, D. W. (1998). Small business growth through geographic expansion: A comparative case study. *Journal of Business Venturing*, 13(6), 467–492.

Johnson, M. W. (2010). *Seizing the White Space: Business Model Innovation for Growth and Renewal*. Boston, MA: Harvard Business Press.

Knox, G., Eliashberg, J. (2009). The consumer's rent vs. buy decision in the retailer. *International Journal of Research in Marketing*, 26(2), 125–135.

Osterwalder, A., Pigneur, Y. (2009). *Business Model Generation-A Handbook for Visionaries, Game Changers and Challengers*. Amsterdam: Osterwalder & Pigneur.

Stevens, J. D., Roberts, M. J., Hart, M. M. (2003). Zipcar: Refining the business model (Case study No. 9-803-096). Cambridge, MA: Harvard Business School.

Teece, D. J. (2010). Business models, business strategy and innovation. *Long Range Planning*, 43(2/3), 172–194.

Wessel, M., Christensen, C. M. (2012). Surviving disruption. *Harvard Business Review*, 90(12), 56–64.

41 收益共享

Cachon, G. P., Lariviere, M. A. (2005). Supply chain coordination with revenue-sharing contracts: Strengths and limitations. *Management Science*, 51(1), 30–44.

Pigiliapoco, E., Bogliolo, A. (2012). Fairness for growth in the Internet value chain. *International Journal on Advances in Networks and Services*, 5(1/2), 69–77.

Smith, M., Kumar, R. L. (2004). A theory of application service provider (ASP) use from a client perspective. *Information & Management*, 41(8), 977–1,002.

Tang, Q., Gu, B., Whinston, A. B. (2012). Content contribution for revenue sharing and reputation in social media: A dynamic structural model. *Journal of Management Information Systems*, 29(2), 41–76.

West, J., Mace, M. (2010). Browsing as the killer app: Explaining the rapid success of Apple's iPhone. *Telecommunications Policy*, 34(5/6), 270–286.

Xiao, T., Yang, D., Shen, H. (2011). Coordinating a supply chain with a quality assurance policy via a revenue-sharing contract. *International Journal of Production Research*, 49(1), 99–120.

42 逆向工程

Canfora, G., Di Penta, M., Cerulo, L. (2011). Achievements and challenges in software reverse engineering. *Communications of the ACM*, 54(4), 142–151.

Kessler, E. H., Chakrabarti, A. K. (1996). Innovation speed: A conceptual model of context, antecedents and outcomes. *Academy of Management Review*, 21(4), 1,143–1,191.

Teece, D. J. (1998). Capturing value from knowledge assets: The new economy, markets for knowhow and intangible assets. *California Management Review*, 40(3), 55–79.

Winterhalter, S., Zeschky, M., Gassmann, O. (2016). Managing dual business models in emerging markets: An ambidexterity perspective. *R&D Management*, 46(3), 464–479.

Winterhalter, S., Zeschky, M., Neumann, L., Gassmann, O. (2017). Business models for frugal innovation in emerging markets: The case of the medical device and laboratory equipment industry. *Technovation*, 66/67, 3–13.

43 逆向創新

Blandine, L., Gilliane, L., Denis, L. (2011). Innovation strategies of industrial groups in the global crisis: Rationalization and new paths. *Technological Forecasting & Social Change*, 78(8), 1,319–1,331.

Chang-Chieh, H., Jin, C., Subramian, A. M. (2010). Developing disruptive products for emerging economies: Lessons from Asian cases. *Research Technology Management*, 53(4), 21–26.

Govindarajan, V., Trimble, C. (2012). Reverse innovation: A global growth strategy that could preempt disruption at home. *Strategy & Leadership*, 40(5), 5–11.

Immelt, J., Govindarajan, V., Trimble, C. (2009). How GE is disrupting itself. *Harvard Business Review*, 87(10), 56–65.

Kachaner, N., Lindgardt, Z., Michael, D. (2011). Innovating low-cost business models. *Strategy & Leadership*, 39(2), 43–48.

Zeschky, M., Widenmayer, B., Gassmann, O. (2011). Frugal innovation in emerging markets. *Research Technology Management*, 54(4), 38–45.

Zeschky, M., Widenmayer, B., Gassmann, O. (2014). Organizing for reverse innovation in Western MNCs: The role of frugal product innovation capabilities. *International Journal of Technology Management*, 64(2/4), 255–275.

Zeschky, M., Winterhalter, S., Gassmann, O. (2014). From cost to frugal and reverse innovation: Mapping the field and implications for global competitiveness. *Research Technology Management*, 57(4), 1–8.

44 羅賓漢

Bhattacharyya, O., Khor, S., McGahan, A., Dunne, D., Daar, A., Singer, P. (2010). Innovative health service delivery models in low- and middle-income countries:

What can we learn from the private sector? *Health Research Policy and Systems*, 8(1), 24-35.

Dobbs, R., Remes, J., Manyika, J., Roxburgh, C., Smit, S., Schaer, F. (2012). *Urban World: Cities and The Rise of the Consuming Class*. London, UK: McKinsey Global Institute.

Florin, J., Schmidt, E. (2011). Creating shared value in the hybrid venture arena: A business model innovation perspective. *Journal of Social Entrepreneurship*, 2(2), 165-197.

Mintzberg, H., Simons, R., Basu, K. (2002). Beyond selfishness. *MIT Sloan Management Review*, 44(1), 67-74.

Prahalad, C. K. (2010). *The Fortune at the Bottom of the Pyramid: Eradicating Poverty Through Profits*. Upper Saddle River, NJ: Wharton School Publishing.

45 自助式服務

Den Hertog, P., van der Aa, W., de Jong, M. (2010). Capabilities for managing service innovation: Towards a conceptual framework. *Journal of Service Management*, 21(4), 490-514.

Michel, S., Brown, S. W., Gallan, A. S. (2008). An expanded and strategic view of discontinuous innovations: Deploying a service-dominant logic. *Journal of the Academy of Marketing Science*, 36(1), 54-66.

Sorescu, A., Frambach, R. T., Singh, J., Rangaswamy, A., Bridges, C. (2011). Innovations in retail business models. *Journal of Retailing*, 87(Supplement 1), 3-16.

46 店中店

Eisenhardt, K. M. (1988). Agency- and institutional-theory explanations: The case of retail sales compensation. *Academy of Management Journal*, 31(3), 488-511.

Geuens, A., Brengman, M., S'Jegers, R. (2003). Food retailing, now and in the future: A consumer perspective. *Journal of Retailing and Consumer Services*, 10, 241-251.

47 解決方案供應者

Berman, S. J., Battino, B., Feldman, K. (2011). New business models for emerging media and entertainment revenue opportunities. *Strategy & Leadership*, 39(3), 44-53.

Brady, T., Davies, A., Gann, D. (2005). Creating value by delivering integrated solutions. *International Journal of Project Management*, 23(5), 360–365.

Kessler, T., Stephan, M. (2010). Competence-based strategies of service transition. *Advances in Applied Business Strategy*, 12(1), 23–61.

Kumar, S., Strandlund, E., Thomas, D. (2008). Improved service system design using Six Sigma DMAIC for a major US consumer electronics and appliance retailer. *International Journal of Retail & Distribution Management*, 36(12), 970–994.

Osterwalder, A., Ben Lagha, S., Pigneur, Y. (2002). An ontology for developing e-business models. Proceedings of IFIP Decision Systems and Internet (DsiAge), Cork.

Stremersch, S., Wuyts, S., Frambach, R. T. (2001). The purchasing of full-service contracts: An exploratory study within the industrial maintenance market. *Industrial Marketing Management*, 30(1), 1–12.

Weill, P., Vitale, M. R. (2001). *Place to Space: Migrating to eBusiness Models.* Boston, MA: Harvard Business School Press.

48 訂閱

Johnson, M. W. (2010). *Seizing the White Space: Business Model Innovation for Growth and Renewal.* Boston, MA: Harvard Business Press.

McGrath, R. G. (2010). Business models: A discovery-driven approach. *Long Range Planning*, 43(2/3), 247–261.

Pauwels, K., Weiss, A. (2008). Moving from free to fee: How online firms market to change their business model successfully. *Journal of Marketing*, 72(3), 14–31.

Rappa, M. A. (2004). The utility business model and the future of computing services. *IBM Systems Journal*, 43(1), 32–42.

Teece, D. J. (2010). Business models, business strategy and innovation. *Long Range Planning*, 43(2/3), 172–194.

Weinhardt, C., Anandasivam, A., Blau, B., Borissov, N., Meinl, T., Michalk, W., Stößer, J. (2009). Cloud computing: A classification, business models and research directions. *Business & Information Systems Engineering*, 1(5), 391–399.

49 超級市場

Grosse, R. (2005). Are the largest financial institutions really 'global'? *Management*

International Review, 45(1), 129-144.

Magretta, J. (2002). Why business models matter. *Harvard Business Review*, 80(5), 86-92.

Osterwalder, A. (2005). Clarifying business models: Origins, present and future of the concept. *Communications of the Association for Information Systems*, 16(1), 1-38.

Rainbird, M. (2004). A framework for operations management: The value chain. *International Journal of Physical Distribution & Logistics Management*, 34(3/4), 337-345.

Seth, A., Randall, G. (2001). *The Grocers: The Rise and Rise of the Supermarket Chains*. London, UK: Kogan Page.

50 鎖定窮人

Anderson, J., Markides, C. (2007). Strategic innovation at the base of the pyramid. *MIT Sloan Management Review*, 49(1), 83-88.

Hammond, A. L., Prahalad, C. K. (2004). Selling to the poor. *Foreign Policy*, 142, 30-37.

Pitta, D. A., Guesalaga, R., Marshall, P. (2008). The quest for the fortune at the bottom of the pyramid: Potential and challenges. *Journal of Consumer Marketing*, 25(7), 393-401.

Prahalad, C. K. (2012). Bottom of the pyramid as a source of breakthrough innovations. *Journal of Product Innovation Management*, 29(1), 6-12.

Prahalad, C. K., Hammond, A. (2002). Serving the world's poor, profitably. *Harvard Business Review*, 80(9), 48-57.

Sanchez, P., Ricart, J. (2010). Business model innovation and sources of value creation in low-income markets. *European Management Review*, 7(3), 138-154.

51 點石成金

Georges, A. A. (2009). From trash-to-cash: A case study of GLOBAL P.E.T. Global Plastics Environmental Conference, Orlando, FL.

Higgins, K. T. (2013). Trash-to-cash. *Food Engineering*, 85(1), 103-112.

Johnson, S. (2007). SC Johnson builds business at the base of the pyramid. *Global Business & Organizational Excellence*, 26(6), 6-17.

Müller, L. (2001). *Freitag: Individual Recycled Freeway Bags.* Baden, Germany: Lars Müller Publishers.

52 雙邊市場

Casadesus-Masanell, R., Ricart, J. E. (2011). How to design a winning business model. *Harvard Business Review*, 89(1/2), 100–107.

Eisenmann, T., Parker, G., Van Alstyne, M. (2006). Strategies for two-sided markets. *Harvard Business Review*, 84(10), 92–101.

Lin, M., Li, S., Whinston, A. B. (2011). Innovation and price competition in a two-sided market. *Journal of Management Information Systems*, 28(2), 171–202.

Mantena, R., Saha, R. L. (2012). Co-opetition between differentiated platforms in two-sided markets. *Journal of Management Information Systems*, 29(2), 109–140.

Osterwalder, A., Pigneur, Y. (2009). *Business Model Generation-A Handbook for Visionaries, Game Changers and Challengers.* Amsterdam: Osterwalder & Pigneur.

53 極致奢華

Fionda, A. M., Moore, C. M. (2009). The anatomy of the luxury fashion brand. *Journal of Brand Management*, 16(5/6), 347–363.

Hutchinson, K., Quinn, B. (2012). Identifying the characteristics of small specialist international retailers. *European Business Review*, 23(3), 314–327.

Kapferer, J., Bastien, V. (2012). *The Luxury Strategy: Break the Rules of Marketing to Build Luxury Brands.* London, UK: Kogan Page.

Moore, C. M., Birtwistle, G. (2004). The Burberry business model: Creating an international luxury fashion brand. *International Journal of Retail & Distribution Management*, 32(8), 412–422.

54 使用者設計

Hienerth, C., Keinz, P., Lettl, C. (2011). Exploring the nature and implementation process of usercentric business models. *Long Range Planning*, 44(5/6), 344–374.

Prahalad, C. K., Ramaswamy, V. (2004). Co-creating unique value with customers. *Strategy and Leadership*, 32(3), 4–9.

Robertson, D., Hjuler, P. (2009). Innovating a turnaround at LEGO. *Harvard Business*

Review, 87(9), 20–21.

Schweitzer, F., Gassmann, O., Rau, C. (2014). Lessons from ideation: Where does user involvement lead us? *Creativity and Innovation Management*, 23(2), 155–167.

Schweitzer, F., Rau, C., Gassmann, O., van den Hende, E. (2015). Technologically reflective individuals as enablers of social innovation. *Journal of Product Innovation Management*, 32(6), 847–860.

Wulfsberg, J. P., Redlich, T., Bruhns, F.-L. (2012). Open production: Scientific foundation for co-creative product realization. *Production Engineering*, 5(2), 127–139.

55 白牌

Chan, M. S., Chung, W. C. (2002). A framework to develop an enterprise information portal for contract manufacturing. *International Journal of Production Economics*, 75(1/2), 113–126.

Chung, W. C., Yam, A. K., Chan, M. S. (2004). Networked enterprise: A new business model for global sourcing. *International Journal of Production Economics*, 87(3), 267–280.

Gottfredson, M., Puryear, R., Phillips, S. (2005). Strategic sourcing from periphery to the core. *Harvard Business Review*, 83(2), 132–139.

Pousttchi, K., Hufenbach, Y. (2009). Analyzing and categorization of the business model of virtual operators. Eighth International Conference on Mobile Business (ICMB), Dalian.

56 感測器服務

Fleisch, E., Weinberger, M., Wortmann, F. (2015). Business models and the Internet of Things (extended abstract). In I. Podnar Žarko, K. Pripužić, M. Serrano (eds) *Interoperability and Open-Source Solutions for the Internet of Things*, pp. 6–10. Cham, Germany: Springer International Publishing.

Maleki, E., Belkadi, F., Bernard, A. (2018). Industrial product-service system modelling base on systems engineering: Application of sensor integration to support smart services. *IFAC-PapersOnLine*, 51(11), 1,586–1,591.

Perera, C., Zaslavsky, A., Christen, P., Georgakopoulos, D. (2014). Sensing as a service model for smart cities supported by Internet of Things. *Transactions on Emerging Telecommunications Technologies*, 25(1), 81–93.

Tsetsos, V., Alyfantis, G., Hasiotis, T., Sekkas, O., Hadjiefthymiades, S. (2005). Commercial wireless sensor networks: Technical and business issues. Second Annual Conference on Wireless On-Demand Network Systems and Services, 166–173.

57 虛擬化

Fleisch, E., Weinberger, M., Wortmann, F. (2015). Business models and the Internet of Things (extended abstract). In I. Podnar Žarko, K. Pripužić, M. Serrano (eds) *Interoperability and Open-Source Solutions for the Internet of Things*, pp. 6–10. Cham, Germany: Springer International Publishing.

Furness, V. (2009). *The Future of Virtualization: Emerging Trends and the Evolving Vendor Landscape*. London, UK: Business Insights.

Rama, C. (2014). University virtualisation in Latin America. *International Journal of Educational Technology in Higher Education*, 11(3), 32–41.

Sultan, N., van de Bunt-Kokhuis, S. (2012). Organisational culture and cloud computing: Coping with a disruptive innovation. *Technology Analysis & Strategic Management*, 24(2), 167–179.

58 物品自動補貨

Ferguson, G. T. (2002). Have your objects call my objects. *Harvard Business Review*, June, 1–7.

Fleisch, E., Weinberger, M., Wortmann, F. (2015). Business models and the Internet of Things (extended abstract). In I. Podnar Žarko, K. Pripužić, M. Serrano (eds) *Interoperability and Open-Source Solutions for the Internet of Things*. Cham, Germany: Springer International Publishing.

59 物品即銷售點

Alaa, M., Kiah, M. L. M., Talal, M., Zaidan, A. A., Zaidan, B. B. (2017). A review of smart home applications based on Internet of Things. *Journal of Network and Computer Applications*, 97, 48-65.

Fleisch, E., Weinberger, M., Wortmann, F. (2015). Business models and the Internet of Things (extended abstract). In I. Podnar Žarko, K. Pripužić, M. Serrano (eds) *Interoperability and Open-Source Solutions for the Internet of Things*. Cham, Germany: Springer International Publishing.

60 產消合一者

Brown, D., Halla, S., Davis, M. E. (2019). Prosumers in the post-subsidy era: An exploration of new prosumer business models in the UK. *Energy Policy*, 135.

Chandran, S., Kumar, S., Kumari, S., Prakash, L., Soman, K. P. (2015). Self-sufficient smart prosumers of tomorrow. *Procedia Technology*, 21, 338-344.

Costello, Z., Egerstedt, M., Grijalva, S., Kingston, P., Ramachandran T. (2019). Distributed power allocation in prosumer networks. *IFAC Proceedings Volumes*, 45(26), 156-161.

Seran, S., Izvercian, M. (2014). Prosumer engagement in innovation strategies: The prosumer creativity and focus model. *Management Decision*, 52(10), 1,968-1,980.

其他有關商業模式的參考文獻

BCG (2009). *Business Model Innovation: When the Game Gets Tough, Change the Game*. Boston, MA: BCG Perspectives.

Berns, G. (2008). *Iconoclast: A Neuroscientist Reveals How to Think Differently*. Boston, MA: Harvard Business Review Press.

Bonakdar, A., Frankenberger, K., Bader, M. A., Gassmann, O. (2017). Capturing value from business models: The role of formal and informal protection strategies. *International Journal of Technology Management*, 73(4), 151-175.

Boutellier, R., Gassmann, O., von Zedtwitz, M. (2008). *Managing Global Innovation: Uncovering the Secrets of Future Competitiveness* (3rd edn). Berlin: Springer.

Bucherer, E., Eisert, U., Gassmann, O. (2012). Towards systematic business model innovation: Lessons from product innovation management. *Creativity and Innovation Management*, 21(2), 183-198.

Choi, D., Valikangas, L. (2001). Patterns of strategy innovation. *European Management Journal*, 19(4), 424–429.

Christensen, C. (1997). *The Innovator's Dilemma*. Boston, MA: Harvard Business School Press.

Christensen, C., Grossman, J., Hwang, J. (2009). *The Innovator's Prescription: A Disruptive Solution for HealthCare*. New York, NY: McGraw-Hill.

Christensen, C., Raynor, M. (2003). *The Innovator's Solution: Creating and Sustaining Successful Growth*. Boston, MA: Harvard Business School Press.

Cisco IBSG (2011). The Internet of Things: How the next evolution of the Internet is changing everything. Study written by Dave Evans.

Collins, J. (2001). *Good to Great: Why Some Companies Make the Leap . . . and Others Don't*. New York, NY: Harper Business.

Foss, N. J., Saebi, T. (2017). Fifteen years of research on business model innovation: How far have we come, and where should we go? *Journal of Management*, 43(1), 200–227.

Foss, N. J., Saebi, T. (2018). Business models and business model innovation: Between wicked and paradigmatic problems. *Long Range Planning*, 51(1), 9–21.

Frankenberger, K., Mayer, H., Reiter, A., Schmidt, M. (2019). The transformer's dilemma. *Harvard Business Review*, November.

Frankenberger, K., Sauer, R. (2018). Cognitive antecedents of business models: Exploring the link between attention and business model design over time. *Long Range Planning*, 52(3), 283–304.

Frankenberger, K., Stam, W. (2019). Entrepreneurial copycats: A resource orchestration perspective on the link between extra-industry business model imitation and new venture growth. *Long Range Planning*, February.

Frankenberger, K., Weiblen, T., Csik, M., Gassmann, O. (2013). The 4I-framework of business model innovation: A structured view on process phases and challenges. *International Journal of Product Development*, 18(3/4), 249–273.

Frankenberger, K., Weiblen, T., Gassmann, O. (2013). Network configuration, customer centricity, and performance of open business models: A solution provider perspective. *Industrial Marketing Management*, 42(5), 671–682.

Frankenberger, K., Weiblen, T., Gassmann, O. (2014). The antecedents of open business models: An exploratory study of incumbent firms. *R&D Management*, 44(2), 173–188.

Gassmann, O., Beckenbauer, A., Friesike, S. (2013). *Profiting from Innovation in China*. Berlin: Springer.

Gassmann, O., Böhm, J., Palmié, M. (2019). *Smart Cities*. London: Emerald.

Gassmann, O., Daiber, M., Enkel, E. (2011). The role of intermediaries in cross-industry innovation processes. *R&D Management*, 41(5), 457–469.

Gassmann, O., Schuhmacher, A., Reepmeyer, G., von Zedtwitz, M. (2018). *Leading Pharmaceutical Innovation: Trends and Drivers for Growth in the Pharmaceutical Industry* (3rd edn). Berlin: Springer.

Gassmann, O., Widenmayer, B., Zeschky, M. (2012). Implementing radical innovation in the business: The role of transition modes in large firms. *R&D Management*, 42(2), 120–132.

IBM (2012). *Leading Through Connections: Insights from the IBM Global CEO Study*. Somers, NY: IBM Institute for Business Value.

Johnson, M. W. (2010). *Seizing the White Space: Business Model Innovation for Growth and Renewal*. Boston, MA: Harvard Business Press.

Johnson, M. W., Christensen, C. M., Kagermann, H. (2008). Reinventing your business model. *Harvard Business Review*, 86(12), 57–68.

Keupp, M. M., Gassmann, O. (2013). Resource constraints as triggers of radical innovation: Longitudinal evidence from the manufacturing sector. *Research Policy*, 42(8), 1,457–1,468.

Kotler, P., Pfoertsch, W. A. (2010). *Ingredient Branding: Making the Invisible Visible*. New York, NY: Springer.

Krech, C. A., Rüther, F., Gassmann, O. (2015). Profiting from invention: Business models of patent aggregating companies. *International Journal of Innovation Management*, 19(3), 1–26.

Land, G., Jarman, B. (1993). *Breaking-Point and Beyond*. San Francisco: Harper Business.

Leifer, L., Steinert, M. (2011). Dancing with ambiguity: Causality behaviour, design thinking, and triple-loop-learning. *Information, Knowledge, Systems Management*, 10, 1–4.

Massa, L., Tucci, C. L., Afuah, A. (2017). A critical assessment of business model research. *Academy of Management Annals*, 11(1), 73–104.

Pine, B. J., Gilmore, J. H. (2011). *The Experience Economy*. Boston, MA: Harvard Business Press.

Popper, K. R. (1968). *The Logic of Scientific Discovery*. New York, NY: Columbia University Press.

Porter, M. E. (1996). What is strategy? *Harvard Business Review*, 74(6), 61–80.

Seidler, C. (2006). Web-Händler Spreadshirt: Leipziger Klamotten-Kombinat. In Spiegel Online–23.02.2006. Available at:www.spiegel.de/wirtschaft/web-haendler-spreadshirt-leipzigerklamotten-kombinat-a-402238.html, accessed June 2014.

Shapiro, C., Varian, H. R. (1998). *Information Rules: A Strategic Guide to the Network Economy*. Boston, MA: Harvard Business School Press.

Sosna, M., Trevinyo-Rodríguez, R. N., Velamuri, S. R. (2010). Business model innovation through trial-and-error learning: The Naturhouse case. *Long Range Planning*, 43(2/3), 383–407.

Takacs, F., Frankenberger, K., Stechow, R. (2020). Circular ecosystems: Business model innovation for the circular economy. University of St. Gallen Working Paper.

Vernon, R. (1966). International investment and international trade in the product cycle. *Quarterly Journal of Economics*, 80(2), 190–207.

Winterhalter, S., Weiblen, T., Wecht, C., Gassmann, O. (2017). Business model innovation processes in large corporations: Insights from BASF. *Journal of Business Strategy*, 38(2), 62–75.

Wirtz, B. W., Pistoia, A., Ullrich, S., Göttel, V. (2016). Business models: Origin, development and future research perspectives. *Long Range Planning*, 49(1), 36–54.